Commission des Congrès

VIᵉ Congrès International d'Apiculture

Liste nominative des Membres du Congrès

1. — Comité d'organisation

Président (en délégation) : M. Paul Sirvent, Président de la Société Régionale d'Apiculture des Bouches-du-Rhône.

Vice-Présidents : Pour l'Angleterre : M. Cowan.

Pour la Belgique : M. Alphonse Wathelet, Directeur du « Rucher Belge ».

Pour les Etats-Unis : M. Camille P. Dadant, Directeur de l'*American Bee Journal*.

Pour la France : M. E. Sevalle, Secrétaire Général de la Société Centrale d'Apiculture.

Pour la Hollande : M. Vangiersbergen, Conseiller d'Apiculture.

Pour l'Italie : M. Eduardo Perroncito, Président du Musée International d'Apiculture, à Turin.

Pour le Luxembourg : M. N.-P. Kunnen, Secrétaire Général de la Fédération des Sociétés d'Apiculture du Luxembourg, ancien Député, Délégué du Gouvernement.

Pour la Suisse : M. A. Mayor, Président de la Société Romande d'Apiculture.

Secrétaire-Général : M. Léon Tombu, 26, rue d'Angleterre, à Huy (Belgique).

Trésorier : M. Charles Ranque, de la Société Régionale d'Apiculture des Bouches-du-Rhône, Chemin des Chartreux, 18, Marseille.

2. — Délégués officiels

A) Délégué du gouvernement français : M. Mamelle, délégué du Ministère de l'Agriculture.

B) Délégués des gouvernements étrangers :

Ministère de l'Agriculture de Québec (Canada) : M. Vaillancourt, chef du Service de l'Apiculture au Ministère de l'Agriculture de Québec.

Belgique. — M. Thibaut, délégué du Ministère des colonies de Belgique.

Grand Duché de Luxembourg. — Délégué, M. N.-P. Kunnen, professeur à Ettelbruck, Secrétaire Général de la Fédération des Sociétés d'Apiculture du Grand Duché de Luxembourg.

Pays-Bas — M.   , délégué du Ministère de l'Agriculture, de l'Industrie et du Commerce.

Italie. — M. le professeur Philippo Sylvestri, Directeur de l'Ecole Supérieure d'agriculture de Portici, délégué du Ministre de l'Agriculture.

Grèce. — M. E. Vrisakis, vice-consul à Marseille, délégué du Ministère de l'Agriculture.

République Tchécoslovaque. — M. le Dr Schanfeld, délégué du Ministère de l'Agriculture.

N'ont pu assister au Congrès et se sont excusés:

MM. Kunnen, délégué pour le Grand-Duché de Luxembourg;

    Dr Schanfeld, pour la République Tchécoslovaque ;

    Sonnier, président de la Fédération des Sociétés françaises d'Apiculture.

3. — Fédérations et Sociétés françaises

Fédération nationale d'apiculture. — Délégué: M. Sonnier, président.

Fédération régionale des Sociétés d'apiculture du Sud-Ouest. — Délégués: MM. Couterel, vice-président; Duclos, secrétaire du Rucher d'Armagnac.

Société centrale d'apiculture. — Délégué : M. Sevalle.

Société d'apiculture des Alpes-Maritimes. — Délégués: MM. Ph.-J. Baldensperger, président, et Al. Seyfarth.

Société régionale d'apiculture des B.-du-R. — Délégué: M. Sirvent, président.

Syndicat des apiculteurs du Berry. — Délégués: MM. Mathieu, vice-président; Touratier, secrétaire.

Société d'apiculture de la région de l'Est. — Délégué: M. Authelin, président.

Société d'apiculture du département de l'Isère. — Délégué, M. Bernard, conseiller à la Cour de Grenoble, président.

Syndicat apicole du Limousin. — Délégués: MM. Roche, président; Renard, vice-président.

Société départementale d'apiculture de la Meuse. — Délégués: MM. Pol Chevalier, président, et Guillemin, secrétaire.

Société méridionale d'apiculture. — Délégué: Mle le Dr de Labarthe, président.

Société d'apiculture de Seine-et-Marne. — Délégué : M. Sonnier.

Société d'agriculture du Var (Section apicole). — Délégués: MM. Chaumas et Gaimard.

4. — Fédérations et Sociétés étrangères

The Apis Club. — Port Hill House Benson Axon (Angleterre).
Fédération royale d'apiculture de Condroz et Hesbaye, à Huy, Belgique.
Chambre syndicale d'apiculture de Belgique. — Délégué: M. Thibaut, à Mons-sur-Marchienne.
Fédération d'apiculture de la province de Namur. — Délégué: M. Mathieu.
Société romande d'apiculture, à Navalles (Suisse).
Société romande d'apiculture, (section de Lausanne). — Délégué: M. Jacquier, à Bussigny (Vaud, Suisse).
Fédération générale des Sociétés d'apiculture de la Pologne (Lwöw). — Délégué: M. Léonard Weber.

5. — Membres protecteurs

MM.

Robert de Lalieu de la Rocq, château de Miremont, à Feluy (Belgique).
Thibaut Sylvain, secrétaire de la Fédération apicole du Hainaut, à Mons-sur-Marchienne (Belgique).
Burst et Son, Stroud road, Glocester (Angleterre).
C. P. Dadant. directeur de « American bee Journal », Hamilton, Illinois (U. S. A.).
Dr Baseil ,à Frouard (Meurthe-et-Moselle).
Cannel, éleveur de reines, à Maure, par Seynes-les-Alpes (Basses-Alpes).
Dr de Rathsamhausen, Toulouse (Haute-Garonne).
Sirvent, président de la Société régionale d'apiculture des B.-du-R.
Ranque. trésorier de la Société régionale d'apiculture des B.-du-R.

6. — Membres effectifs français

MM.

Abbé Eck, à Dossenheim, par Quatzenheim (Bas-Rhin).
Issert-Sicard, à Caussols, par le Bar (Alpes-Maritimes).
Montjovet, constructeur à Albertville (Savoie).
Fabre Ulysse, outillage apicole, à Vaison (Vaucluse).
Baills Jean, Ecole de rééducation, Campagne-les-Bains (Aude).
Roux Guillaume, Ecole de rééducation, Campagne-les-Bains (Aude).
Alphandéry E., directeur de la « Gazette Apicole », à Montfavet (Vaucluse).
Alphandéry G.,   —
Alphandéry R.,   —
Querruet R., boulevard de Laferrière, 19, Alger.
D'Arodes de Peyriague, président de la Société d'Apiculture du Lot-et-Garonne, à Larmes (Lot-et-Garonne).
Roncon frères, constructeurs à Tonnerre (Yonne).
Juillard J., à St-Rambert en Bugey (Ain).
Abbé Bataille Léon, professeur au Petit Séminaire de Gourdan Polignac (Haute-Garonne).
Empereur L., rue Abbé-de-l'Epée, 84, Marseille.
Hill Léonard. boulevard Baille, 129, Marseille.
Mingardon Paul, à St-Menet, banlieue Marseille.

Sourd, président de l'Abeille Arlésienne, 12, rue de Corrèze, Arles (B.-du-R.)
Geoffroy Emile, à Beaugé (Maine-et-Loire).
Abbé Gauthey Marcel, à Chauffailles (Saône-et-Loire).
Peytral Louis, ingénieur, avenue de la Victoire, 35, Nice.
Aussaresses Gabriel, rue Cayrol, 26, à Castres (Tarn).
Aussaresses Rosa, rue Cayrol, 26, à Castres (Tarn).
Reynaud Lucien, rue Cardinale, 26, Aix-en-Provence.
Grosson aux Accates, près Camoins-les-Bains, Marseille.
Schudze, 1, rue Lafon, Marseille.
Vergelin Alexandre, boulevard National, 125, Marseille.
Chiris Pierre, rue Reinard, 105, Marseille.
Moreau Louis, 23, avenue de la Bastille, Tulle (Corrèze).
Gaeng Joseph, 244, avenue de la Gare, Steinbourg (Bas-Rhin).
Bezombes Albert, rue Beaumont, 2, Marseille.
Bilhet Eugène, à Montmirail (Drôme).
Peyre André, à Aups (Var).
Chaneaux Jean, apiculteur, à Chamblay (Jura).
Escoté Raymond, Mme et Mlle Escoté, fabricants de scourtins, à Mouriès
    (B.-du-R.)
Abbé Clarté, à Chencuil, par l'Isle Bouchard (Indre-et-Loire).
Abbé Vial, rue des Princes, 15, Marseille.
Delanoue, ingénieur-agronome, Tunis.
René Hippolyte, rue Friedland, 46, Marseille.
Anderson, à Mazargues, banlieue Marseille.
Madame Valran, 8, traverse des Violettes, Aix-en-Provence.
Carron Léon et Mme, instituteur en retraite, à Jujurieux (Ain).
Chaumas, à l'Olivette Darboursèdes, Toulon (Var).
Mme Giffard, à Toulouse (Haute-Garonne).
Dr Vallette, boulevard Notre-Dame, 39, Marseille.
Bagnol, à Maussanne (B.-du-R.).
Abbé Delmas, curé à Meyreuil, (B.-du-R.).
Mlle Baldensperger, boulevard Raimbaldi, 10, à Nice.
Barthélemy, 37, boulevard Philipon, Marseille.
Gassier, 94, boulevard Longchamp.
Achard, 22, traverse de la Turbine, à Montolivet, Marseille.
Mme Blain, traverse St-Jean-du-Désert, Marseille.
Samuel, boulevard Testanière, 6, Capelette, Marseille.
Commandant Barthélemy, trésorier de la Société d'Agriculture, Toulon
    (Var).
Baudin et fils, apiculteurs, à Maussane (B.-du-R.).
Consolin, la Bégude de Mézenc (Drôme).
Ducasse, 57, rue St-Sernin, Bordeaux.
Dr de Labarthe, président de la Société d'Apiculture méridionale, à
    Toulouse (Haute-Garonne).
Solary, rue de la Loge, 14, Marseille.
Délétang, à Cézy (Yonne).
Breynat H., à Soyons (Ardèche).
Marchand J., à Auberives-en-Royan (Isère).

Michaud Yves, secrétaire de l'Abeille des Pyrénées, rue Hoo-Paris, à Pau.
Tarron Paul, à Maucor, par Morlaas (Basses-Pyrénées).
Serraillier, cours Belsunce, 53, Marseille.
Besairie, à Maurs (Cantal).
Abbé Meyer, à Kligenthal par Obernai (Alsace).
Guignard, avenue Maréchal-Foch, Marmande (Lot-et-Garonne).
Didier, président du Rucher des Allobroges, instituteur, à Bissy, par
   Chambéry (Savoie).
Gaimard Albert, cours Lafayette, 59, Toulon.
Vinay, rue Ferrari, 54, Marseille.
Giraud Etienne, au Landreau (Loire-Inférieure).

7. — Membres effectifs étrangers

MM.

E. Grandchamp, professeur à Lausanne (Suisse).
Jacquier, à Bussigny, Vaud (Suisse).
Ch. Miauton, président apicole, à Oleyes, Vaud (Suisse).
Schumacher, à Daillens (Suisse).
A. Mayor, à Novalles (Suisse).
Nicolas Gay, à Gingins (Suisse).
Porchet, instituteur, à Ropraz (Suisse).
Lieutenant-Colonel Piot, à Pailly (Suisse).
Ch. Borgeaud, à Orny, (Suisse).
Lonord, négociant, à Orbe, (Suisse).
Clément, instituteur, à Yvernon (Suisse).
A. Chareyrat, agriculteur, à Orges (Suisse).
Deriaz, instituteur, à La Croix Orbe, (Suisse).
A. Courvoisier, instituteur, à Trélèse (Suisse).
Mlle Piedallu, à Coppet (Suisse).
Mlle Piedallu, à Coppet (Suisse).
Jacques, office du miel, à Nyon (Suisse).
Valez, instituteur, à Morges (Suisse).
Varnery, à St-Piex (Suisse).
Louis Devaud, à Fribourg (Suisse).
Alfred Scherf, à Neufchâtel (Suisse).
Helvig, rue du Musée, à Bienne (Suisse).
Lagoz, pasteur, à Baulmes (Suisse).
Lassueur, à Grandson (Suisse).
E.-F. Phillips, apiculturist, Etats-Unis.
A.-P. Sturtevant, apicultural assistant.
W.-T. Nolan, apicultural assistant.
J.-I. Hambleton, apicultural assistant.
E.-L. Sechrist (assistant in Beekeping) au département de l'agriculture,
   bureau d'entomologie, à Washington.
J.-H. Merill, State apiarist, Manhaltam, Kansas.
Fracker, à Madison, Visconsin.
Adolphe Kunnen, docteur en droit, juge au tribunal d'arrondissement, à
   Luxembourg (Grand-Duché).

J.-P. Krier, association apicole, Ettelbruck (Grand Duché).
J.-P. Ewert, conférencier apicole, Dippach (Grand Duché).
Edouard Kirsch, député, président de la Fédération des Sociétés d'A-
   piculture du Grand Duché, à Sprinkange (Grand Duché).
Ed. Marx, agronome, apiculteur, à Schouweiler (Grand Duché).
Tholl Constant, apiculteur, à Hautbellain, (Grand Duché).
Auguste Schaak, président de l'Association apicole, à Wiltz (Grand Duché)
J.-P. Rivers, Vice-Président Fédération Apiculture, à Heffingen (Grand
   Duché).
Robert Morra, de Lavriano, Turin (Italie).
Arnold Richards, 82, Grosvena, avenue Carshalton, Surrey (Angleterre).
W. Herrot Hampsall, ministre de l'Agriculture, Whitheald place, Londres.
J. Graffiau, Président de la Chambre belge d'apiculture, 113, boulevard
   de Diest. Louvain (Belgique).

VIᵉ Congrès International d'Apiculture

tenu à Marseille

les 18, 19, 20 et 21 Septembre 1922

PROCÈS-VERBAUX
des Séances des 18, 19 et 20 Septembre

Séance d'ouverture

Tenue sous la Présidence de M. Paul Sirvent, Président du Congrès.

Le Congrès s'ouvre le 18 septembre, à 10 heures du matin, dans la grande Salle des Fêtes de l'Exposition Coloniale, devant une très nombreuse assistance, formée des délégués des pays étrangers, des Sociétés et Fédérations apicoles, et d'apiculteurs venus de tous les points de la France et de par delà les frontières.

Au bureau siègent : MM. Paul Sirvent, président du Comité organisateur ; Sevalle, vice-président pour la France ; Mayor, vice-président pour la Suisse ; Léon Tombu, secrétaire-général permanent de la Commission internationale ; Chiris, secrétaire, et Ranque, trésorier.

La cérémonie est ouverte par M. Sirvent, Président, qui, au milieu de l'attention générale, prononce le discours suivant :

Discours du Président du Comité d'organisation

Messieurs,

C'est pour moi un très grand honneur que d'avoir à présenter les souhaits de bienvenue du comité d'organisation du VIe Congrès International d'Apiculture à tous les éminents apiculteurs qui ont répondu à son appel, et ont bien voulu lui apporter les résultats de leurs travaux, l'appui de leur expérience, les conseils d'une pratique éclairée, afin de faciliter l'avancement et le progrès de la science apicole.

Nous avons la satisfaction de pouvoir dire que la voix de notre Comité a été entendue de très loin.

De tous les pays interalliés ou neutres, du Canada, des Etats-Unis, d'Angleterre, de Hollande, de Belgique, du Grand Duché de Luxembourg, d'Italie, de Grèce, de Pologne, de Tchécoslovaquie, de Suisse, de toutes les régions de la France, beaucoup d'entre vous sont venus, qui n'ont pas craint d'entreprendre de longs et onéreux voyages, de franchir des distances considérables, de traverser les mers, pour prendre part aux travaux et aux délibérations de ce Parlement de l'Apiculture, qui nous fait l'honneur de venir tenir ses assises sur les bords de notre Méditerranée.

Je salue tout particulièrement Messieurs les Délégués officiels des Gouvernements et des groupements apicoles étrangers, ainsi que tous les adhérents qui ont tenu à assister aux réunions de ce Congrès.

Votre présence ici, Messieurs, est un témoignage, auquel nous sommes très sensibles, de votre amitié envers notre pays.

Vous avez déjà pu, sans doute, au cours de votre voyage, vous rendre compte du magnifique effort qu'il a accompli, dans le calme et par le travail, pour son relèvement dans toutes les branches de son économie commerciale, industrielle et agricole. Vous trouverez la synthèse de cet effort dans le sein même de notre Exposition Nationale Coloniale de Marseille, où la France pacifique a réuni les précieux trésors de ses possessions d'outre-mer, afin de permettre à ses nationaux et aux étrangers de juger comme il convient, son œuvre civilisatrice et féconde.

On peut dire que la tâche qui s'imposait à tous les Français en vue de ce relèvement, a été grande ; mais, dans le modeste cadre de la question dont nous allons nous occuper aujourd'hui, nous ne craignons pas d'ajouter qu'elle a été particulièrement pénible en ce qui concerne la reconstitution de ces ruchers que la guerre avait détruits, et le regroupement des apiculteurs, dispersés par la tourmente. Tous, hélas ! ne sont pas revenus ; nos Sociétés apicoles portent toujours le deuil de ceux qui sont tombés pour la Patrie, et gardent à leur mémoire le culte pieux du souvenir. (*Applaudissements.*)

Après un aussi terrible bouleversement des choses d'avant-guerre, il importait cependant aux apiculteurs de se compter, de se retrouver, de montrer, aux yeux de tous, ce qu'est actuellement l'apiculture, son développement, sa richesse de production, ses progrès et ce qu'on peut en espérer dans l'avenir. Il importait aussi de connaître les progrès réalisés dans le domaine de notre art par nos amis interalliés ou neutres, d'établir le bilan des connaissances nouvellement acquises et le perfectionnement des méthodes qui sont communes à tous les peuples.

C'est pourquoi, malgré des difficultés de toute nature, qui sont la conséquence de l'heure présente, nous n'avons pas hésité à vous réunir, afin de mettre au point toutes ces choses communes, et établir des directives nouvelles pour une nouvelle évolution.

Tout le monde est d'accord, aujourd'hui, pour reconnaître que l'apiculture a pris, depuis un certain nombre d'années, une importance considérable dans tous les pays, soit qu'on la considère en elle-même, pour l'intérêt qu'elle présente, pour la valeur croissante de ses produits, soit qu'on l'envisage dans ses effets indirects sur l'agriculture en général.

Ses progrès sont réels, ses méthodes d'exploitation se sont industrialisées, son matériel s'est perfectionné, ses sujets reproducteurs s'améliorent sans cesse par une sélection sévère et le croisement rationnel des races, ses produits viennent maintenant abondamment sur le marché, et nécessitent même la recherche de nouveaux débouchés.

De toutes les branches de l'agriculture, c'est peut-être l'apiculture qui a évolué le plus rapidement, depuis une vingtaine d'années. Sans parler des formidables exploitations apicoles des deux Amériques, on peut constater que des ruchers très importants ont été créés dans tous les pays, qui constituent une source de production, dont le rendement devient tous les jours de plus en plus intéressant, au point de vue économique, et tient une belle place dans notre richesse nationale.

A capital égal, nulle autre exploitation agricole ne donne des résultats dont le pourcentage soit aussi élevé. Nous n'en sommes plus, en effet, à la ruche Virgilienne, à l'apiculture de délassement, aux pratiques empiriques sans base ni notions. La science est venue déchirer le voile mystérieux sous lequel s'abritaient les mœurs et la vie des abeilles ; elle a rompu le charme de cette étroite collectivité égalitaire, dont le seul but est le travail ; elle nous a appris à utiliser et à favoriser certaines aptitudes propres à nos élèves, de manière à obtenir d'elles le travail le plus intense et le rendement le plus grand. L'industrie, à son tour, a donné à l'apiculteur l'outil moderne, le livre ouvert dans lequel il peut lire tous les jours la marche de son exploitation, les pratiques simples, mais rationnelles, qui lui permettent les manipulations faciles et rapides, et de donner à son rucher tous les soins qu'exigent les circonstances et les maladies.

Tous les pays ont concouru à la réalisation de ces progrès ; partout, des Sociétés, des Syndicats, des Fédérations ont répandu la bonne parole, ont aidé les débutants, ont organisé les marchés, demandé et obtenu des lois de défense et de protection pour les intérêts professionnels de leurs membres.

Il reste cependant encore beaucoup à faire. L'apiculture, en progrès, a des besoins plus grands ; elle demande des études constantes et une protection efficace de son marché ; nous devons donc sans cesse aller de l'avant, toujours à la recherche de nouvelles améliorations, de directives judicieuses appropriées aux circonstances et aux besoins de notre technique.

Et c'est pour cela, Messieurs, qu'il était nécessaire d'avoir les avis autorisés qui vont être émis dans cette assemblée.

Nous devons examiner de très près ce qui peut être et doit être fait dans les questions d'élevage, de sélection des sujets reproducteurs, d'amélioration de la flore mellifère, dans les moyens de vente et d'écoulement des produits, dans l'organisation des marchés, la stabilisation des cours, dans l'enseignement et la propagande apicoles, dans la prophylaxie et le traitement des maladies des abeilles.

Tel est le programme des travaux qui est aujourd'hui soumis à vos libres discussions, et auquel vous avez bien voulu adhérer. Tous les pays qui sont représentés ici ont contribué depuis longtemps à la création de l'apiculture rationnelle, en même temps qu'à la vulgarisation des méthodes pratiques. Une fois de plus, leurs représentants vous apportent aujourd'hui leurs travaux, et nous ne saurions trop les remercier. Merci, Messieurs, je ne veux pas retarder plus longtemps vos délibérations.

Je dépose donc entre les mains de votre Assemblée, les pouvoirs de votre Comité d'organisation, et je déclare ouvert le VIe Congrès International d'Apiculture. (*Applaudissements.*)

Après avoir donné lecture de lettres émanant de personnalités ou d'apiculteurs, s'excusant de ne pouvoir assister au Congrès, notamment de M. N. P. Kunnen, délégué du Grand Duché de Luxembourg ;
de M. Sonnier, Président de la Fédération Nationale des Sociétés françaises d'Apiculture ;
de M. Narizny, Président des Apiculteurs de l'Ukraine ;
M. le Président déclare que, le rôle du Bureau provisoire étant terminé, il va être procédé à la nomination du Bureau définitif.

M. Sevalle propose, aux acclamations de l'Assemblée, que le Bureau provisoire soit maintenu dans ses fonctions.

Cette proposition étant adoptée à l'unanimité, M. Sirvent remercie le Congrès de l'honneur et de la confiance qu'il veut bien témoigner aux membres de son Comité d'organisation, et déclare que le Bureau définitif du Congrès est ainsi définitivement constitué.

M. Léon Tombu, secrétaire-général, indique alors l'ordre dans lequel vont se succéder les travaux du Congrès, et l'on procède ensuite à la nomination des présidents et des Bureaux de sections.

Formation et Réunion des Sections

Section d'Apiculture proprement dite: Président, M. Giraud.
Section d'Apiculture Coloniale : Président, M. Baldensperger.
Section d'enseignement: Président, M. Sevalle.
Section économique : Président, M. Mayor.
Section de prophylaxie apicole: Président, M. Sylvestre.

Bureaux des Sections du Congrès

1º. — Section d'Apiculture proprement dite.
MM. Etienne Giraud, Président ; X..., Secrétaire ; Pléger et Barthélemy, Rapporteurs.

2º. — Section d'Apiculture Coloniale.
MM. Ph. Baldensperger, Président; Dʳ Vallette, Secrétaire-Rapporteur.

3º. — Section de l'Enseignement Apicole.
MM. E. Sevalle, Président; Touratier et Thibaut, Rapporteurs.

4º. — Section économique.
MM. A. Mayor, Président ; l'Abbé Eck, Vice-Président ; Pol Chevalier, Secrétaire ; R. Alphandéry, Rapporteur.

5º. — Section de Prophylaxie Apicole.
MM. Sylvestri, Président ; Dʳ Jos. Rathsamhausen, Rapporteur.

Résumé-Index de l'Ordre des Travaux du Congrès

1ʳᵉ Séance. — Lundi 18 septembre 1922 à 2 h. 30

Section d'apiculture proprement dite
Président : M. Etienne GIRAUD.

1º Rapport présenté par M. Emile Pléger (G. D. de Luxembourg), sur la sélection des abeilles.

2º Etude de M. Barthélemy (Marseille), sur la multiplication des abeilles.

3º Mémoire présenté par M. Baldensperger (Nice), sur la sélection des abeilles.

4º Rapport de M. Barthélemy, sur le rendement des ruches.

5º Communication de M. Willis J. Nolan (U. S. A.), sur l'activité saisonnière de la ponte. (Texte anglais et traduction.)

6º Rapport de M. G. Bonnier, sur les arbres et plantes mellifères.

7º Communication du Dʳ E. F. Phillips (U. S. A.), sur l'amélioration des ressources nectarifères aux Etats-Unis. (Texte anglais et traduction.)

2e Séance. — Mardi 19 septembre à 9 h.

Section d'apiculture coloniale.

Président : M. BALDENSPERGER.

1o Rapport du Dr Vallette (Marseille), sur l'apiculture coloniale française.

2o Communications de M. Ph.-J. Baldensperger : *A)* sur l'apiculture en Orient ; *B)* sur l'abeille Saharienne.

3o Communication de M. E. L. Sechrist (U. S. A.), sur l'apiculture tropicale. (Texte anglais et français.)

3e Séance. — Mardi 19 septembre à 2 h. 30

Section de l'Enseignement apicole

Président : M. E. SEVALLE.

1o Rapport présenté par M. Touratier, en collaboration avec M. Roche, sur l'enseignement pratique de l'apiculture.

2o Communication de M. C. P. Dadant, sur le même objet.

3o Communication de M. Thibaut, sur l'enseignement apicole en Belgique.

4o Communication de M. J. H. Merrill, sur l'enseignement de l'apiculture aux Etats-Unis. (Texte anglais et traduction.)

5o Communication de M. le Docteur Phillips, sur les travaux apicoles du Bureau d'entomologie aux Etats-Unis. (Texte anglais et traduction.)

6o Communication de M. C. Vaillancourt, sur la pratique de l'apiculture dans la province de Québec (Canada).

7o Communication de M. Hampshall, sur l'enseignement apicole en Angleterre.

4e Séance. — Mardi 19 septembre à 5 h.

Section économique.

Président : M. MAYOR.

1o Rapport de M. R. Alphandéry, sur le prix de vente du miel et de la cire dans les différents pays.

2o Rapport de M. Jean Blanc, sur l'écoulement des produits de l'apiculture.

3o Rapport de M. Grenier, sur les foires aux miels.

4o Rapport de M. Harold J. Clay (U. S. A.), sur les marchés aux miels aux Etats-Unis. (Texte anglais et traduction.)

5o Rapport de M. Et. Giraud, sur le transport rapide des reines et des essaims.

5e Séance. — Mercredi 20 septembre à 9 h.

Section de Prophylaxie apicole.

Président : M. le Professeur SYLVESTRI, délégué du gouvernement italien.

1o Rapport du Dr J. de Rathsamhausen, sur la lutte contre les maladies des abeilles.

2o Rapport du Dr O. Morgenthaler, sur les maladies des abeilles adultes en Suisse.

3o Rapport de M. Etienne Giraud, sur le contrôle des maladies des abeilles.

4o Rapport de M. Arnold P. Sturtevant, sur les maladies du couvain des abeilles, reconnues aux Etats-Unis.

5o Rapport de M. Ph. J. Baldensperger, sur les maladies des abeilles.

Séance de clôture à 10 h. 30

Président : M. P. SIRVENT.

Adoption des vœux présentés par les sections.

Nomination de délégués.

Reconstitution du Bureau international.

Fixation du prochain Congrès.

Immédiatement, les sections s'établissent en divers points de la grande Salle des Fêtes ou en des annexes, afin de déblayer quelque peu le lourd programme qu'elles ont respectivement assumé, car le banquet va réclamer tous ces travailleurs, et il faut être à même de présenter et de discuter les premiers rapports à la séance plénière de l'après-midi.

Mais, bientôt, on se trouve à table, M. le Commissaire Général de l'Exposition coloniale ayant convié à un banquet les membres du Comité organisateur, les délégués étrangers et les membres du Jury de l'Exposition apicole.

A ce banquet, du reste très bien servi, l'entente la plus cordiale, l'esprit de franche camaraderie, ne cessèrent de régner. Parfois, aussi, l'humour y pétilla, à l'égal du champagne, qui communiquait aux coupes ses reflets dorés.

La série des toasts fut ouverte par M. le Commissaire de l'Exposition, qui but «aux amis de l'apiculture». Après lui, vint M. Sirvent, qui exprima sa satisfaction de voir réunis à cette table l'élite des apiculteurs de France et de l'étranger. M. Tombu, Secrétaire-Général, exprima, au nom des étrangers, toute la joie de se voir si chaleureusement accueillis dans la belle cité phocéenne. Parlèrent encore MM. Authelin, Docteur Wéber, Mathieu et Abbé Eck.

Un journaliste s'étant vu «accorder» la parole de force, but «à l'avenir de l'apiculture». Il souhaita aux apiculteurs français de récolter beaucoup de miel, afin que la presse puisse en manger à bon marché. M. Tombu intervint en disant : «On tâchera de vous donner satisfaction ; on vous fournira du miel «de presse» !

Enfin, la bruyante ruchée se désagrégea, pour aller reprendre les travaux interrompus.

Première Séance

Lundi 18 septembre, à 2 heures 30.

Séance plénière de la Section d'apiculture proprement dite

Ouverture sous la Présidence de M. Etienne Giraud.

1o. — Rapport présenté par M. Emile Pléger, rapporteur, sur la sélection des Abeilles.

2o. — Communication présentée par M. Barthélemy, sur la multiplication des Abeilles.

3o. — Mémoire présenté par M. Ph.-J. Baldensperger, sur la sélection des Abeilles.

4o. — Rapport présenté par M. Barthélemy, sur le rendement des ruches.

5o — Communication présentée par M. Willis J. Nolan (U. S. A.), sur l'activité de la ponte saisonnière (texte anglais et traduction).

6o. — Rapport présenté par M. Gaston Bonnier, Membre de l'Institut, sur les Arbres et Plantes mellifères.

7o. — Communication présentée par le Dr E. F. Phillips (U. S. A.), sur l'amélioration des ressources nectarifères aux Etats-Unis (texte anglais et traduction).

Procès-verbal de la Séance plénière du 18 septembre (après-midi)

Section de l'Elevage

La séance est ouverte à 2 heures 30, sous la présidence de M. Etienne Giraud.

M. Adolphe Kunnen, délégué du Luxembourg, lit le rapport présenté par M. Pléger, sur la « Sélection des abeilles », et M. Barthélemy lit le sien, sur la « Multiplication des abeilles ».

M. Touratier commente ce dernier rapport, et expose sa manière d'opérer, qui consiste à former quatre colonies d'une seule.

M. Baldensperger, en praticien émérite, expose aussi sa méthode, et MM. Vaillancourt, Delétang, et Cousolin prennent aussi part à la discussion.

M. Barthélemy donne lecture d'un deuxième rapport, sur « le rendement des ruches ». En même temps, communication est donnée d'un rapport de M. Willis J. Nolan (Etats-Unis), sur « l'activité saisonnière de la ponte ».

Au sujet du travail de la cire, traité par M. Barthélemy, M. Giraud fait remarquer que la chose est du domaine des laboratoires.

M. le Docteur Rotchild (Suisse), dit qu'on a souvent été loin en ce qui concerne la sélection. Il est important de bien connaître son rucher, de travailler avec les meilleures ruches, et de compter, surtout, sur la valeur de la mère. Du reste, dans toutes les races, il y a de bonnes et de mauvaises reines.

M. Authelin parle en faveur de l'abeille commune.

M. Tombu fait l'éloge des abeilles italiennes, et raconte comment leur rendement est de beaucoup supérieur à celui des noires dans ses deux ruchers. Il ajoute que, contrairement aux règles admises, il possède encore une reine italienne âgée de plus de trois ans, dont la colonie a été la plus forte et lui a donné le meilleur rendement.

M. Giraud définit avec maîtrise sa façon d'élever les reines. Il importe que l'élevage se passe dans de grandes ruches, bien peuplées, pour avoir de belles cellules, qui y restent jusqu'à la veille de l'éclosion.

Il insiste sur les précautions à prendre pour assurer la fécondation des jeunes reines, et en même temps pour que celles-ci se retrouvent facilement, lors de leur retour du vol nuptial.

Pour la formation des jeunes colonies, M. Giraud affirme que l'essaim artificiel, bien compris, vaut mieux que l'essaim naturel.

M. Authelin met en pratique les principes de l'Abbé Guyot, pour la fécondation d'une reine.

M. Vaillancourt dit, qu'au Canada, les *commerçants* emploient le nucléus, et les *amateurs* le grand cadre d'une ruche rendue orpheline. On agrandit les ruches en formation au détriment des grandes ruches.

Là aussi, c'est l'abeille italienne qui est en honneur.

Un autre point du programme de la section, visant les ressources mellifères, amène la lecture des rapports de MM. Gaston Bonnier (arbres et plantes mellifères), et E. F. Phillips (amélioration des ressources mellifères aux Etats-Unis).

MM. Léon Tombu, Abbé Clarte, et Paul Chevalier, viennent renforcer les arguments des rapporteurs en communiquant au Congrès des vues très justes et des directives à observer, pour arriver à réaliser l'enrichissement du champ de récolte des abeilles.

Avec une grande clarté et un jugement sûr, pondéré, M. Giraud résume la discussion, présente les vœux qui s'imposent et félicite, avant de clore les travaux de cette section, les rapporteurs, qui ont bien voulu en assurer le succès.

RAPPORTS ET COMMUNICATIONS
présentés à la première Séance plénière du Congrès

La Sélection des abeilles
Stations d'élevage de mères et de fécondation
par M. Emile PLÉGER
de la Fédération des Sociétés d'apiculture du Grand Duché de Luxembourg.

Tout apiculteur peut constater, chaque année, que, malgré les plus grands soins de sa part, ses ruches ne se développent pas d'une manière égale. Parmi dix colonies, il n'y en a peut-être qu'une seule le satisfaisant pleinement sous tous les rapports.

Se distinguant par sa douceur excessive, cette ruche permet un maniement facile. Au printemps, elle se *développe rapidement*, malgré les intempéries d'un avril de mauvaise humeur. D'un autre côté, très populeuse en été, elle *ne pense pas à l'essaimage* et *amasse une étonnante pro-*

vision de miel, tandis que presque toutes les autres du même rucher n'apportent que des déboires à leur maître. La reine de cette ruche précieuse s'use lentement et — prolifique au plus haut degré — frappe par *sa longévité*, puisqu'elle arrive à atteindre même l'âge de quatre ans, et cela sans que jamais, en été, sa population ne s'affaiblisse. *Remplaçant d'elle-même, dans la saison la plus propice, sa vieille mère*, cette magnifique colonie rend superflue aussi, en ce point, toute intervention de l'apiculteur. En contrôlant son nid à couvain, vous êtes ravis par ces belles provisions de miel et de pollen entourant *un couvain plein de vie et de santé* et, chose essentielle, vous *épargnant, en automne, un nourrissage coûteux et pénible*.

Voilà donc la ruche de choix dont l'apiculteur averti se sert seulement pour l'amélioration de toutes ses autres colonies, ainsi que pour la création de nouveaux essaims.

Supprimer les ruches de qualité inférieure et n'élever que des abeilles de meilleure extraction, en évitant l'essaimage naturel, c'est faire ce qu'on appelle une sélection scientifique.

Sous ce rapport, nous devons suivre l'exemple des éleveurs de nos races chevalines et bovines et agir comme eux, en choisissant les reproducteurs des deux sexes qui nous semblent réunir au plus haut degré les qualités que nous avons en vue ; en d'autres termes : nous devons sélectionner les mères aussi bien que les mâles.

L'élevage des reines de choix se fait dans les stations d'élevage de mères que peuvent être nos propres ruchers.

Parlons d'abord de l'élevage des reines.

Il peut se faire dans une ruche autre que celle qui est la meilleure comme développement et caractère. Mais le choix de celle-ci est tout de même d'une grande importance. Avant tout, elle doit être disposée à ce travail, être mûre pour l'essaimage. Dans cet état, les larves royales sont nourries, soignées avec beaucoup plus d'affection et de sollicitude que dans une ruche indifférente. Il importe aussi que la reine de cette colonie, devant élever les jeunes princesses, soit âgée au moins de deux ans.

Aux mois de mai et de juin, lors de la grande miellée, et quand la ruche déborde de miel et de pollen, on enlève la reine à cette colonie, mais non sans l'avoir déjà nourrie avec du miel dilué, six ou sept jours avant cette opération.

Les rayons contenant du couvain non operculé sont enlevés ensuite et donnés à une ou plusieurs ruches qui, de leur part, fournissent en échange, à l'orpheline, le même nombre de rayons contenant du couvain operculé.

En outre, la dernière reçoit, au centre, un rayon muni d'œufs d'une colonie de choix. On aura préalablement découpé le bas de ce rayon, pour permettre aux nourrices d'allonger les alvéoles royaux en bas. Afin d'espacer les cellules royales et de faciliter ainsi, plus tard, leur découpage, on aura même enlevé, avec une pincette, trois œufs sur quatre dans la rangée inférieure.

Durant les cinq jours suivants, on aura soin de nourrir, chaque soir, la colonie, avec environ un demi-litre de bon miel dilué, et de la tenir chaudement couverte.

A partir du cinquième jour, on cesse avec le nourrissage et on attend le onzième jour pour mettre les cellules royales, découpées et collées à un bouchon, dans de petites cages en toile métallique, appelées nourriceries. C'est dans celles-ci que les jeunes reines vont éclore en peu de temps.

Ce procédé nous permet d'examiner, après leur éclosion, les jeunes princesses, et d'éliminer celles ayant une imperfection quelconque. De cette manière, nous faisons une deuxième sélection.

Les nourriceries, munies chacune d'un alvéole maternel, sont rangées dans un cadre vide et introduites dans la ruche. Ces cages fermées à l'extrémité supérieure par un petit bouchon portant la cellule royale, et possédant, au bout opposé, une petite cavité remplie de nourriture, empêchent les reines écloses de s'échapper et de mourir de faim.

Quand les reines sont nées et qu'elles ont subi le dit examen, on les marque, au corselet, d'une tache de laque à l'alcool. Entre bien d'autres avantages, cette marque permet en tout temps de contrôler l'âge de la reine, ainsi que la présence de celle introduite par l'apiculteur.

Vient ensuite le peuplage des ruchettes, d'où les reines vont faire leur sortie pour se faire féconder.

Ces ruchettes à un seul cadre, et dont les deux parois latérales sont vitrées et mobiles, se placent au nombre de deux dans une caisse-enveloppe où les petits essaims se tiennent au chaud réciproquement ; l'un a sa sortie à gauche, l'autre à droite. Au-dessus du petit nid à couvain, se trouve un réservoir d'un contenu d'environ une livre de nourriture, mélange composé de miel, de pollen et de sucre en poussière. Cette pâte, qu'on doit pétrir, ressemble pour beaucoup à du masse-pain ou à du mastic, en ce qui concerne la consistance.

Pour peupler une ruchette, on la place sur une table, contre une paroi ; une vitre est abaissée, celle que l'on a devant soi. Puis, on sort un rayon de couvain operculé, et, avec un pulvérisateur, on fait tomber une pluie fine sur les abeilles, afin de les intimider, et de leur ôter l'envie de s'envoler. Avec une plume d'oie, on brosse à peu près une demi livre d'abeilles, lâche la reine qui, vite, se perd parmi l'essaim.

Fermées, on place deux ruchettes dans la caisse-enveloppe et on les garde, les ouvertures d'aération ouvertes, provisoirement dans l'obscurité, en un endroit pas trop frais, par exemple, l'intérieur du rucher rendu obscur, où elles restent durant deux jours entiers. Ensuite, elles sont transportées à la station de fécondation. Celle-ci doit se trouver bien loin de la station d'élevage, ainsi que de toute colonie d'abeilles. Perdue dans les bois, dans la montagne, éloignée au moins de 3 kilomètres d'une ruchée quelconque, cette place solitaire est destinée à recevoir, pour la fécondation, les mères et les bourdons de choix. Ces derniers se trouvent dans une ruche placée au milieu de la station. Elle y a été déjà apportée au mois d'avril, avant qu'il y ait eu des mâles éclos. Durant tout son séjour dans la solitude, on favorise, avec tous les moyens, l'élevage des bourdons. Si le temps est défavorable, on les nourrit avec du miel, sans oublier de la couvrir chaudement.

Les ruchettes arrivées sont placées sur des pieux, enfoncés dans la terre, et espacés de 1 mètre à 1 m. 50 l'un de l'autre.

A la nuit tombante, on ouvre les trous de vol aux petits essaims qui, le lendemain déjà, commencent à travailler. Il se produit alors une activité étonnante dans l'intérieur des ruchettes, et grâce à cette vie pleine d'entrain, la fécondation ne se fait pas attendre. Une belle après-midi, ordinairement entre 1 et 5 heures, les reines quittent leurs petites demeures et s'élancent dans les airs, à la rencontre des mâles. Après plusieurs vols, dans les premiers jours, elles retournent fécondées.

Le dixième jour de leur présence à la station écoulé, on peut généralement constater une belle ponte à travers les vitres. Ce contrôle ne se fait que vers le soir.

On rentre alors les ruchettes, car on ne doit pas y laisser les mères plus de huit jours .La place manquerait bientôt au petit ménage, et il prendrait la clé des champs.

Après leur rentrée heureuse, les jeunes mères sont utilisées, soit pour remplacer une reine défectueuse, soit pour former une nouve'le colonie avec des abeilles enlevées à différentes ruches très peuplées.

Comme on a pu voir, l'élevage des reines demande des soins méticuleux, mais ce n'est qu'avec des soins bien compris, beaucoup d'attention, une sélection sévère bien ordonnée, que nous pourrons obtenir des abeilles fournissant une moyenne de rendement plus élevée.

Conclusion et vœu.

Afin d'augmenter les revenus de l'apiculteur, l'amélioration de nos abeilles indigènes est chose essentielle. Pour y arriver le plus vite, il est utile de procéder à la fois par sélection des mères et des mâles.

Le Congrès émet le vœu que les Sociétés d'Apiculture s'occupent activement de l'installation de stations d'élevage et de fécondation.

Communication présentée par M. Barthélemy
sur la multiplication des abeilles

La multiplication des abeilles est la partie de l'apiculture la plus passionnante. — Des apiculteurs réputés ont indiqué, dans leurs excellents ouvrages diverses méthodes qui, appliquées dans leur esprit, font obtenir les résultats espérés.

Chacun s'est efforcé de recommander la méthode qui lui a paru la meilleure dans le milieu et les conditions où il l'appliquait. Le milieu et les conditions étant différentes, les méthodes devaient naturellement différer.

A mon tour en les étudiant, en les mettant en œuvre, en les comparant, je me suis efforcé de les mettre à la portée des débutants, en apportant quelques modifications pour simplifier l'élevage des reines, afin de rendre plus assurée et plus profitable la multiplication des abeilles.

Avant de se livrer à la multiplication des colonies, il faut connaître les causes qui font essaimer les abeilles.

Ces causes sont : 1o La puissance de la colonie; 2o L'abondance de la récolte; 3o L'insuffisance de la capacité de la ruche; 4o L'état de la reine, devenue trop âgée ou n'accomplissant pas normalement sa fonction; 5o Le trop grand nombre de mâles ; 6o Le manque d'aération. Connaissant les causes, on peut prévenir ou provoquer les effets.

Lorsque une colonie est puissante, la miellée abondante, si la capacité de la ruche n'est pas assez grande, elle peut essaimer : c'est le mode naturel de propagation des abeilles.

L'essaimage peut se produire le lendemain du jour où l'on a visité la ruche, sans que l'on ait aperçu la moindre trace de préparatifs ; le plus souvent, l'essaim effectue son départ si le temps est propice, peu après que les cellules royales ont été operculées, et elles peuvent l'être deux jours et demi après la visite, si les abeilles ont choisi des larves ayant 3 jours d'éclosion.

Si la résolution d'essaimer est maintenue malgré les intempéries, le départ est ajourné jusqu'au moment où le temps sera redevenu beau.

Le projet d'essaimer est abandonné lorsque l'inclémence de la température se prolonge. Il est indiscutable que les abeilles n'attendent pas notre intervention pour se multiplier ; elles se livrent à l'essaimage lorsque les conditions qui le provoquent le leur permettent ; il leur arrive à cette occasion de renouveler ou de remplacer leur reine tout simplement, sans émigrer, lorsque cette dernière n'accomplit pas normalement sa fonction où lorsque elle est devenue trop âgée. Dans ce cas la première jeune reine éclose ou la plus vigoureuse la remplace ; quelquefois aussi, surtout pendant la belle saison, la vieille reine continue lentement sa ponte à côté de sa fille.

L'essaimage naturel, se produisant parfois au moment où l'on s'y attend le moins, l'essaim peut être perdu. Certes l'essaim primaire, généralement accompagné de la reine mère est moins volage, il séjourne un peu plus longtemps à l'endroit où il s'est posé après le départ de la ruche ; mais les essaims secondaires et suivants, de même que les primaires de chant étant accompagnés d'une ou de plusieurs jeunes reines vierges filent parfois prestement au moment où l'on vient pour s'en emparer, si l'on diffère de quelques heures la capture.

Pour éviter l'inconvénient d'une surveillance souvent bien difficile, ou la perte désagréable d'un essaim, il est préférable d'avoir recours à la multiplication dite artificielle, qui n'a d'artificiel que le nom, qui n'est et ne doit être, en somme, qu'une multiplication pratiquée au moment jugé opportun, en réunissant autant que possible toutes les conditions reconnues les plus favorables à la production naturelle des essaims.

Mais avant de s'occuper de la multiplication des colonies, il convient d'avoir à sa disposition des reines de réserve. La population rendue orpheline par division étant mise au plus tôt en possession d'une reine féconde se développera beaucoup plus rapidement.

Les méthodes d'élevage sont nombreuses ; il faut une connaissance approfondie des abeilles pour les mener à bien ; le moindre oubli, la moindre faute cause un échec. Rien n'est plus simple ni plus facile que d'obtenir une ou deux reines, mais lorsqu'on désire en élever un certain nombre, il y a des préparatifs à faire, des dispositions à prendre pour isoler chacune d'elles, l'installer avec un groupe suffisant de jeunes abeilles et des provisions assez copieuses, afin qu'elle puisse effectuer sa sortie nuptiale et devenir la pondeuse attendue pour constituer une nouvelle colonie.

On a souvent de la peine à surmonter les contretemps qui se présentent. C'est la raison qui m'amène à indiquer les moyens que j'emploie et que je vais décrire.

Les abeilles privées de leur reine par mort naturelle ou accidentelle ou par la volonté de l'apiculteur, s'empressent de pourvoir à son remplacement lorsqu'elles possèdent des œufs ou de très jeunes larves ; elles agissent pareillement si elle n'accomplit pas normalement sa fonction, et aussi quand l'apiculteur en la plaçant sous cage l'empêche d'effectuer sa ponte.

Cette constatation a mis sur la voie de la multiplication artificielle et elle a été le point de départ de toutes les méthodes d'élevage des reines.

On sait que toute larve, âgée au plus de trois jours, provenant d'un œuf fécondé peut devenir une femelle parfaite, si la nourriture du jeune âge, plus riche et plus azotée, est continuée pendant toute la durée de sa croissance et si son berceau a été agrandi. La disposition des abeilles à édifier des cellules royales est d'autant plus accentuée que la colonie possède un plus grand nombre de rayons contenant de très jeunes larves, ce qui oblige les ouvrières à préparer en abondance la bouillie pour les nourrir ; mais pour cela il faut aussi qu'elle soit bien pourvue de miel et de pollen fraîchement récolté.

Pour faire un bon élevage, on choisira toujours la colonie qui s'est distinguée pendant l'année précédente, sous tous les rapports : rendement, douceur, activité, vigueur, fécondité, résistance aux maladies et aux intempéries. Il en sera de même de la colonie qui devra fournir les mâles, et dans laquelle on placera au centre un rayon à grandes cellules pour favoriser leur élevage.

La méthode que je préconise peut être appliquée à n'importe quel système de ruche. Elle consiste dans l'emploi d'une ruche ou de demi-ruche et de nucleï.

Cette ruche ou demi-ruche sera garnie de cadres composés. Ces cadres sont constitués par la réunion de 4 petits cadres, qui s'adaptent parfaitement dans celui du corps de ruche. Deux petits cadres complètent celui de la hausse ; — s'il y a un peu de jeu entre eux, une cale placée contre le montant, les maintiendra suffisamment, et les empêchera de se déplacer. Ces petits cadres, garnis de rayons construits, ou de cire gaufrée, sont ainsi placés dans le grand cadre, qui devient composé.

Les cadres composés sont d'abord répartis dans plusieurs ruches, en les distribuant, à raison de un ou deux par colonie, afin d'avoir toujours à sa disposition des petits rayons garnis de miel, de pollen ou de couvain, jugés indispensables pour les besoins de l'élevage.

Ces dispositions ayant été prises, on procèdera de la manière suivante:

Lorsque la ruche que l'on désire multiplier a acquis une forte population, on remplace tous ses rayons par les cadres composés, répartis dans les diverses ruches. On commence par retirer ces derniers, qu'on entrepose momentanément dans une caisse, cette caisse est portée près de la ruche où doit s'opérer la permutation. On enfume la colonie, puis, au fur et à mesure que l'on prélève ses rayons, on les remplace par les cadres composés, en ayant soin de disposer au centre les moins approvisionnés ; de chaque côté de ces cadres, on place ceux qui contiennent du pollen, en portant aux extrémités ceux qui sont les mieux garnis de miel.

On nourrira copieusement, et 7 à 8 jours plus tard, un grand nombre de petits cadres contiendront des larves de tout âge ; on pourra alors enlever la reine ; les abeilles édifieront des cellules royales dans quelques-uns de ces petits cadres.

En répandant, le soir, à travers l'intervalle qui sépare les rayons, quelques cuillerées à soupe de sirop, ou un quart de verre d'eau miellée tiède, on produira dans la ruche cette chaleur humide, si favorable au développement des larves.

Dix jours, au plus tôt, après que la colonie a été rendue orpheline, mais plus souvent le 11ᵉ ou le 12ᵉ jour, la première reine pourra éclore ; il est bon de se rappeler qu'elle sort du berceau sept jours après que la cellule a été operculée. L'avant-veille de l'éclosion, on prépare les nucleï.

Le nucléus est une petite caisse ou ruchette destinée à la fécondation des reines, réunissant tous les éléments constitutifs de la ruche. Il doit être fabriqué de manière que le petit cadre s'y trouve placé comme dans celle-ci, à la même distance des parois et de la base, avec le même écartement. Il sera fixé à l'aide d'un morceau de fil de fer mou galvanisé, à un porte-rayon mobile, qui s'appuiera sur deux liteaux, cloués, placés au haut des parois intérieures avant et arrière, à un centimètre du bord supérieur, parallèlement à celui-ci. A fleur du plateau, au milieu de la paroi antérieure, un petit trou de un centimètre livrera passage aux abeilles. Pour la couverture, on emploiera un morceau d'étoffe recouvert d'une planchette, maintenue par une brique.

Chaque nucléus sera garni de trois petits cadres, dont un, celui placé au centre, contiendra du couvain, avec une ou plusieurs cellules royales ; un autre sera pourvu de miel, le 3ᵉ, plus ou moins approvisionné de pollen. Les abeilles devront couvrir chacun de ces petits cadres ; on pourra les prendre dans la ruche même, si elle est très forte, ou bien, comme je vais l'indiquer. Elles sont maintenues captives jusqu'au lendemain soir, à l'aide d'un morceau de toile métallique fixé devant le trou de vol. Avant de les libérer, on devra placer, en avant de la sortie, à 3 ou 4 cm. de distance, une brique ou un caillou, afin que les abeilles aient un point de repère, pour ne pas se tromper.

Les nucleï seront placés au-dessus des ruches, si le chapiteau le permet, ou bien à un emplacement abrité du soleil, distancés, les uns des autres, de 0.50 à 0.75. Si l'on était dans l'obligation de les rapprocher davantage, on les orienterait d'une manière différente.

Dans le cas où le nombre d'abeilles serait insuffisant, on en prélèverait une certaine quantité dans une ruche très fortement peuplée. Pour cela, au milieu du jour, on la transporte à quelques mètres plus loin ; on met à sa place une ruche vide, pour recueillir les butineuses ; un quart d'heure après, on fera le prélèvement en secouant les rayons couverts d'abeilles, dans une caisse préparée pour les recevoir ; il est préférable d'en prendre davantage, quitte à les rendre, si on en a trop pris. Il faut bien veiller à ne pas secouer la reine ; il est prudent de la rechercher préalablement, et de mettre de côté le rayon sur lequel elle se trouve.

Cette manière de procéder a pour but de n'avoir que des jeunes abeilles, qui, ne s'étant pas encore orientées, resteront dans la ruche où on les aura introduites.

Sitôt que le prélèvement aura été effectué, et les rayons remis en ordre, la ruche sera portée à son emplacement. Les butineuses, réfugiées dans celle qui la remplaçait, auront tôt fait de la rejoindre, — quelques vigoureuses bouffées précipiteront leur départ. — Les abeilles, secouées dans la caisse, seront maintenues captives jusqu'au lendemain. A ce moment, elles seront traitées comme un essaim. La distribution de ces abeilles, pour peupler les nucleï, se fera à l'aide d'une tasse : le volume à distribuer, peut être évalué approximativement à deux verres ou un demi-litre environ.

On peut préparer d'avance les nucleï peuplés, avec 2 cadres bien approvisionnés, et ne donner le rayon de couvain, porteur de cellules royales, que le lendemain ou le surlendemain. Cette manière de procéder sera employée lorsque les nucleï seront peuplés avec des abeilles prélevées dans une ruche possédant une reine féconde, parce que les abeilles qui viennent d'être privées de leur mère, ont tendance, le premier jour, à détruire les cellules royales qu'on leur confie, ou la jeune reine qu'on leur procure. On peut, en surveillant assidûment les nucleï, profiter de quelques jeunes reines, soit en plaçant une ou plusieurs cellules royales, prêtes à éclore, sous cage, soit en enlevant la jeune reine au moment de son éclosion, pour remplacer celles qui n'auraient pas réussi.

On obtient à volonté des jeunes reines ; on rencontre plus de difficultés pour mener à bien leur fécondation. L'installation, l'introduction de chacune, le contingent des abeilles qui l'entourent, les provisions, le couvain jeune ou prêt à éclore à donner, nécessitent de multiples manipulations, pour maintenir le nucléus à l'état normal. Cet état change sans cesse, par les transformations successives qui s'accomplissent chaque jour, aussi bien chez les larves que chez les ouvrières.

Le temps favorise ou empêche la jeune reine d'effectuer sa sortie nuptiale ; il est le principal facteur de la réussite ou de l'échec. La réussite est beaucoup plus assurée s'il fait beau temps, si la récolte est abondante, si le nucléus est fortement peuplé et bien approvisionné. Elle est douteuse, lorsque les intempéries retardent la sortie des jeunes reines : alors les provisions disparaissent, les abeilles vieillissent, les nucleï se dépeuplent ; il faut les réapprovisionner et les repeupler, les jeunes reines s'égarent.

Les opérations deviennent plus faciles, en ayant à sa disposition une ruchette à cadres composés bien peuplée, dans laquelle on prend les rayons qui sont nécessaires, que l'on remplace par ceux enlevés aux nucleï, devenus inutiles à leurs besoins. Une bonne précaution à prendre, l'avant-veille de la sortie nuptiale, consiste à remplacer le rayon de couvain placé au centre, par un rayon garni d'œufs ou de très jeunes larves, pour empêcher la désertion de la petite colonie.

Six jours après sa naissance, si le temps le permet, la reine peut sortir pour le vol nuptial ; ses sorties se renouvellent plusieurs fois le même jour, et pendant plusieurs jours, jusqu'à ce qu'elle ait été fécondée.

Généralement, deux jours après sa fécondation, elle commence sa ponte. Sitôt qu'on l'aura constatée, ou quelques jours plus tard, on pourra la placer à la tête d'une colonie.

En possession de jeunes reines fécondes, on peut entreprendre la multiplication des colonies, recommandée par nos grands maîtres.

Je vais indiquer celle que je pratique, et que je conseille pour le repeuplement. Elle consiste à faire fabriquer ou à construire des demi-ruches, adaptées à un des modèles les plus répandus dans la région.

La fabrication de la demi-ruche ne peut être plus simple : 4 planches reposant sur une cinquième, recouverte d'une sixième, en guise de couvercle, abritant les rayons recouverts au préalable d'une étoffe grossière ou de planchettes. Une rainure pratiquée, sur les bords supérieurs, avant et arrière, pour soutenir le porte-rayon des cadres ; un espace d'un centimètre tout autour, pour laisser le passage des abeilles et éloigner les montants du cadre des parois de la ruche. Les cadres seront bien exactement de la dimension de ceux du modèle choisi. Pour le peuplement, on l'effectue en se procurant ou en prélevant, dans une ruche du même système, 4 rayons couverts d'abeilles, avec la reine : 2 fortement approvisionnés de miel et de pollen, un de couvain prêt à éclore, et l'autre contenant du couvain de tout âge. Ces 4 rayons seront placés dans une ruche à six cadres, flanqués de 2 cadres entièrement garnis de cire gaufrée. Lorsque la ruchette est bien peuplée, on la superpose sur une autre ruchette aux cadres entièrement garnis de cire gaufrée, afin que la colonie superposée la construise et s'y développe. Dès que les deux ruchettes sont pleinement occupées, on procède à la division, en donnant une jeune reine à la colonie devenue orpheline. Ce n'est pas au hasard qu'il faut pratiquer la division. On agira prudemment en laissant la reine, avec toutes les butineuses, dans la ruchette, qui demeurera à sa place. La ruchette déplacée recevra le couvain operculé, la plus grande partie des approvisionnements et le plus grand nombre d'abeilles, parce que toutes les butineuses sauront rejoindre leur demeure habituelle.

La reine pourra être introduite au moment de l'opération, en la mettant sous cage, ou 48 heures plus tard, par les divers procédés en usage. On pourra superposer immédiatement, ou quelques jours plus tard, chaque ruchette peuplée, sur une autre, préparée ainsi que je l'ai déjà indiqué, afin qu'elles puissent prendre une nouvelle extension.

Par ce procédé, pas de division malencontreuse, pas d'essaimage naturel, mais une multiplication progressive, en raison des ressources du milieu et de la puissance de développement de la colonie. Cette combinaison applicable à tous les genres de ruches, rend praticable le peuplement des grandes ruches dans lesquelles les abeilles, donnant libre cours à leur expansion, peuvent nous donner un plus grand rendement.

J'avais fabriqué, à l'intention des membres de la Société d'apiculture des Bouches-du-Rhône, une petite ruchette qui peut rendre quelques services. Elle est divisée en 5 compartiments : un, central, contenant 3 rayons de hausse et 4 latéraux, disposés 2 de chaque côté, pouvant contenir chacun un petit cadre ; une tôle perforée les sépare. Les abeilles peuvent circuler dans tous les compartiments. Dans le compartiment central sont entreposés les provisions — miel et pollen — et le couvain prêt à éclore, pour entretenir la population. Chaque compartiment latéral doit contenir du jeune couvain, pour attirer les abeilles, et une jeune reine. Il est indispensable que la ruchette soit bien peuplée, afin que l'un des compartiments ne soit pas abandonné. Chaque casier a une sortie spéciale, afin que la reine qui l'occupe puisse efffectuer le vol pour la fécondation. On peut entreposer des reines en cage dans le compartiment central : elles remplaceront celles des compartiments latéraux, dont on aura disposé, après qu'elles auront été fécondées ; mais si l'une d'elles se trouve libre dans ce compartiment, celles des casiers latéraux peuvent être sacrifiées.

Les reines se trompent parfois, quand les portes de sortie sont très rapprochées. Il convient de placer un morceau de tôle perforée devant le trou de vol du compartiment central, afin qu'aucune jeune reine des compartiments latéraux ne s'y introduise, et que la sortie de ces derniers soit variée par des couleurs ou des objets disparates.

En possession de jeunes reines fécondes, la multiplication des colonies peut être entreprise sans la crainte de voir leur population s'affaiblir au point de devenir une non-valeur, par suite du prolongement exagéré de la période d'orphelinage. Mais nous ne conseillons jamais d'aller trop vite pour augmenter le nombre des ruches que l'on veut peupler, afin de n'avoir que de puissantes colonies, les seules capables de nous assurer les meilleurs résultats et la réussite la plus complète de leur multiplication.

Mémoire présenté par Ph.-J. Baldensperger
sur la sélection des abeilles

La question la plus importante, et malheureusement la plus négligée en apiculture pratique, est celle qui a sujet à la sélection des abeilles, ou plus spécialement, à celle des mères. Il est plus rationnel d'appeler mère celle qui donne naissance à toute la population, au lieu de l'ancienne dénomination de reine, qui ne concorde pas avec ses travaux et devoirs. Tout apiculteur consciencieux doit avoir un livre de rucher, sur lequel il inscrit : 1º le numéro de la ruche; 2º l'état-civil des abeilles de chaque population ou colonie, à savoir : a) l'espèce; b) la date de la naissance de la mère et le commencement de la ponte; c) les ancêtres; d) les traits caractéristiques. Avec un tel contrôle, il est facile de ne conserver que les mères qui montrent les meilleures qualités, et de ne multiplier les colonies que par leur progéniture. Quoique la question des abeillauds ou mâles soit connexe, nous ne sommes pas encore à même de contrôler la fécondation par les mâles désirés, vu que la rencontre, la fécondation, se fait dans les airs, généralement dans un endroit choisi par les mâles assemblés de toute la contrée, à trois ou quatre kilomètres à la ronde. Néanmoins, les bonnes mères produisent de bons mâles, et, en multipliant ceux-ci, un grand pas dans l'amélioration de la race est déjà fait. Au bout d'un certain temps, tout le rucher, propre, sera peuplé d'abeilles sélectionnées, et par cette sélection, les ruchers voisins seront perfectionnés.

Dans notre région provençale, nous possédons une abeille splendide, possédant de grandes qualités : douceur de mœurs ; mères capables de remplir de grandes ruches ; ouvrières qui bâtissent à la perfection le miel en rayons, cueillent le miel sans perdre du temps, et qui ne gaspillent pas leurs provisions, préparant leur hivernage prudemment.

Pour faire un bon élevage, on fera bien de n'élever les futures mères que dans des colonies très peuplées et pendant une miellée. De cette façon, il se trouve de nombreuses abeilles pour remplir les rôles de nourrices, butineuses, couveuses ; pour préparer, nourrir et chauffer les mères pendant l'incubation. Selon l'espèce, les abeilles élèvent de 20 à 300 cellules maternelles, ou plus. L'abeille brune française fait une vingtaine de cellules, en augmente le nombre, selon la miellée, mais elle n'arrive jamais à faire le nombre prodigieux de cellules qu'on rencontre chez presque toutes les races orientales.

Si la mère est à même de produire de bonnes ouvrières, qui défendent bien leur ruche, sans être furieusement agressives, à tourt ou à raison ; qui apportent assidûment miel, pollen et eau, pour nourrir les larves ; qui emmagasinent sagement le miel en vue de l'hivernage, on est fondé à croire que les pères abeillauds issus de la même mère, seront également sélectionnés. On est souvent porté à charger le mâle de toutes sortes de vices, mais on oublie que quelques centaines de mâles par ruche sont nécessaires pour mettre la gaieté, entraîner les ouvrières au travail, comme le font les musiciens en tête d'un régiment en marche. C'est le mâle, qui ressemble beaucoup plus à la mère comme coloris, qui est le transmetteur de caractéristique. La théorie courante veut que la mère sorte, pour la fécondation, vers le 8ᵉ jour ; que la ponte commence deux jours après la fécondation ; que si elle n'est pas fécondée au plus tard le 21ᵉ jour, elle ne pourra plus l'être, et par conséquent elle ne produira que des mâles ; enfin, qu'en temps normal, elle commence la ponte des mâles, le onzième mois de son existence ; c'est pourquoi certains apiculteurs prétendent ne faire l'élevage qu'au cours de la deuxième année. Après quarante-cinq ans d'apiculture intense autour du bassin de la Méditerranée, avec plusieurs espèces d'abeilles, et dont chaque mère était contrôlée, inscrite dans le carnet, j'ai trouvé bien des modifications. La sortie de la mère, d'abord, dépend des circonstances : température, ennemis guettant la sortie, présence de nombreux mâles, etc. La limite de la sortie, efficace (car les mères font souvent de multiples efforts pour être fécondées, sans trouver de mâles, sans doute), ne s'arrête pas au 21ᵉ jour. En effet, dans beaucoup de cas, surtout en Orient, par les chaleurs accablantes et les nombreux frelons, guettant dehors, j'ai eu des mères fécondées entre le traditionnel 21ᵉ jour et le 35ᵉ jour, mères parfaitement fécondées et donnant naissance à une bonne et nombreuse progéniture ouvrière. La ponte ne commence généralement qu'après le 4ᵉ jour, et cette ponte est encore sujette à la température, à la cueillette de miel, et souvent ne commence qu'entre le 5ᵉ et le 10ᵉ jour, s'il y a disette. La ponte des mâles peut commencer immédiatement, ou généralement au cours du premier mois de l'existence. La question de la longévité est souvent débattue. Nous savons tous que, seule, la mère vit et continue son travail pendant plusieurs années, tandis que les abeillauds ne vivent ordinairement que du printemps à la fin de la miellée, et sont alors brutalement supprimés par les gardeuses vigilantes des provisions; enfin, les ouvrières vivent selon les circonstances, pendant un temps de gros travail, de trois à quatre semaines, et pendant le repos ou le ralentissement du travail, entre 4 et 7 mois. Pendant son existence, la mère peut pondre aux environs de 500 000 œufs d'ouvrières, et quelques milliers de mâles. Mise dans une grande ruche, elle pond la plus grande partie pendant les deux premières années de sa vie. A partir de la troisième année, la ponte, ouvrière et mâle, est disproportionnée; son stock d'œufs ouvrières, ou la spermathèque, étant épuisé, la colonie périclite et mène une existence inutile. J'ai eu une mère presque épuisée, âgée de cinq ans. Un apiculteur américain cite une mère qui a atteint l'âge de sept ans, mais ces exceptions ne prouvent pas que l'on doive conserver une mère pendant plus de deux ans; au contraire, les exemples multiples démontrent que la mère décline après deux ans. Toutes les colonies fortes, de n'importe quelle espèce, combattent d'abord l'invasion du « couvain-pourri », mais sans l'aide de l'apiculteur. Toutes succombent plus rapidement, s'il s'agit du « bacillus larvæ », ou *gluant*; plus lentement, quand c'est le « bacillus pluton », ou puant, qui en est la cause. C'est encore une hérésie de croire que les abeilles affaiblies sont sujettes à attraper les maladies. Individuellement, l'abeille affaiblie n'existe pas, et une colonie pauvre en population est moins portée à aller piller et à rapporter le germe qu'une colonie avec une forte population. C'est toujours les colonies vigoureuses qui ont apporté dans mes ruchers le mal redouté, quand ce n'était moi-même qui, inconsciemment, avait introduit le germe.

Les abeilles sélectionnées sont susceptibles d'apprendre bien des choses qu'on ne soupçonne même pas. Les abeilles, en général, transmettent les notions acquises d'une génération à l'autre, d'une façon mystérieuse, mais certaine. Ainsi, une population habituée à vivre dans une ruche mal construite ou mal conditionnée, comme le creux d'un tronc d'arbre ou sous les tuiles d'une maison, continuera à construire des rayons tordus ou bas, pendant plusieurs générations d'abeilles, même quand elles sont transportées dans une ruche large. De même, les colonies habituées à essaimer de leurs ruches trop exiguës, pendant des générations, ou ayant des mères élevées dans des nucléï, continueront à essaimer, ou à ne pas tenir lieu de l'agrandissement pendant plusieurs générations. L'Egyptienne, par exemple, habituée, du temps des Pharaons, à vivre dans les tuyaux étroits, ne fera pas plus de trois à quatre rayons de couvain, dans une grande ruche, et les mères de marque d'un grand éleveur anglais essaimaient, dès que le couvain dépassait trois à quatre rayons, parce que c'était l'habitude de ne jamais vivre en grande colonie.

Après quelques générations, je suis arrivé à avoir des non-essaimeuses, jusqu'à une certaine limite, dans n'importe quelle espèce. Les Palestiniennes ou les Telliennes, plus essaimeuses, à cause de l'exiguïté de leur ruche chez les indigènes, se comportent aussi en non-essaimeuses, après avoir passé un stage. D'année en année, il faut empêcher l'essaimage naturel; et j'arrive à avoir de 15 à 20 rayons de couvain, dans des ruches pourvues de miel, et qui m'attendent pour prélever l'essaim, jusqu'au 35e jour, sans montrer la moindre velléité d'essaimage. C'est par l'assiduité des visites, seulement par une continuation méthodique de la conduite des ruches individuelles, qu'on arrive à ce résultat.

Chaque apiculteur sérieux, soucieux du bien-être de ses abeilles et de son propre bien-être, ne devrait jamais perdre de vue cette conduite du rucher.

Rapport présenté par M. Barthélemy
sur le rendement des ruches

Le rendement des ruches, si variable suivant les très diverses régions de notre pays, est déterminé par différentes causes qui sont : la température, le milieu, l'état de la colonie, la ruche, la compétence de l'apiculteur.

La température est, sans contredit, le facteur le plus important de la réussite en apiculture. Si elle est défavorable, par refroidissement, trop grande chaleur, pluies persistantes, vents violents, le nectar ne se produit pas dans les fleurs ; sans une bonne température, le milieu le plus propice est improductif. Les colonies les plus fortes, le mieux sélectionnées, sont réduites à l'inactivité, et les ruches les plus parfaitement construites ne servent qu'à les protéger plus efficacement. L'apiculteur ne peut que les conserver, par des soins assidus, et bien souvent à grands frais.

Le milieu a aussi une très grande influence, en raison de la quantité et de la variété des arbres, arbustes ou plantes qui s'y développent naturellement, ou qui y sont cultivés.

Les cours d'eau, l'abondance de la flore, les abris, l'exposition, rendent ce milieu plus ou moins favorable à l'installation d'un rucher. Le nombre des ruches doit être en rapport avec ses ressources, pour le rendement de chacune.

Les trois éléments constitutifs d'une colonie sont : *la Population, la Reine, les Approvisionnements*. Il faut, pour le parfait état de la colonie, que ces trois éléments possèdent les qualités suivantes :

Nombre pour la population, fécondité pour la reine, quantité pour les approvisionnements.

La population la plus forte est vouée à l'anéantissement, sans une reine. La meilleure reine ne peut rien, sans un entourage suffisant. Sans provisions, la plus puissante colonie succombe.

Ainsi donc, la reine, par sa fécondité; la forte population, par son travail, qui donne à la reine la possibilité de développer sa ponte et de la maintenir; les abondantes provisions, employées à l'alimentation des larves, sont les trois facteurs qui, réunis, assurent la prospérité et la persistance de la colonie.

Il y a une liaison si étroite entre ces trois principaux facteurs, que la faiblesse ou l'insuffffisance de l'un contribue à l'appauvrissement des autres; c'est l'équilibre de cet ensemble, dans une ruche bien construite, que l'apiculteur doit maintenir, en faisant évoluer les abeilles, en dirigeant leurs agissements sans contrarier leur instinct.

Cela explique, à mon avis, le rendement parfois très supérieur de quelques ruches dans un rucher, dont toutes les colonies sont cependant soumises aux mêmes conditions de température et de milieu. C'est là la véritable cause de ces inégalités, parfois surprenantes, que les apiculteurs ont souvent constaté dans leur rucher.

La colonie, pour acquérir toute sa puissance et devenir prospère, a besoin d'un logement suffisant. Les études et les recherches au sujet de la capacité et de la dimension des cadres nécessaires à une bonne ruche, ont conduit les praticiens à des conclusions différentes : divers modèles, après avoir subi des modifications et des améliorations, en raison des agissements et des dispositions des abeilles, selon les conditions et les circonstances ont été préconisés et répandus. Leurs promoteurs avaient su les adapter aux exigences du milieu où ils exploitaient; ils en avaient obtenu les meilleurs résultats. Ayant essayé quelques modèles, à mon tour, je ne saurais auquel attribuer la supériorité : tantôt l'un, tantôt l'autre, s'étant trouvé supérieur.

Ce n'est pas la ruche qui fait le miel, c'est l'abeille, avec le produit de sa récolte. L'apiculteur prudent cherchera à tirer parti des dispositions des abeilles, en conduisant ses ruches selon les circonstances et les conditions.

Des diverses observations que j'ai faites, je conclus que :

1o A capacité égale, les colonies identiques sous tous les rapports, placées dans les mêmes conditions, donneront à peu près le même rendement, quelle que soit la forme des principaux modèles le plus généralement en usage;

2o Une colonie doit toujours être forte, relativement à la capacité de la ruche;

3o On doit pouvoir augmenter la grandeur de la ruche, à l'aide de hausses ou de corps de ruche, et aussi la restreindre avec les planches de partition.

Il n'est pas toujours vrai que les grandes ruches rapportent beaucoup plus de miel que les moyennes et même les petites, parce qu'il faut beaucoup de miel et de pollen, pour élever de fortes populations, et que ces dernières font disparaître une grande quantité de provisions, lorsque le temps empêche les abeilles d'aller à la récolte. Certes, les petites ruches favorisent l'essaimage, mais, par le jeu de l'agrandissement, on remédie à cette disposition. De même, avec des partitions pleines ou en tôle perforée, on obvie à l'inconvénient du développement intempestif de la ponte en période peu favorable à la miellée.

L'exposé, très succinct, que je viens de faire, indique le rôle de l'apiculteur. Ce rôle consiste à obtenir, par la sélection, les meilleurs reproducteurs, à faire acquérir une grande puissance à la colonie, en lui donnant une bonne jeune reine, entourée d'un grand nombre d'ouvrières. Il faut nourrir fortement la ruche, soit avec du miel, soit avec du sirop de sucre, la pourvoir de pollen ou de succédanés farineux. Il faut agrandir l'espace, lorsque la colonie occupe complètement les rayons, augmenter l'aération, lorsque l'activité est débordante, pour faciliter l'entrée et la sortie des butineuses. Il faut donner de la place où sera emmagasiné le nectar, lorsque la température favorise son émission dans les fleurs.

Quelle ruche doit choisir le débutant qui ignore tout des abeilles?

Je répondrai à cette question : Une des plus répandues dans le pays.

Le rendement des ruches dépend de l'abondance du nectar, qui ne se produit que sous l'influence d'une température chaude et humide, où l'homme ne peut rien. C'est dire qu'il n'est pas possible de donner une base solide à une évaluation de ce rendement.

Les différences très sensibles constatées dans le rendement des ruches proviennent souvent de la composition de la colonie et de l'abondance ou de la pénurie de ses provisions. Celles-ci, selon leur nature, miel ou pollen, influent sur le développement des colonies : sans pollen, pas d'élevage possible.

Le plus fort rendement que j'ai obtenu, a été de 150 kgs, avec trois ruches, dont l'une m'avait donné à peu près autant que les deux autres ensemble. Une moyenne de huit à dix kilos peut être escomptée dans une région peu mellifère ; de quinze à vingt kilos dans un milieu assez favorable ; du double, et bien davantage, dans des situations exceptionnelles.

Le rendement est plus ou moins abondant, selon les ressources qu'offre le milieu et le nombre des ruches qu'il peut alimenter. C'est ainsi que l'on a souvent avantage à n'installer que quelques ruches capables de donner du supplément, plutôt qu'à les multiplier, pour n'obtenir que des colonies se suffisant sans donner de profit.

Si notre pouvoir est nul sur le temps qu'il fait, nous pouvons agir sur les autres facteurs et les faire servir à nos desseins. Par les reines que l'on obtient ; par les populations que ces reines donnent ; par le logement dans des ruches parfaitement construites, agrandissables selon les besoins par la cire gaufrée ou par des rayons construits ; par la nourriture, copieusement servie, afin que rien n'entrave un développement rapide ; par nos soins, notre bonne direction, nous obtiendrons les colonies capables de profiter, au moment opportun, de la miellée plus ou moins importante qui se produira.

Les cultures entreprises, dans l'entourage du rucher, peuvent améliorer sensiblement le **rendement**.

II. *L'emploi du sucre*

Nous ne devons pas oublier que les abeilles ne gaspillent rien, et que tout prêt qu'on leur fait est largement remboursé. Aussi, ne devons-nous jamais lésiner avec elles. Le miel est la nourriture préférée des abeilles, mais, à défaut de miel, le sucre le remplace parfaitement ; le raffiné est préférable. Le but du nourrissement, selon l'aspect sous lequel se présentent les abeilles : essaim ou ruche peuplée, doit être de faire acquérir à l'essaim son complet développement, dans le moins de temps possible; et à la ruche peuplée, de compléter l'alimentation qui lui est nécessaire pour devenir très puissante au moment de la récolte. La nourriture donnée est plus profitable aux colonies fortes qu'aux faibles ; cette constatation me fait conseiller de nourrir une très forte ruche, en vue de la faire concourir au renforcement de celles ayant besoin de secours, en prélevant des rayons de couvain prêt à éclore, ou contenant des provisions. Il y a certainement avantage à nourrir pour assurer le sort d'un essaim que l'on installe. C'est même le seul moyen.

Une colonie, abondamment approvisionnée, résiste généralement à toutes les éventualités. Si elle est trop pourvue, on pourra la dédoubler ou lui faire occuper une hausse ; si elle ne l'est pas suffisamment, on est en danger de la perdre. Ce risque doit écarter toute hésitation.

III. *Quantité de miel pour produire un kilo de cire*

La nourriture n'a pas seulement l'avantage de favoriser l'essor et la prospérité de la colonie, elle a la plus grande influence sur la production de la cire.

La cire est produite par les jeunes abeilles, abondamment nourries, lorsque la température est favorable à l'émission du nectar dans les fleurs.

Tous les apiculteurs savent que cette matière est la secrétion de glandes spéciales, placées sous l'abdomen des ouvrières.

Les jeunes abeilles en secrètent dans certaines conditions, surtout pendant la grande miellée, elles n'en produisent que pendant une période de leur vie, qui commence sept à huit jours après la sortie de la cellule, et qui dure un mois et demi environ.

Cette production n'a lieu que si le temps est propice : de 16° à 28°. Elles n'en secrètent pas s'il fait froid, s'il fait trop chaud, et pas davantage si elles sont privées de nourriture. En possession de quelques bâtisses, elles ne construisent pas de rayons, malgré de bonnes provisions, dès que la récolte cesse. Dans certains cas où elles ne seraient pas disposées à construire, on peut les y obliger, en les dépouillant complètement de leurs rayons et en les nourrissant fortement.

Ces remarques, que l'observation directe permet à tout apiculteur de faire, montrent les difficultées qu'ont éprouvées nos devanciers, dans leurs études sur le rapport du miel à la cire.

Pour résoudre ce problème si difficile, il faut en résoudre les données et les conditions. C'est en soumettant à l'examen des colonies, aussi semblables que possible, que l'on peut arriver à établir le rapport cherché, assez exactement.

Cet examen sera fait sur des colonies installées dans des ruches remplissant les conditions suivantes :

Même modèle, même épaisseur de parois, même capacité, même couleur, même orientation, même emplacement. L'une de ces ruches aura des rayons complètement construits et vides, l'autre aura un seul rayon ou un demi-rayon pour entreposer la nourriture. Cette nourriture, dosée et pesée, sera donnée à chacune des deux ruches, en égale quantité, le même jour, à la même heure, en tenant compte de la température du moment. La préparation de deux colonies, identiques autant que possible, exige une grande attention, puisque, trop jeunes ou trop âgées, les ouvrières ne produisent pas de cire. Le moyen le plus simple consiste à pousser à la plus grande puissance une très forte colonie. Lorsque elle regorge de jeunes abeilles, on la déplace ; une ruche vide est mise à sa place pour recueillir les butineuses ; on enfume pour précipiter la sortie de ces dernières. Une demi-heure plus tard, on visite pour chercher la reine, qu'on met provisoirement dans une cage. On secoue ensuite toutes les abeilles dans une caisse vide, pour constituer un essaim, uniquement composé d'abeilles âgées au plus de 7 à 8 jours.

Cet essaim est tenu captif jusqu'au soir. La ruche, dépouillée de toutes les jeunes abeilles, remise en possession de sa reine, est portée à son ancien emplacement, où toutes les butineuses reviendront la rejoindre.

Le soir même du prélèvement, l'essaim des jeunes abeilles est divisé en deux parties égales. Les deux nouveaux essaims sont placés dans deux ruches, préparées ainsi que je l'ai indiqué plus haut.

Pour ne pas déconcerter ces essaims orphelins, il convient de donner, tout de suite, à chacun une reine quelconque sous cage, et un petit morceau de rayon contenant des œufs, et d'une égale superficie.

Une bandelette de 0.10 cm. de long, sur 3 ou 4 centimètres de large, est bien suffisante. On donne, à chaque essaim, dans un nourrisseur, un litre de sirop. On maintient les deux essaims captifs jusqu'au lendemain soir. On ne libère le trou de vol qu'à la nuit.

La présence de la reine a pour but d'éviter le désarroi chez les abeilles. Par l'encagement, on empêche la reine de pondre, afin d'éviter la production du couvain, qui serait incontestablement plus avancé dans la ruche pourvue de tous ses rayons, que dans celle qui en a à construire. Les quelques œufs mis à la disposition des abeilles, influencent peu leur activité, puisqu'elles ont la possibilité de remplacer la reine qui ne peut accomplir sa fonction. On peut enlever les reines après que les cellules royales sont édifiées. Une trentaine de jours étant nécessaires avant que la nouvelle reine, issue des œufs donnés, commence sa ponte, on établira, au bout de ces trente jours, le rapport de l'une à l'autre ruche, en extrayant et pesant le sirop emmagasiné, et le pollen récolté, en établissant la différence du sirop ou du miel, donné avec la cire recueillie.

Les abeilles, ayant leur liberté complète, récolteront pareillement, pourvu que la température soit propice, c'est-à-dire ni trop froide, ni trop élevée.

La production plus ou moins grande de nectar ne changera en rien le rapport de la cire au miel, puisque le travail aura été à peu près le même de part et d'autre. Les abeilles provenant d'une même mère auront les mêmes qualités ou les mêmes défauts, par conséquent les mêmes aptitudes.

D'après les remarques présentées au début de cet exposé, on peut conclure qu'à poids égal, une colonie, ayant peu de jeunes abeilles, donnera moins de cire qu'une autre colonie où elles seraient en plus grand nombre. C'est la raison qui me fait écarter les butineuses, moins aptes à la production de la cire, à cause de leur âge, qu'on ne peut déterminer.

Maintenant, la température peut empêcher les abeilles de produire de la cire ; chaque jour qui s'écoule les rapprochent également du moment où elles n'en produiront plus. Mais, les mêmes influences et les mêmes conditions s'imposeront aux deux colonies soumises à l'étude, en vue d'établir le rapport du miel à la cire.

Ayant ainsi précisé les données du problème et indiqué les conditions de l'expérience (conditions de force, de capacité, d'état, de temps), nous pourrons renouveler cette expérience, avec des colonies constituées comme nous l'avons dit.

Des pesées régulières, faites le même jour, à la même heure, établiront la marche respective des colonies ; la température journalière sera notée, afin d'avoir des indications utiles.

Si nous reprenons cette étude au printemps, à l'été, à l'automne, dans diverses régions, aux conditions déjà indiquées, nous nous acheminerons vers la solution du problème : *Quel est le rapport du miel à la cire ?*

IV. *Expériences entreprises*

1o J'ai d'abord essayé la méthode pratiquée par Huber, en claustrant un essaim naturel, avec reine vierge, pesant 1 200 grammes. Je l'ai nourri avec du miel granulé, dissous avec la moitié de son poids d'eau, soit 1 k. 700 gr. de miel, auquel j'ai ajouté 850 grammes d'eau. Cette nourriture, complètement absorbée par les abeilles, m'a donné 75 grammes de cire, soit 22,66 de miel pour 1 kilo de cire.

L'expérience a duré 10 jours seulement. Elle a commencé le 1er mai ; le 5 au soir, j'ai libéré, vers 6 heures, les abeilles, qui ont pu sortir pour se dégorger ; j'ai cependant constaté une quarantaine d'abeilles ayant l'abdomen boursouflé, qui n'ont pu rejoindre leur habitation.

A la nuit, je les ai emprisonnées de nouveau, et renouvelé la libération le 10 mai, de la même manière, mais les abeilles qui sortaient, étaient si alourdies, qu'en grand nombre elles se traînaient dans les environs de la ruche. Certain de les perdre toutes, je les ai libérées définitivement ; la jeune reine a pu effectuer son vol nuptial, sa ponte a commencé 5 jours après, soit une vingtaine de jours environ après sa sortie de la cellule. Cette expérience ne m'a pas du tout satisfait, par le contre-temps qui s'est produit, peut-être à cause de la qualité du miel employé. Je ne la présente qu'à titre d'indication.

2o Le 29 juillet, un essaim de 900 grammes, avec une reine vierge, introduit dans une ruchette à 4 cadres, entièrement vides, a reçu un kilo de sucre dissous dans un 1/2 litre d'eau. Pesé le 21e jour, il avait perdu 630 grammes d'abeilles, et avait consommé 675 grammes de sucre, pour sa subsistance, soit 32 grammes par jour. La moyenne de la perte d'abeilles était de 30 grammes par jour, la récolte était nulle pendant la durée de l'expérience. La reine avait été enlevée sitôt sa ponte constatée, le 9e jour. Les quelques cellules édifiées ont été détruites, et remplacées par une jeune reine fraîchement éclose, n'ayant pas encore pondu.

3o Le 29 juillet, un essaim de 1 200 grammes, prélevé dans une ruche un quart d'heure après l'avoir déplacée, afin de n'avoir que des abeilles âgées au plus de 7 à 8 jours, fut introduit dans une ruchette contenant 3 cadres de hausse, vides, et un construit en grandes cellules, avec une reine vierge, éclose la veille, pour les stimuler. 3 kilos de sucre, additionnés de 1 litre 1/2 d'eau ont été distribués. 1 kilo le premier jour, 1 kilo le deuxième jour, et 1 kilo le 5 août.

La ruche, pesée les 3, 5 et 6 août, accusait une augmentation progressive assez importante, en raison du sirop qu'elle emmagasinait au fur et à mesure de la construction des rayons. En 8 jours, elle avait perdu 165 grammes d'abeilles. La reine, qui venait de commencer sa ponte, fut enlevée, ainsi que 2 rayons croustruits, dans lesquels elle avait pondu abondamment. Il ne restait que quelques œufs, avec lesquels les abeilles élevèrent des cellules royales, qui furent détruites la veille de l'éclosion.

Le 11 août, l'approvisionnement avait encore augmenté de 230 grammes.

Les 12, 13, 14 août, chaleur accablante : 37o et 38o à l'ombre.

Le 17 août, les provisions avaient diminué de 130 grammes, et le 22 août, de 235 grammes. Ce même jour, les abeilles étaient réduites à l'état d'essaim sur cadre vides.

Le 24, elles avaient construit un rayon de la grandeur d'une pièce de 5 francs. Elles ne pesaient plus que 550 grammes soit une perte de 650 grammes, ou 54 % en 26 jours. J'ai, en même temps, prélevé 1 kilo 915 grammes de provision, sucre et pollen, à déduire des 3 kilos de sucre donnés.

Il en résulte que :

1 kilo 085 grammes a été employé pour produire une superficie de rayons de 13 décimètres carrés, à 11 grammes, 60 le décimètre carré, soit 151 grammes de cire, portant ainsi le rapport établi à 7 kilos 182 grammes de sucre pour 1 kilo de cire.

Récolte à peu près nulle chez toutes les colonies environnantes.

Mémoire présenté par M. Willis J. Nolan
Apicultural assistant United States Bee Culture Laboratory
sur l'activité de la ponte saisonnière

Une claire compréhension des principes sur lesquels repose la ponte, est de la plus grande importance, si l'apiculteur désire obtenir une très grande production de miel. Malheureusement, exception faite, cependant, du travail publié par Dufour, dans *L'Apiculteur,* en 1902, l'apiculteur n'a atteint qu'un but restreint, résultat d'un ouvrage soigné, expérimental, en rapport avec cet important sujet.

A cause du défaut d'informations scientifiques dans ce domaine particulier, on entreprit, au Laboratoire américain, en 1920, une étude, que l'on poursuit encore, sur la ponte, dans toutes ses phases, pendant la saison active. La méthode employée n'a pas permis de rendre exacts les calculs de la ponte dans certaines colonies, à intervalles réguliers, continuellement fixés depuis cette date.

Bien qu'un énorme amas de données soit déjà en mains, les résultats finals détaillés ne peuvent être communiqués actuellement, car les expériences sont encore en progression. Les conclusions générales établies sur ce rapport sont, toutefois, basées sur les preuves obtenues au cours de ces recherches. Il est évident, à quiconque est familiarisé avec l'apiculture, que la ponte ne progresse pas à un taux uniforme pendant l'année, ni même à un taux uniformément accéléré ; elle semble plutôt croître par avances alternatives ou par légères diminutions, jusqu'au moment où elle atteint son maximum, qui peut être appelé un « sommet ». Après avoir atteint ce sommet, une diminution se produit et se poursuit, pendant la fin de la saison, jusqu'à ce que la ponte cesse entièrement. Cette chute du plus haut point peut, quelquefois, être graduelle ; des seconds « sommets » peuvent apparaître. Cependant, tous les maximums sont généralement associés à des productions de nectar ou à la réapparition du pollen. Sous de normales conditions, le plus grand « sommet » peut être atteint au commencement de la principale production de nectar, ou immédiatement après.

En d'autres termes, le « sommet » doit, pour constituer un bénéfice à l'apiculteur, se produire environ six semaines avant cet événement. La reconnaissance du fait que, sous de normales conditions, la ponte doit atteindre son maximum à ou pendant la principale production du miel, a résulté de l'adoption de plusieurs pratiques.

Laissée sous des conditions naturelles, la ponte décroîtra très peu de temps après la principale production de miel, décroissance due, probablement, en partie, au fait que les cellules vides, dans les nids, se remplissent de miel avant que la reine les trouve, pour s'y reposer. En conséquence, le nombre de cellules à l'usage de la reine, devient de plus en plus restreint.

Si alors, abandonnée à ses propres moyens, une colonie doit réduire sa force par l'essaimage, ou développer au maximum sa population, trop tard pour retirer les plus grands avantages de la production de miel, l'importance, pour l'apiculteur, de la connaissance des facteurs qui déterminent la ponte durant la saison, est tout à fait évidente. En les connaissant, il peut alors placer n'importe quelle colonie sous des conditions artificielles, telles qu'elles lui feront atteindre son plus fort rendement au moment désiré, ou tout au moins, la rendront plus vigoureuse que si elle avait été laissée seule.

Au cours du travail expérimental du Laboratoire américain de l'apiculture, dans ce domaine, quelques facteurs ont été reconnus comme ayant une portée distincte sur ce problème. Ces facteurs, néanmoins, sont si reliés, et si dépendants les uns des autres, qu'il serait très difficile d'établir un ordre d'importance relative pour eux, ordre qui n'aurait pas à être modifié en rencontrant des conditions variées. Ce ne peut être la question, toutefois ; mais le facteur le plus important est la reine, car, sans elle, la colonie tout entière est condamnée. Ceci signifie :

1o Que la reine doit être jeune, vigoureuse et prolifique. Elle doit aussi descendre d'une souche résistante aux maladies.

2o Naturellement, la reine doit être entourée d'ouvrières en quantité suffisante pour lui permettre de donner, dans les cellules, le maximum de sa capacité. En d'autres termes, le taux de sa ponte ne doit jamais être arrêté par un nombre insuffisant de cellules, où elle dépose ses œufs. Inutile de dire que tout paresseux doit être éliminé aussi complètement que possible.

3o Si la reine atteint le taux maximum de sa ponte, les abeilles doivent être assez nombreuses au commencement de la saison, pour prendre soin, d'une manière adéquate, de la couvée qui doit en résulter. Autrement dit, la colonie doit, au commencement de l'hiver, posséder un nombre de jeunes abeilles capable de fortement accroître la colonie au printemps, aussi rapidement que la vigueur et la fertilité de la reine le permettront.

4o On doit avoir sous la main, des provisions suffisantes, pour prendre soin d'un rapide accroissement de la population. Cela ne signifie pas seulement que la colonie doit avoir un approvisionnement de miel (ou son équivalent) assez important pour subvenir à tous les besoins, durant la saison de la ponte, mais aussi qu'elle doit posséder du pollen en abondance.

5o On doit avoir recours à une nourriture stimulante ou à une substitution du pollen, parfois avantageuse, car, même avec des provisions suffisantes dans les ruches, la ponte progresse souvent très lentement, sous des conditions atmosphériques défavorables. D'autre part, l'activité croissante de la ponte est invariablement associée à la réapparition du nectar ou du pollen.

6º La ruche doit être suffisamment isolée des changements de température.

Cela permet à l'apiculteur, non seulement d'employer son énergie, autrement dépensée sans utilité par sa propre négligence, au profit de l'expansion de la population de la colonie, mais encore de sauver les provisions.

7º L'abondance de l'eau est également essentielle durant la ponte; l'importance exacte de ce point n'a cependant pas été encore déterminée; mais indiquer que les abeilles absorbent l'eau en plus grandes quantités, pendant la période la plus active de la ponte, que durant d'autres époques de l'année, paraît au-dessus du sujet.

Voilà, brièvement établis, quelques-uns des facteurs qui gouvernent la ponte. Il est superflu d'ajouter que chacun d'eux pourrait être l'objet d'une discussion prolongée. Toutefois, agir ainsi serait dépasser l'objet de cet article, parce que le but de ce rapport est seulement de présenter quelques-uns des points les plus importants, démontrés au cours d'un travail expérimental sur la ponte durant la saison, en laissant à une date ultérieure la discussion détaillée de chacun d'eux.

Rapport présenté par **M. Gaston Bonnier**
Membre de l'Institut
sur les arbres et plantes mellifères
à cultiver aux alentours d'un rucher

Lorsqu'on installe un rucher, on doit choisir une région naturellement favorable. On peut cependant se proposer d'améliorer la richesse mellifère de cette contrée, en y introduisant certaines espèces dont les fleurs donnent beaucoup de miel.

Il ne faut pas, toutefois, se faire de grandes illusions à cet égard. Les apiculteurs novices se figurent qu'il est très utile de semer des plantes mellifères le plus près possible des ruches, ou de disposer des arbustes, dont les fleurs sont nectarifères, dans le clos où se trouve le rucher; d'autres croient qu'il suffit de jeter des graines de plantes mellifères sur les coteaux ou dans les bois voisins, pour y naturaliser ces espèces.

Mais, d'une part, on sait que, sauf exception, les abeilles ne récoltent pas de miel sur les végétaux qui sont près des ruches, comme si elles réservaient cette source de miel très proche, pour le cas où elles ne trouveraient pas, plus loin, de quoi s'approvisionner; d'autre part, il n'est pas facile d'acclimater telle ou telle espèce de plantes dans les bois ou sur les coteaux, déjà occupés par la végétation naturelle, à moins d'y planter des arbres mellifères, en choisissant, de préférence, ceux qui croissent normalement dans la contrée.

Le plus pratique serait d'obtenir la culture en grand de plantes agricoles, cultivées dans un but tout différent, mais dont les fleurs seraient mellifères. Si les champs qui sont autour du rucher, dans un rayon de trois kilomètres, sont sous la dépendance du propriétaire du rucher, rien ne sera plus facile; sinon, ce sera au possesseur des ruches de convaincre ses voisins en faveur de la culture de ces espèces, qui sont à la fois agricoles et mellifères. Les espèces en question, qu'on peut cultiver dans presque toute la France, sont les suivantes :

Parmi les fourrages artificiels, ce sont surtout le sainfoin, la minette, la vesce (qui donne du nectar, d'abord par ses stipules, placées à la base des feuilles, ensuite par ses fleurs) ; le trèfle incarnat et le trèfle blanc (à cultiver de préférence au trèfle rouge, dont les fleurs sont, en général, trop longues pour que la trompe des abeilles puisse y atteindre le niveau du nectar) ; la luzerne, qui donne surtout du nectar dans la partie méridionale de la France, ou partout, dans les secondes coupes.

Comme céréale : le sarrasin (les fleurs des autres céréales ne produisent aucun nectar.

Parmi les plantes cultivées comme alimentaires ou industrielles, les plus intéressantes, au point de vue mellifère, sont : les moutarde, pois, haricot fève, houblon, colza, navette, et, lorsqu'elles sont cultivées pour graine, les panais, navet, rave, choux-rave.

Dans ce même périmètre, autour du rucher, si l'on est prévoyant, on peut planter des arbres, soit comme espèces forestières, soit comme ornementales ou à fruits comestibles, mais, bien entendu, en les choisissant parmi les arbres ou arbrisseaux mellifères.

On peut recommander les espèces suivantes, qui peuvent croître dans toute la France :

Sapin, épicéa, les pins, mélèze, robinier faux-acacia, poirier, pommier, merisier, les cerisiers, abricotier, les pruniers, amandier, pêcher, néflier, sorbier ; érable champêtre, sycomore, faux-sycomore, négundo, marronnier, bouleau, châtaignier, noisetier, frêne, cornouiller mâle, cornouiller sanguin, peuplier blanc, peuplier noir, les saules ; parmi les arbrisseaux : les ronces, framboisier, troène, lyciet, houx, romarin, lierre, les chèvrefeuilles, les daphnés.

Quant aux plantes que l'on pourrait chercher à propager dans les bois ou dans les endroits incultes situés dans le cercle, de 3 mètres de rayon, au centre duquel se trouve le rucher, il faut, avant tout, choisir les espèces qui peuvent croître naturellement dans ces endroits forestiers ou plus ou moins sauvages, mais on doit cependant s'attendre à ce que beaucoup de ces plantes se montrent rebelles à leur propagation ; néanmoins, à ce sujet, je donne ici la liste des plantes mellifères sauvages qui peuvent se trouver dans toutes les contrées tempérées de la France :

Ancolie, aster, bardane, bluet, bourrache, bruyère commune, bruyère cendrée et autres, bugle, cardamine, cardère, chardons, les épiaires, épilobe en épis, épilobe hérissé, les germandrées, gueule-de-loup, giroflée, guimauve, hellébore, jacée, joubarbe, linaire striée, linaire vulgaire, lotier, marjolaine sauvage ou origan, les mauves, les menthes, mélilot, mélisse, nigelle, œnothère, pissenlit, pulmonaire, renouée des oiseaux, les résédas, salsifis sauvage, les sauges, scrofulaire, sédum acre, sédum blanc, sédum Reprise, serpolet, thym, tussilage, verge d'or, verveine sauvage, plusieurs vesces sauvages, vipérine.

Amélioration des ressources du nectar aux Etats-Unis
par E. F. PHILLIPS (1)

Il s'agit, dans le présent rapport, d'enrichir la flore nectarifère de mon pays. Est-ce que cette amélioration ne portera pas préjudice aux personnes ne s'occupant pas d'apiculture ? On n'a pas fait d'expériences concluantes, et les conditions actuelles peuvent changer, donc, la précision présente n'est pas définitive.

Le pays n'est pas encore systématiquement employé pour l'établissement de ruchers, et l'apiculteur qui désire augmenter sa production, peut trouver des terrains non utilisés, plutôt que chercher à améliorer la flore dans son voisinage.

Il n'y a presque pas de régions, dans les Etats-Unis, où l'apiculteur ne pourra trouver un emplacement favorable non occupé, même à proximité de grands apiculteurs exploitants. L'apiculteur américain établit d'ailleurs ses ruchers le long de bonnes routes, pour utiliser ses camions.

L'amélioration dans le transport était un des grands facteurs du développement de l'apiculture aux Etats-Unis.

Le problème important, pour l'apiculteur américain, est surtout d'évaluer à combien lui revient son déplacement, pour produire son miel, plutôt que de penser à l'amélioration de la flore dans son voisinage.

Dans beaucoup de localités, aux Etats-Unis, les ruchers sont si denses, qu'il y a trop d'abeilles pour tirer bénéfice. Dans la région des orangers, en Californie, les ruches sont apportées des environs où la sauge produit du nectar par milliers de tonnes, par suite de cette flore. Habituellement, on apporte les ruches vers la fin de l'été, et on les garde dans la région des orangers pendant l'hiver, pour les reporter dans les sauges quand les orangers cessent de fleurir. La récolte donnée par les orangers est supérieure à ce qu'une autre plantation pourrait donner, mais le terrain, dans cette région, est si cher que le transport des ruches est le meilleur système, au moins au point de vue économique. Il en résulte que beaucoup de nectar est encore perdu. Le seul endroit, en dehors de celui-ci, dans les Etats-Unis, où on pourra parler de cumulation de ruchers (overstocking), est l'ouest, où la grande ressource de nectar est l'alfalfa, un peu de trèfle (surcet Rover) ; mais ce n'est pas partout, et il y a la place pour dix fois plus de ruches que celles exploitées actuellement dans la région des orangers, ainsi que dans la région de l'alfalfa. Malheureusement, le terrain est si cher qu'il est inutile de penser à améliorer la flore en vue des abeilles.

Partout où on a essayé d'améliorer la flore mellifère, les dépenses dépassent les revenus. A l'heure actuelle, avec le prix élevé de la main-d'œuvre, les conditions sont encore pires.

L'expérience faite, en 1905, par l'administration précédente du Bureau d'Entomologie, qui fit distribuer des plantes mellifères à grand frais, ne donna pas de résultats satisfaisants.

Les plantes connues et utilisées en Europe étaient déjà connues aux Etats-Unis, où elles poussent à l'état sauvage.

(1) Traduit par Ph. J. Baldensperger.

Il est intéressant, pour les Américains, de savoir que beaucoup d'Européens préconisent la *Phacelia tanacétifolia,* native de la Californie, où elle est peu mellifère.

L'apiculteur devrait jeter des graines de plantes mellifères un peu partout, mais encore devrait-il choisir ces graines, afin de ne pas nuire à l'apiculture. D'ailleurs, une loi, dans beaucoup d'Etats, interdit cet ensemencement. Beaucoup d'essais ont été faits, mais la seule plante de valeur est le mélilot (melilotus alba). Cette plante n'est mellifère que dans les terrains très calcaires.

La réclame faite pour une variété de trèfle annuel, fait beaucoup de de bruit; mais les résultats ne sont pas meilleurs que ceux obtenus du trèfle bisannuel. Beaucoup du miel produit aux Etats-Unis, provient de plantes ayant une valeur économique autre que la valeur mellifère. Voici les principales plantes : le brukwheat (blé noir ou sarrasin), fagopyrum exubenteum, alfalfa (medicago sativa), trèfle alsike hybride, luzerne cultivée (trifolium hybridum), trèfle doux (melilotus alba), et le colton (gossipiumhirsutum).

Ces plantes ne poussent pas partout, à cause de la diversité du sol et du climat. Partout où ces plantes sont avantageuses, l'apiculteur trouve son bénéfice à encourager la propagande. On en distribue gratuitement la graine, cela passe encore; mais quand l'apiculteur est obligé d'acheter sa graine, la ressource mellifère se tarit.

On a envisagé l'apiculture où l'abeille améliore la production de fruits en fécondant les fleurs. Les avantages tirés de cette fécondation ont conduit l'arboriculteur à encourager l'apiculture dans son voisinage, ou à trouver quelques ruches. Beaucoup d'arboriculteurs préfèrent payer ces services aux apiculteurs, plutôt que d'apprendre l'apiculture eux-mêmes. Malgré cet avantage, lorsque la flore est terminée, on transporte les ruches ailleurs, plutôt que de se servir des plantes d'été.

Les amateurs enthousiastes ont trouvé un plaisir d'améliorer la flore pour leurs abeilles, ce qui donne plus de charmes que de revenus. Les différents essais faits aux Etats-Unis ont prouvé qu'il n'y a aucun avantage pécunier. Quoique la nature donne le nectar libéralement, il est impossible, dans les circonstances actuelles, aux Etats-Unis, de semer assez de plantes mellifères, même pour un petit nombre de ruches. Dans un pays où souvent les apiculteurs ont plusieurs milliers de ruches, il serait nécessaire de planter beaucoup de plantes mellifères, pour marquer une différence de production. Il y a une autre considération. La plupart des apiculteurs, aux Etats-Unis, ne réussissent pas à avoir leurs populations à point, pour le commencement de la flore mellifère pour leur région : résultat : une récolte atténuée. Cette perte est causée par l'apiculture mesquine. C'est un état général, et il me semble qu'on devrait éduquer les apiculteurs, leur montrer de meilleures méthodes, qui leur permettraient d'utiliser les ressources mellifères actuelles. Pendant que beaucoup de nectar est perdu, à cause de l'apiculture mesquine, qui cause une perte d'effort formidable, c'est contraire à l'idéal américain que d'augmenter les plantes mellifères.

On voit, par la littérature sur l'apiculture du monde entier, que le plus sérieux problème est celui d'avoir les abeilles à point pour la grande miellée.

A l'état normal, et sans l'aide de l'apiculteur, la ponte des reines augmente au fur et à mesure de l'arrivée du nectar, et ceci est pour le monde entier. Il en résulte qu'une grande quantité de nectar est perdu au commencement, par manque d'abeilles pour le récolter.

Les meilleurs apiculteurs, aux Etats-Unis, ont trouvé que les populations qui sont abondamment pourvues de miel au printemps, qui ont beaucoup d'espace pour le développement du couvain, et sont bien protégées contre le froid, seront tout à fait préparées au commencement de la flore.

Il faut être très expert en apiculture pour arriver à avoir ses ruches à point, et il est douteux qu'il existe un pays où l'ensemble des apiculteurs soit développé à ce point. En tous les cas, les apiculteurs américains ne le sont pas, même dans la région des orangers, en Californie, où les ruchers sont compacts ; les abeilles sont si faibles, au commencement de la flore, que, probablement, la moitié du nectar est perdu.

Discuter l'amélioration de la flore, pendant que les apiculteurs gaspillent la moitié du nectar existant, est un gaspillage d'efforts, au point de vue américain.

Comme conclusion, après beaucoup d'efforts et beaucoup de dépenses, il est inutile de cultiver des plantes, uniquement pour leur valeur mellifère. On gagne peu en semant des plantes dans du terrain abandonné. Il y a peu à faire aux Etats-Unis dans cette direction. Il est douteux, vu les efforts faits aux Etats-Unis, et dans des conditions si variées, que les apiculteurs d'autres pays puissent trouver des avantages.

Deuxième séance

Mardi 19 septembre, à 9 heures (Faculté des Sciences).

Séance plénière de la section d'Apiculture coloniale

Ouverture sous la présidence de M. Ph.-J. Baldensperger.

1º. — Rapport présenté par M. le Dr Vallette, sur l'Apiculture Coloniale française.

2º. — Communications présentées par M. Ph.-J. Baldensperger :
    a) sur l'Apiculture en Orient ;
    b) sur l'Abeille Saharienne.

3º. — Communication présentée par M. E. L. Sechrist (U. S. A.), sur l'Apiculture tropicale. (Texte anglais et traduction.)

Procès-Verbal de la Séance plénière du 19 septembre (matin)
Apiculture Coloniale

La séance est ouverte à 10 heures, sous la présidence de M. Baldensperger.

Elle commence par la lecture du rapport de M. le Docteur Vallette, dans lequel sont passés en revue tous les procédés employés pour les différentes possessions françaises, et où l'auteur énumère les résultats obtenus, au point de vue quantités, ainsi que ce qui concerne les prix fixés pour la vente des miels et des cires. Travail de compilation très ardu et très consciencieux, dont les renseignements furent toujours puisés aux sources officielles.

M. l'Abbé Eck a employé et emploie encore les abeilles tunisiennes, et il en vante les qualités et la satisfaction qu'il a de les traiter.

M. Léon Tombu parle de l'apiculture au Congo belge. Il sait bien qu'on ne doit pas négliger l'abeille indigène, mais il fait remarquer qu'en bien des endroits, elle tend à disparaître. Cela tient aux procédés de récolte. Les noirs, eux-mêmes, sont très friands de miel et, souvent encore, ils doivent en fournir aux blancs. Or, chaque fois qu'une colonie est récoltée, il faut compter une colonie de moins, étant donné que, pour s'emparer du miel, les noirs allument un grand feu, où les pauvrettes viennent se carboniser.

M. Tombu serait heureux de connaître les meilleurs moyens de faire parvenir des abeilles au Congo, de même qu'aussi de préserver les ruches d'un de leurs plus terribles ennemis : les fourmis.

M. Robert de Lalieux intervient aussi dans ce sens.

M. de Launeau, Conseiller général en Tunisie, recommande pour la destruction des fourmis, l'emploi de l'arséniate de soude. Depuis longtemps, il l'utilise avec le plus grand succès.

En ce qui concerne la Tunisie, M. de Launeau trouve que la diffusion de la culture des abeilles est paralysée par le prix élevé auquel se vendent les ruches. Il émet le vœu de voir produire des ruches à meilleur marché.

Pour répondre à M. de Launeau, M. Sirvent rappelle que beaucoup de coloniaux emploient, comme ruches, de simples caisses d'emballage. On peut voir, à l'appui de ce qu'il avance, une ruche de M. Chamoulaud, fabriquée avec une caisse ordinaire, ruche actuellement exposée au Palais des Colonies autonomes.

M. Baldensperger donne lecture de ses rapports sur « l'Apiculture en Orient » et « l'Abeille Saharienne ».

L'expérience de M. Baldensperger, en ce domaine, est très grande ; aussi son exposé est-il écouté avec le plus vif intérêt. Pour finir, il indique les résultats qu'il a obtenus à la suite de ses essais d'acclimatation de l'abeille Saharienne dans les Alpes.

M. le Docteur Rathsamhausen signale que M. Baldensperger a mis en relief les qualités des abeilles orientales. A ce propos, il serait bien intéressant de pouvoir en faire l'étude sur notre continent, afin d'en fixer les principaux caractères, et, le cas échéant, de les utiliser dans les croisements.

M. Alphandéry prend aussi part à la discussion , et il est ensuite donné lecture des conclusions de M. le Docteur Vallette.

M. Baldensperger donne le texte anglais, qu'il traduit aussitôt en français, d'une fort intéressante communication, sur *l'apiculture tropicale,* de M. E. L. Sechrist (E.-U. A.).

M. le Président prononce alors quelques paroles de remerciements et déclare clos les travaux de la section de l'Apiculture coloniale.

RAPPORTS ET COMMUNICATIONS
présentés à la deuxième Séance plénière du Congrès.

L'Apiculture dans les Colonies
par le Docteur PIERRE VALLETTE

Messieurs,

On m'a demandé de vous présenter un rapport sur l'apiculture aux colonies. Sans vouloir vous faire perdre trop de temps, je ne puis commencer, cependant, sans réclamer toute votre bienveillance, étant donné le peu de connaissances personnelles que j'avais d'un pareil sujet. J'en connais qui étaient bien plus qualifiés que moi pour mener à bien une pareille tâche. Au premier rang de ceux-ci, était notre cher président de section, mais je tiens cependant à vous dire qu'il a su contribuer, de différentes façons, à me documenter, et vous me permettrez de l'en remercier ici.

Je me suis donc livré, à votre intention, à une petite enquête sur ce qu'est l'apiculture dans nos différentes colonies et pays de protectorat ; pour cela, je me suis adressé à la littérature que j'ai pu me procurer, et aussi aux différents représentants de ces colonies, qui sont à Marseille, à l'occasion de l'Exposition Coloniale. Je dois leur dire ma gratitude pour l'amabilité avec laquelle ils se sont mis à ma disposition. Grâce à eux, j'ai pu me faire une idée de ce qu'est l'apiculture dans ces différents pays, entrevoir les ressources multiples de ces contrées si différentes des nôtres, par la végétation et par la flore, et envisager l'avenir possible pour chacun d'eux, en nous plaçant au point de vue de l'apiculture moderne, c'est-à-dire au point de vue de l'apiculture mobiliste. Car, ainsi que vous le verrez, dans nos colonies, les indigènes, jusqu'à présent, ont tous ou presque tous exclusivement recours aux ruches fixes, qu'ils dirigent et qu'ils exploitent de façon quelque peu différente, suivant les endroits. Il faudra étudier, par conséquent, ce que pourra donner, à l'avenir, là où l'expérience n'est pas encore faite, les ruches modernes d'un rendement bien supérieur.

Etudions donc séparément chacun de ces pays. Nous tâcherons ensuite de tirer quelques conclusions pratiques, qui pourraient être utiles à ceux que tenterait cette expérience et qui voudraient pratiquer l'apiculture dans ces régions, et principalement aux colons déjà établis, qui ignorent bien souvent les ressources considérables qui sont en puissance autour de leurs exploitations agricoles ou forestières.

AFRIQUE DU NORD

Messieurs, vous me permettrez de commencer par nos colonies de l'Afrique du Nord, qui sont si rapprochées de nous, dans ce grand port de Marseille, et avec lesquelles nous sommes ici en relations si fréquentes.

L'Afrique du Nord est un pays qui consomme une grande quantité de miel, en raison de sa population arabe, qui affectionne particulièrement le produit des abeilles. L'Algérie, seule, importait, avant la guerre, pour 2 ou 300 000 francs de miel par an. Cela nous montre tout de suite l'importance que peut acquérir l'apiculture, dans un pays où l'on est certain de trouver, sur place, un débouché facile. En effet, l'Arabe considère le miel comme un produit donné par le Seigneur. Il en est parlé dans le Coran, qui en recommande la consommation. Les bienfaits sont consacrés par les Marabouts, et on cite le cas d'un malade qui consultait un descendant du prophète, pour obtenir sa guérison, et qui reçut pour toute prescription, celle de prendre du miel. Pendant 7 jours de suite, il le consulta en lui expliquant son état, et, pendant 7 jours, il reçut, pour toute réponse, cette simple phrase : « Va, et prends du miel ». Le huitième jour, il était guéri.

Si cette sanction religieuse favorise l'emploi du miel, et en assure l'écoulement certain, elle présente, par contre, un petit inconvénient : c'est que l'arabe, considérant le miel comme un don de Dieu, en conclut qu'il appartient à tout le monde. Le produit des abeilles ne peut être la propriété de quelqu'un, donc tout le monde a le droit de s'en emparer. Ceci explique la nécessité de garder soigneusement son rucher, pour le mettre à l'abri du pillage des maraudeurs très audacieux.

L'influence d'un Marabout est souvent précieuse en pareil cas, et l'apiculteur fera bien de chercher auprès de lui une protection qui est souvent, dans ce pays, plus efficace que toute autre. A ce propos, je vais vous rapporter la petite anecdote que je tiens de M. Bernard, Président de la Société d'Apiculture de l'Afrique du Nord, et qui est très instructive. M. Pastor, chef de gare de Boukanifis, possède, autour de la gare, un rucher d'une trentaine de ruches. Une nuit, le gardien de la gare aperçoit, dans l'obscurité, deux indigènes qui pillent plusieurs ruches ; il les suit de son œil puissant, et en rendant compte, le lendemain, il signale la direction des fuyards. On part à leur recherche, et, dans un douar des Beni-Snassens. il n'a aucune peine à signaler à M. Pastor les deux voleurs qui sont parfaitement reconnaissables à leur figure et à leurs mains gonflées par les piqûres d'abeilles. Ayant trouvé ses voleurs, M. Pastor se rend chez le Marabout qu'il connaît. Ce dernier fait mander les voleurs et leur dit : « Vous vous êtes emparés des ruches de Pastor, alors que je vous l'avais défendu, vous êtes perdus, et la malédiction de Dieu s'abattra sur vous.

Il se trouva que, dans l'année, l'un des voleurs se tua en tombant d'un arbre, et que le second, à la suite de nouveaux méfaits, fut emprisonné, condamné et déporté. Cet épilogue eut un tel retentissement dans le pays, que jamais plus les ruches de M. Pastor ne furent inquiétées.

ALGÉRIE

L'apiculture, en Algérie, est pratiquée par les Arabes, suivant la méthode fixiste. Quand arrive la miellée, l'Arabe, suivant sa conception, pour engager ses abeilles à travailler, leur enlève tout ce que la ruche contient : miel, cire, couvain, et il recommence l'opération dès qu'il pense que la ruche a pu se remplir. Il met tout cela dans un linge, au-dessus d'un récipient, et fait sortir le miel en plaçant sur le tout de grosses pierres. Le liquide qui s'écoule est constitué par du miel, certainement, mais aussi par beaucoup d'autres choses : pollen, couvain écrasé, etc.; aussi, ce miel ne se conserve-t-il pas très bien. En présence d'une telle méthode, on se demande comment les abeilles peuvent résister à un pareil traitement ; je crois qu'elles s'en tirent, grâce à leur grande faculté d'essaimage.

Les Abeilles

Voici ce que nous écrit M. Baldensperger, à leur sujet :

« L'abeille de toute la région du Tell est une abeille sensiblement
« plus petite que l'abeille française, très noire et très méchante. Il lui faut
« une double ration de fumée pour la maîtriser. Comme elle habite toute
« la région du littoral, connue sous le nom de Tell, je la désigne, dans mes
« écrits, sous le nom de Tellienne, pour la distinguer de sa congénère d'au-
« delà de l'Atlas, la Saharienne. Entre ces deux régions du Tell et du
« Sahara, sur plus de 300 kilomètres de profondeur, sur les hauts plateaux,
« et dans les steppes où ne poussent que quelques graminées: alfa, diss,
« drin, qui servent de nourriture aux chameaux et aux bêtes à cornes des
« nomades, il n'y a pas d'élevage d'abeilles. »

M. Baldensperger a présenté un échantillon d'abeilles Sahariennes.

« La Saharienne, qui ne vit que dans les oasis ou leur voisinage im-
« médiat, est restée séparée et sans croisement. Elle est plus grande que la
« Tellienne, et très douce; on la maîtrise avec peu de fumée; elle est d'une
« belle couleur orangée et porte ostensiblement le croissant doré, au bas
« du thorax, comme la chypriote. »

Voici encore ce que nous écrit M. Mac Clahanan, qui a installé à Blida un grand rucher, où il a importé des abeilles italo-américaines. Il a étudié les deux races, et il constate entre elles les différences suivantes :

1° Il est très difficile, presque impossible, dit-il, de garder une colonie algérienne uniformément forte pendant toute une récolte. Si l'on empêche l'essaimage, la reine finit par refuser de pondre ou déserte la ruche, après avoir laissé juste un œuf dans une cellule royale, tandis que l'on conserve, durant toute la saison, des colonies italiennes très fortes, à la condition de leur donner de l'air et de la place.

2º Les italo-américaines sont très douces ; les algériennes très nerveuses, je devrais même dire vraiment méchantes.

Donc, en résumé, les abeilles sont très agressives, petites, noires, méchantes, ayant un grand penchant pour l'essaimage, à l'exception des abeilles que Baldensperger décrit sous le nom de Sahariennes.

Les Ruches

Les ruches indigènes sont basses, fabriquées soit en liège, soit en baguette de fertil (faux fenouil), et enduites de bouse de vache. Elles sont couchées sur le sol et recouvertes de nattes ou de verdure ; le rucher entier est généralement entouré d'une épaisse haie de branchages de jujubiers, pour le défendre contre les voleurs.

Les apiculteurs mobilistes emploient généralement la ruche algérienne du Dr Reisser, la ruche Dadant ou la ruche pastorale Baldensperger.

La Société des Apiculteurs Algériens, connue sous le nom de Nahhla, fait tous les efforts possibles, dans ses cours du jardin d'essai, près d'Alger, et à l'Ecole d'Agriculture de Maison Carrée, pour répandre la ruche à cadres mobiles. Le regretté Dr Reisser était le grand propagateur de l'apiculture rationnelle dans l'Afrique du Nord, et, d'après les comptes-rendus de la Société d'Apiculture, il faut dire que ce sont les Kabyles qui font le plus de progrès dans cette voie. Il va sans dire que les colons européens ont toujours fait de grands efforts pour produire du miel extrait. Nous citerons MM. Pastor, chef de gare de Boukanifis, dans le département d'Oran ; M. Reynier de Staoueli ; les frères Pershon, autrefois aussi, les frères Baldensperger qui, tous, ont été les initiateurs et les précurseurs de l'art apicole dans ces pays.

La Flore

La flore est, en général, assez variée ; elle diffère beaucoup suivant les endroits, mais ce n'est pas elle qu'il faut incriminer dans les régions qui ne donnent pas de récolte, car l'influence du climat est ici prépondérante. Dans les zones trop élevées, la sécheresse succède trop vite au froid de l'hiver, et malgré les ressources apparentes, il n'y a pas de récolte. Il faut donc étudier surtout les régions avoisinant le littoral entre l'Atlas et la mer.

Autour des villes de Boufarik et de Blida, on trouve des quantités d'orangers qui donnent un miel très fin. Ainsi que des eucalyptus et des caroubiers, qui donnent une miellée tardive quand la température s'y prête. Dans les vallées, on trouve aussi beaucoup de labiées, des menthes, des crucifères et des composées, qui forment la masse des fleurs mellifères.

La Récolte

La récolte peut se faire deux fois par an ; la première à la moisson, c'est-à-dire en juin, et la deuxième en août, après la floraison des eucalyptus « redgom ». M. Bernard me disait que cette seconde récolte n'était pas à recommander. Il m'a affirmé que, bien conduites, les ruches devaient donner, dans l'ensemble, de 15 à 20 kilos de moyenne, ce qui est certainement rémunérateur. Certains apiculteurs, comme Pastor, les frères Pershon, ont fait des récoltes satisfaisantes, et des tonnes de miel ont trouvé un débouché facile, surtout pendant la guerre, en raison de la pénurie de sucre.

Le printemps étant très court, il s'agit d'avoir des populations fortes au bon moment ; pour cela, le nourrissage peut influer grandement. Mais il faut se garder de le pratiquer en présence des arabes, qui ne comprendraient pas son but, et n'y verraient qu'une falsification capable de déprécier le produit.

En somme, l'avenir de l'apiculture en Algérie est très satisfaisant. En effet, la récolte doit être rémunératrice : 15 à 20 kilos de moyenne par ruche. L'écoulement du miel est assuré, puisque la population en consomme beaucoup, et que, jusqu'à présent, la colonie doit en importer.

Seulement, nous recommandons à tout apiculteur qui chercherait à créer un rucher, d'avoir bien soin d'étudier la situation topographique, et se rendre compte du climat, en se rappelant que, seules, les régions tempérées sont favorables, les régions trop élevées ayant, malgré une flore intéressante, un printemps trop court. La période de sécheresse arrive trop brusquement pour assurer une bonne récolte.

TUNISIE

Beaucoup de ce que nous venons de dire sur l'Algérie, s'applique à la Tunisie, comme à toute l'Afrique du Nord.

Nous signalerons tout d'abord les efforts qui sont faits à la Direction générale de l'agriculture de Tunisie, pour répandre l'apiculture en général, et surtout l'apiculture mobiliste. Des conférences sont faites aux apiculteurs, sous l'impulsion de M. Delanone, Conseiller à la Direction générale de l'agriculture à Tunis, suivies de leçons de choses sur les abeilles et le matériel apicole.

La Tunisie a exporté jusqu'à 84 tonnes de cire (1913), et cette quantité peut être très largement dépassée.

Par contre, comme l'Algérie, elle est obligée d'importer du miel pour satisfaire au besoin de sa consommation. Ces deux considérations que je place en commençant, volontairement, vous montrent toute l'importance que peut acquérir, ici encore, l'apiculture rationnelle.

Apiculture indigène

L'abeille fut, de tout temps, exploitée par les indigènes. Les Arabes sont très adroits et plus pratiques qu'un grand nombre de mouchiers européens. Leurs ruches sont en petit bois tressé, en écorce de chêne-liège, en poterie et en alfa tressé.

Les Arabes placent leurs « Djebas » horizontalement, côte à côte, généralement à terre, et sur 2 ou 3 rangées superposées ; le tout est abrité par du diss ou des herbes sèches. Ces ruches ont 20 ou 25 centimètres de diamètre et 1 mètre à 1 m. 50 de long. Les deux extrémités sont fermées par une rondelle de liège ou de paille tressée. L'Arabe cherche à obtenir des bâtisses régulières ; pour cela, il a soin, en logeant son essaim, de placer, dans la direction voulue, au milieu de la ruche, un rayon de couvain emprunté à un autre « djeba », qu'il fait tenir verticalement, au moyen de chevilles en bois. Pour la récolte du miel, il retire la rondelle arrière, puis la rondelle avant, et taille tout ce qu'il peut, si bien que la colonie se trouve ramenée à l'état d'essaim. Quand la saison est favorable, il retire ainsi 4 à 5 litres de miel et environ 500 gr. de cire. J'insiste sur ce fait intéressant que l'apiculture indigène ignore l'étouffage. L'Arabe aime les abeilles, ne les redoute pas, et n'a contre elles aucun des préjugés malheureusement si répandus parmi les colons, comme parmi beaucoup de nos paysans de France.

Les Abeilles

L'abeille Punique est gris noirâtre ; elle est très laborieuse, rustique, bonne butineuse. Elle est légèrement plus petite que les abeilles d'Europe, qualité qui lui permettrait de butiner avantageusement sur les fleurs à corolles profondes et étroites ; elle sait butiner par les temps chauds et par les temps froids. Sélectionnée et bien exploitée, elle est peu essaimeuse, contrairement à ce qu'affirment les observateurs superficiels. Elle se conserve et se développe même en petits nucléi. Elle élève, par centaines, des reines magnifiques. Elle ne tue pas ses reines vierges ; généralement, elle les chasse, et l'essaimage naturel se continue longtemps, si l'apiculteur ne sait y mettre un frein. Cette description est empruntée à une chronique parue dans l'*Apiculture Française*, n° 6, 1914. L'auteur émet encore, à son sujet, l'avis suivant : « Le surpeuplement la rend paresseuse, elle est plus lucrative par l'essaimage raisonné que par le système de non-essaimage. » Je laisse à son auteur la responsabilité de ce jugement.

M. Delanoue écrit aussi à son sujet : « Notre race d'abeilles est remarquable ; elle est étonnamment active, robuste, et j'ajouterai douce. Notons, en passant, qu'elle paraît conserver ces qualités à l'étranger, ainsi qu'en témoignent les appréciations très élogieuses des apiculteurs anglais, irlandais, américains, qui eurent l'occasion de l'essayer dans leurs pays respectifs. »

Les résultats que l'on obtient avec un tel auxiliaire, sont des plus encourageants, comme on le verra.

La Flore

La flore tunisienne est en effet particulièrement riche en plantes très mellifères : romarin, sulla, oranger, thym, eucalyptus donnent au cours de l'année et en abondance des miels de grande finesse et d'un arôme incomparable. La première floraison commence en octobre avec les pluies d'automne, sur les caroubiers, les romarins, les bruyères, les arbousiers et se continue tout l'hiver pour les régions tempérées. (Le thermomètre descend rarement au-dessous de zéro en Tunisie).

La deuxième floraison a lieu au printemps sur la continuation des romarins, les arbres fruitiers et d'ornement, sur les plantes fourragères, industrielles et sauvages.

Enfin, en été, il y a la floraison des thyms, des eucalyptus, des faux-poivriers ; il y a aussi des miellats d'arbres.

En somme, il y a trois périodes d'activité pour les abeilles et les plus mauvais mois sont janvier, août et septembre.

La Récolte.

Chaque période mellifère peut donner lieu à une récolte de 10 à 15 kilos de miel en moyenne et si l'on pratique l'apiculture pastorale, il est très facile d'obtenir une trentaine de kilos au moins par ruche.

Voici d'ailleurs quelques résultats obtenus que j'emprunte aux auteurs déjà cités :

Dans un petit jardin situé au pied du Belvédère un rucher donnait bon an mal an, 1.000 kil. de miel. Dans un enclos de 10 mètres de côté, quelques colonies logées en caisses ayant servi au transport des conserves alimentaires, donnèrent en une année, un peu plus de 500 kil. de miel. Dans une région du Sahel, qui semble dépourvue de fleurs où l'abeille puisse glaner, un propriétaire vendit en 1920, malgré la sécheresse exceptionnelle, pour 5.000 fr. de miel. On citait un rucher du Mornag qui donnait en 1921, 15.000 fr. de recette. Enfin M. Georges cite le rucher de Ksar-Tyr, qui donna, pendant plusieurs années, une récolte annuelle de 10 tonnes de miel.

Dans le nord de la Tunisie, un excellent apiculteur, possesseur d'un important rucher, a retiré jusqu'à 110 kil. d'une seule ruche.

Ces chiffres que je vous donne en terminant servent à vous démontrer tout l'avenir que peut présenter la Tunisie au point de vue apicole. Nous répéterons cependant comme pour l'Algérie, qu'il faut savoir choisir son emplacement, étudier le climat et la flore, et se familiariser avec l'abeille punique. Les essais faits jusqu'à ce jour ne nous permettent pas d'émettre une opinion sur l'importation des abeilles étrangères. En terminant nous recommanderons à tous ceux que la question intéresserait, la lecture du livre de M. Georges : « La Tunisie Apicole » (1). Cette monographie permettra de connaître toutes les ressources du pays et évitera aux débutants bien des déboires.

MAROC.

Je ne voudrais pas, à propos du Maroc, me livrer à des redites et répéter ce que je viens de dire à propos de l'Algérie et de la Tunisie. Il convient cependant de faire quelques remarques sur ce pays, et surtout d'insister ici encore sur les avantages qu'il présente au point de vue de l'apiculture. Je ferai pour cela d'assez nombreux emprunts aux articles parus dans la *Gazette Apicole* en 1919 et en 1921 sous la signature du lieutenant Jeanmet.

« Le Maroc, dit cet auteur, par la variété du climat, des altitudes, des expositions géographiques, produit une telle diversité de plantes mellifères qu'il devrait être considéré comme le paradis de l'apiculture ». Dans les régions de plaine et de faible altitude la végétation n'est suspendue que pendant les fortes chaleurs d'été (juillet à septembre). Cette saison peut être comparée au point de vue production miel, à l'hivernage

(1) Pour se la procurer écrire à M. Georges, instituteur. 150, rue Bob-Souika. Tunis.

en France. Même dans les régions élevées, les hivers voient des journées ensoleillées et dès les premiers rayons du soleil de printemps toute une végétation luxuriante surgit de terre, comme sous l'effet d'une baguette magique. Je me rappelle à ce propos, une description remarquable que me fit de la région de la Chaouia, un médecin major qui avait participé à la colonne d'occupation. Je me rappelle surtout ses phrases poétiques sur les canons roulants sur un parterre de fleurs, dans des vallées embaumées, éclairées par une lumière éblouissante qui donnait aux horizons, aux heures du matin, ou du crépuscule, un coloris d'une tonalité incomparable.

L'abeille que l'on rencontre au Maroc est l'abeille que Baldensperger a décrite sous le nom d'abeille tellienne, tout au moins dans la région du nord ; ses caractères sont sensiblement les mêmes, avec peut-être cette différence qu'elle serait moins méchante, moins agressive. Dans la région du sud, je manque de précision et ne puis vous donner de caractères particuliers.

L'*apiculture indigène* se pratique de la même manière qu'en Algérie et en Tunisie. Les ruches ici encore sont en écorce de chêne-liège ou en roseaux tressés et enduits de terre. Ici encore elles sont placées horizontalement, sauf dans la région du moyen Atlas (région des Entifas ou du Souss) où elles sont placées à l'intérieur des kasbahs, afin de préserver les abeilles des températures extrêmes qui s'y font sentir (60º en été, moins 10º en hiver dans l'Atlas),

Comme dans toute l'Afrique du nord, les ruchers sont entourés d'une importante zeriba pour les mettre à l'abri des maraudeurs. La récolte se fait d'une façon tout aussi primitive, on peut dire aussi malpropre et brutale. C'est pour cette seule raison que le miel indigène acquiert souvent un goût désagréable. Le miel du Maroc, au contraire, suivant les régions où il est récolté, est exquis et très fin. Il n'y a pour s'en convaincre qu'à étudier la flore du pays.

Flore.

Orangers, mandariniers, citronniers, arbres fruitiers, caroubiers, eucalyptus, arbres de Judée, myoporum, légumineuses, cactus, toutes sortes de labiées, entre autres : thym, romarin, lavande, sauge, hysope, etc...; viorne, asphodèle, berce-géant du Caucase ou héracléum, ombellifère géant où 300 abeilles butinent à la fois. Tout cela pousse suivant les régions et fleurit en abondance. Voici à titre indicatif la floraison observée par M. Jeanmet:

Janvier : Amandier, pêcher, cerisier, cognassier, fève, ricin.

Février : Abricotier, poirier, pêcher, myoporum, volubilis, sainfoin, tamaris.

Mars : Oranger, mandarinier, papavéracées, sainfoin, minette, vesce, arbre de Judée, romarin.

Avril : Orangers, mandariniers, citronniers, orties blanches, cactus, sauge, thym, lavande, pourpier à fleurs.

Cette énumération ne comporte pas la flore herbacée.

Nous signalerons aussi dans la région de Tanger le grévillea robusta : les fleurs sont de belles grappes jaune d'or que les abeilles visitent avec activité. La durée de la floraison du myoporum est de trois mois, et pendant tout ce temps les abeilles y butinent abondamment, elles y recueillent beaucoup de nectar et un peu de pollen. Le cactus fleurit pendant 3 et 4 mois.

Dans la région de Kénifra on rencontre en avril-mai de vastes espaces fleuris de thym, de lavande et de sauge.

Au pied de l'Atlas, région d'Amismiz, de Demnat, d'Azilal, le thym, la lavande, le romarin croissent abondamment.

La région d'Etifas voit pousser de nombreux amandiers.

Enfin le massif de Zoum avec ses nombreux vergers où se rencontrent non seulement les arbres fruitiers d'Europe, mais encore ceux de l'Afrique du nord, avec une végétation si luxuriante et si variée, doit devenir un lieu de prédilection pour l'apiculture.

Après cette description, je pense que vous n'aurez pas de peine à admettre avec le lieutenant Jeanmet que l'on puisse au Maroc obtenir une moyenne de 50 à 70 kil. par ruche, à la condition de savoir choisir son emplacement. On peut faire facilement au Maroc deux récoltes successives, et peut-être trois, en pratiquant l'apiculture pastorale. Déjà actuellement, la région de Doukalas, l'arrière-pays de Mogador, le Souss et le moyen Atlas produisent beaucoup de miel. Nous voyons au pavillon du Maroc de nombreux échantillons de miel, nous signalons les envois des caïds si Larbi, si Moktar, si Embark qui présentent du miel de la région de Mogador ; des échantillons de miel des Kehamas (Oufad Obbou) et de la région d'Oudja.

La production du miel au Maroc est actuellement difficile à évaluer, nous ne pouvons donner aucun chiffre précis. Nous pensons nous en rendre compte cependant, par les quantités de cire que ce pays exporte : 291.865 kil. en 1915 ; 233.450 kil. en 1917. Ce sont surtout les exportateurs de la région de Safi et de Mogador qui centralisent le commerce de la cire et des miels.

Comme vous le voyez, Messieurs, l'avenir est des plus brillants. Le Maroc étant et devant être un pays essentiellement agricole, l'élevage sera la richesse de l'avenir, mais cette dernière ne se développera réellement que du jour où toute entreprise d'élevage aura comme base des cultures de fourrages artificiels. Cette culture bien comprise doit être encore une source de profits pour les abeilles. L'apiculture rationnelle viendra apporter alors son appoint à toute entreprise de colonisation.

Des efforts sérieux sont tentés dans ce sens ; nous signalerons l'école indigène d'Oudja qui expose à Marseille une ruche à cadres à paroi vitrée, qui sert à l'enseignement apicole. Notons aussi le fonctionnement à Tanger, sous le nom d' « Abeille Marocaine », d'une société d'apiculture qui est appelée à rendre les plus grands services. Enfin signalons que des apiculteurs mobilistes ont déjà obtenu des résultats très encourageants à Kénitra, à Casablanca, à Fez (Dar-Debibar, compagnie du train, etc.).

En résumé, le Maroc se présente comme un pays de grand avenir apicole, où l'on pourra établir de très importants ruchers, en s'inspirant des méthodes américaines, en vue d'un grand rendement.

MADAGASCAR.

L'apiculture, depuis 1904, a pris à Madagascar, notamment entre la côte est et les hautes régions centrales, une importance de plus en plus grande. Des progrès très réels ont été réalisés sinon au point de vue de l'outillage, qui reste encore très rudimentaire, mais au point de vue du rendement et de la multiplication des ruches.

Apiculture indigène.

C'est toujours la méthode fixiste avec quelques variations. Les ruches sont faites en troncs d'arbres creusés, notamment en fut de Ravenala dont on a enlevé les fibres intérieures, mesurant 1 m. de long et 30 à 40 cm. de diamètre; les extrémités sont fermées de rondelles percées de trous de vol. Ces ruches sont posées à plat sur le sol et disséminées un peu partout dans la brousse, principalement sous des fougères, des bruyères et des dingadingana, petits arbustes très pollenifères. Les indigènes évitent cependant de les placer dans la grande forêt qui est trop humide, mais affectionnent la lisière des bois près des « Lalona », arbres à fleurs mellifères. Tantôt l'indigène place ses ruches au petit bonheur attendant que les abeilles viennent s'y loger; tantôt il constitue de véritables ruchers sur des espaces assez grands et il peuple lui-même ses ruches avec des essaims qu'il va récolter sur les arbres de la forêt. Pour cela il va les repérer dans la journée et les capture au petit jour quand la rosée de la nuit a rendu les abeilles sans vigueur. Il récolte le miel 3 à 4 fois pendant la saison, c'est-à-dire de décembre à mai, en enfumant grossièrement la ruche et en défonçant une des rondelles. Il taille les gâteaux de miel qu'il place dans un récipient en bois pour les emporter chez lui. Arrivé au couvain, il en détache un ou deux rayons qu'il va porter dans une ruche faible. Comme on le voit, il ignore l'étouffage, respecte les abeilles et a des notions assez avancées, bien qu'il méconnaisse le rôle de la reine. Le miel est extrait d'une façon très simple, mais peu propre. Le Tanala presse simplement les rayons dans ses mains et obtient ainsi, d'un côté un liquide noirâtre rempli d'impuretés qui constitue le miel malgache et de l'autre une boule contenant de la cire et toutes sortes de déchets tels que larves, abeilles mortes, propolis. Ces boules grossièrement lavées sont vendues à des commerçants hovas ou betsileos établis dans le pays, qui les fondent et les pressent dans une sobika pour en extraire la cire qui est dirigée sur les ports de la côte pour l'exportation. Cette exportation qui était de 94.214 kil., en 1906, est passée en 1920 à plus de 500.000 kil. C'est dire l'importance que prend l'apiculture dans ce pays.

Les abeilles.

L'abeille de Madagascar est petite et noire, elle est peu méchante, peu agressive et se domestique très bien. On la maîtrise avec peu de fumée et l'on peut sans danger la placer près des habitations. Il est dit qu'elle essaime facilement, je me demande si cela ne tient pas uniquement à ce fait qu'elle est toujours placée dans des ruches trop petites.

La Flore.

La plante mellifère par excellence est la tsitambakombako du genre caduc, aux petites fleurettes ayant la forme d'une pâquerette rabougrie de couleur blanc jaune. Cette plante fleurit pendant très longtemps et donne un nectar abondant et d'un goût légèrement parfumé. Ensuite vient la fleur de l'harongana (arbre de la région de la haute brousse) formée de petites fleurettes blanc rose et qui a beaucoup d'analogie avec la fleur de sureau.

Puis, à un autre degré, vient la fleur du Lalona, arbre de la grande forêt ; viennent encore d'autres fleurs telles que celles du dingadingana, arbuste portant des fleurettes d'un jaune d'or, de la liane volna (blanche, à goût très vanillé), de l'ambiaty, arbuste à larges feuilles et à fleurs violacées. Ces dernières fournissent beaucoup de pollen. A côté de ces arbres et de ces arbustes, pousse toute une végétation herbacée que je ne puis citer, mais qui contient une grande quantité de plantes mellifères.

La Récolte.

Comme on l'a vu déjà, la grande floraison a lieu de décembre à mai et, pendant cette période on fait 3 ou 4 récoltes, principalement dans les endroits où pousse le tsitambakombako. La ruche indigène donne chaque fois 3 litres environ de miel, ce qui fait par saison une moyenne de 10 à 12 litres, soit une vingtaine de kilos et 2 kil. et demi de cire. Jusqu'à présent, le miel de Madagascar, à cause de la façon dont il est extrait, est loin de pouvoir faire concurrence aux miels de France ; cependant, les frères des écoles chrétiennes qui ont une concession à Ste-Anne, dans la province d'Ambositra, et qui sont parfaitement outillés au point de vue apicole, obtiennent un miel très fin d'une belle couleur.

Je crois que l'apiculture mobiliste a fait de grands progrès à Madagascar et qu'elle est surtout appelée à en faire encore. Nous signalerons cependant que dès 1907, l'administration, sous l'impulsion de M. Augagneur, a fait de louables efforts pour répandre l'usage de la ruche à cadres parmi les indigènes. Des ruches modèles, type Layens ou Dadant simplifiées, étaient envoyées dans les districts accompagnées d'une notice pour permettre aux indigènes de les copier et surtout pour leur en expliquer le fonctionnement.

Enfin, plusieurs administrateurs et notamment M. Bournas, dans la région d'Ifanadiana s'intéressèrent à la question et se firent les propagateurs de la bonne méthode (1)

M. Bournas a résumé ses impressions dans la *Gazette Apicole* et nous renvoyons à son étude tous ceux qui désireraient plus amples détails à ce sujet.

En résumé, pays mellifère, climat favorable, avenir très intéressant.

AFRIQUE OCCIDENTALE FRANÇAISE.

Dans toute l'Afrique Occidentale française nous devons retenir seulement deux pays qui présentent un réel intérêt pour l'apiculture : ce sont le Sénégal et la Guinée.

Il faut retenir ces deux pays parce que ce sont les plus arrosés et les plus humides. Ils sont véritablement sillonnés par toute une série de

(1) BOURNAS. *Gazette Apicole* de Montfavet, Vaucluse, 1907-1908.

petits cours d'eau qui, avant de se jeter dans les fleuves, répandent une
très grande fertilité. Il n'y a pas eu, à notre connaissance et d'après
les renseignements qui nous ont été fournis au Commissariat de l'Exposition, d'essais d'apiculture mobiliste et rationnelle, et nous sommes autorisés à dire que le gouverneur est très disposé à favoriser, à appuyer
et même à subventionner toute tentative sérieuse qui pourrait être faite
dans ce sens. L'apiculture indigène dérive toujours du principe fixiste.
Mais ici les ruches sont en forme de paniers faits en bambous tressés.
Ces paniers sont attachés dans les arbres au haut des branches et les indigènes attendent que les abeilles veuillent bien venir s'y loger. Ces ruches
sont en somme des pièges à essaim. L'arbre de prédilection pour cela
est le « Néret », dont les fleurs sont particulièrement mellifères. Lorsqu'un
panier est peuplé, l'indigène attend qu'il soit assez lourd; à ce moment,
il le fait tomber sur le sol et procède à la récolte. Pour cela il enfume
les abeilles avec de la paille et des vieux chiffons, détruit tout ce qui
le gêne et recueille les gâteaux de miel, ainsi que les brèches qu'il peut
trouver. Le tout est pressé d'une façon très grossière et donne un miel
très impur, très sale, qui est consommé cependant et même a été recherché pendant la guerre pour remplacer le sucre. Les déchets sont fondus
et donnent une cire qui alimente un commerce d'exportation assez intéressant. Voici quelques chiffres qui vous montreront que le pays peut
devenir intéressant puisque malgré une récolte aussi rudimentaire et des
procédés aussi primitifs, les résultats sont très appréciables.

En *1906*, il a été exporté par l'Afrique Occidentale Française 68 tonnes
de cire et 700 kil. de miel.

En *1913*, 137 tonnes de cire et 5 tonnes de miel.

En *1918*, 338 tonnes de cire et 100 kil. de miel seulement.

Enfin, en *1920*, 213 tonnes de cire et 14 tonnes de miel.

Dans ces chiffres qui m'ont été fournis par les commissaires, je vous
signale la dissociation entre l'exportation de la cire et du miel. Jusqu'en
1918, nous voyons 300 tonnes de cire pour 100 kil. de miel et en 1920,
200 tonnes de cire seulement pour 14 tonnes de miel, chiffre qui me paraît considérable. De l'avis de M. Castaing, administrateur de la colonie,
le pays serait très intéressant pour l'apiculture et mériterait une attention
toute spéciale. L'abeille du pays est, me dit-il, assez douce et se domes-
tiquerait très bien.

CÔTE DES SOMALIS.

Nous ne possédons pas de renseignements précis sur l'apiculture dans
ce pays, mais nous attirons cependant l'attention car ce pays a exporté
en 1906, 389 tonnes de cire, en 1913, 425 tonnes et près de 500 tonnes
en 1920. Un pays qui donne lieu à de pareilles transactions doit posséder
une flore intéressante et des conditions climatériques favorables à l'a-
piculture.

AUTRES COLONIES.

Nous n'avons pas de renseignements sur la *Réunion* qui exporte cependant de petites quantités de miel et de cire. Dans le groupe des
Antilles, nous nous arrêterons quelques instants sur la *Martinique*.

LA MARTINIQUE.

Les renseignements que nous avons pu recueillir nous ont démontré que le pays était intéressant. Les vallées qui avoisinent le littoral sont humides, fraîches et recouvertes de prairies. Il y pousse toutes sortes de plantes et surtout le campêchier, qui est excessivement mellifère. Nous n'oublierons pas que ces contrées ignorent les froids de l'hiver sans avoir, l'été, de températures excessives. Le thermomètre ne descend jamais au-dessous de 12 à 14°. C'est donc un très long printemps. Tout cela est très favorable et la Martinique produit un très bon miel qui est consommé sur place. Nous signalerons dans cette colonie, les efforts faits par M. Chamoulot qui pratique depuis 12 ans l'apiculture à Fort-de-France et qui expose une ruche mobile à cadres, très simple, faite avec une caisse à gazoline. Il paraît l'avoir apportée de Tunisie, où il fit son service militaire et où il apprit l'apiculture, car elle ressemble beaucoup à celle du Dr Reisser. Elle mesure 48 cm. et peut recevoir 12 cadres de 7 décimètres carrés. Les hausses peuvent se superposer pendant la miel-lée. La récolte se fait en mai, juin et décembre et dans l'année il lui est arrivé souvent de récolter 9 hausses, chaque hausse contenant 10 litres de miel environ. La cire que nous avons pu voir est d'une très jolie couleur. Il est extraordinaire que dans une pareille contrée, avec un pareil climat, les résultats soient si peu importants. Les chiffres d'exportation étant presque nuls pour la cire et pour le miel. Il est vrai de dire que l'écoulement du produit se fait en grande partie sur place.

LA NOUVELLE-CALÉDONIE.

Nous avons la bonne fortune d'avoir pu nous procurer quelques détails sur l'apiculture dans cette colonie, par l'intermédiaire de notre camarade Duplat, ancien secrétaire de notre Société, installé là-bas depuis 2 ans et qui nous écrit ce qui suit pour servir notre enquête.

1°) La flore mellifère est formidable et bien au-dessus certainement de ce que l'on peut s'imaginer en France. Les fleurs se succèdent sans interruption dans un éternel printemps et les abeilles peuvent travailler à plein rendement presque toute l'année.

2°) Les abeilles : communes et italiennes importées qui se sont croisées et recroisées pour former une race laborieuse et surtout *extrêmement douce*. Pour manipuler les abeilles sans voile et sans fumée il n'est pas besoin d'être un maître, n'importe qui peut le faire avec un peu de sang-froid.

3°) Les ruches : des caisses à pétrole avec quelques trous et les planches de devant à peine clouées pour pouvoir être ouvertes. La ruche à cadres est inconnue, pratiquement tout au moins.

4°) L'apiculture. Au point de vue scientifique : nulle ! nulle ! On met un essaim dans la ruche. Quand on pense qu'il doit y avoir du miel on se munit d'une torche faite d'un vieux sac, on allume et on maintient la combustion en soufflant dessus pour produire de la fumée. On décloue le devant de la caisse à pétrole, on coupe tout, ou à peu près tout ce qui se trouve dans la ruche et on referme. Il s'en suit un pillage sensation-nel, sans grand dommage d'ailleurs, car les abeilles sont extrêmement douces. Puis on attend que la ruche se soit remplie de nouveau pour re-commencer l'opération. Comme on le voit, l'apiculture ici est quelque chose de très simple.

5º) Les méthodes d'extraction du miel : un sac avec des pierres par dessus.

Tout cela est très beau nous dit notre camarade, mais il y a un re-vers : c'est la loque qui sévit avec intensité et qu'il a constatée dès son premier essai. Elle a été importée avec des abeilles étrangères. Or, nous dit-il, en France une colonie loqueuse est suffisamment affaiblie pour que l'hiver la tue. Or, ici, il n'y a pas d'hiver et les colonies loqueuses vivent et propagent la maladie.

Telle est la situation dans cette colonie où notre camarade, qui est un apiculteur distingué, étudie en ce moment, une race d'abeille indigène plus agressive, de la taille de notre abeille commune, portant sur le corselet une touffe de poil et qui produit un miel exquis. Jusqu'à présent, elle lui a paru être à l'abri de la loque. Il sera intéressant de suivre les résultats de ces recherches ; en tout cas, nous formons des vœux pour que ses ef-forts soient couronnés de succès.

Nous terminerons cette enquête, hélas bien incomplète, en étudiant ce qui se passe dans l'Indo-Chine.

INDO-CHINE.

L'Indo-Chine a exporté en 1906, 7 tonnes 800 de cire et un peu de miel ; en 1913, elle exportait près de 11 tonnes de cire, c'est donc un pays apicole.

Les provinces du haut Tonkin, surtout celle de Thannguyen en An-nam, celle principalement du Than-Hoa et les régions forestières habitées par les Muongs et les Thos, encore à demi sauvages, sont celles où les Annamites s'adonnent le plus volontiers à la capture des ruches et des essaims. Par contre l'abeille sauvage n'existe pas dans le Delta bien que les plantes mellifères y foisonnent ainsi que les feuilles et les fruits su-crés exsudant des miellats tels que goyaviers, citronniers, pamplemous-siers, bananiers, litchis, de nombreuses liliacées et nymphéacées qui fleu-rissent les mares et les cours d'eau. Il faut remonter jusqu'à Hung-Hoa pour rencontrer quelques ruches disséminées dans les vergers. Le Mont Bavi qui domine cette région est, au dire des missionnaires, peuplé d'a-beilles, et le naturaleste, M. Bolanca, qui l'a exploré, l'appelle d'une façon imagée : le mont Hymette du Tonkin.

Les Abeilles.

Il y a en Indo-Chine, deux espèces d'abeilles, l'une plus grosse, très redoutée, très agressive, dont on ne connaît pas très bien le produit et qui n'a jamais été domestiquée. Elle est brune, poilue et cause des pi-qûres brûlantes.

L'autre est petite, plus petite que l'abeille de France ; elle est plus rondelette aussi que la nôtre, moins velue, a le ventre d'un blond roux et le thorax brun, luisant ; l'aiguillon est fort, les glandes à venin vo-lumineuses, mais les piqûres moins cuisantes, une strie jaune occupe le tiers de la largeur de l'arc dorsal. Cette abeille a été étudiée par le Dr Rialan.

L'Apiculture Indigène.

L'apiculture indigène est principalement une chasse au miel : deux chasseurs partent ensemble quand un essaim est découvert dans un arbre; l'un d'eux, muni d'une torche en écorce, monte, fait fuir les abeilles à l'aide de la fumée, décolle alors le nid avec son couteau et le fait passer à son camarade à l'aide d'un panier attaché à une corde. Les Annamites construisent aussi des ruches en tronc d'arbre, qu'ils peuplent avec des essaims capturés et qu'ils attachent aux pignons de leurs habitations ou à des piquets à un mètre environ du sol.

La récolte se fait en chassant les abeilles avec de la fumée et en détachant les rayons un à un. Pour extraire le miel on presse simplement ces rayons à la main.

Une ruche peut donner une récolte de deux ou trois bols tous les deux mois environ, sauf pendant l'hiver.

Quant à la cire, elle est obtenue par fusion des déchets dans l'eau chaude; refroidie, elle est vendue telle quelle, quoique très impure. Une ruche fournit annuellement de 500 à 700 gr. de cire.

Le miel de l'Indo-Chine, toujours à cause de la façon dont il est extrait, n'est pas de bonne qualité.

C'est Saïgon qui est le port d'exportation pour le miel et la cire. Ces produits s'en vont principalement à Hong-Kong, à Singapour, au Royaume du Siam.

Là encore, nous remarquons la valeur mellifère du pays et les procédés rudimentaires qui sont employés.

Messieurs, j'en ai fini et je m'excuse d'avoir ainsi abusé de votre patience. Si je ne vous ai donné qu'un aperçu bien succinct et bien incomplet, vous me permettrez de tirer de cette étude quelques conclusions pratiques qui pourront peut-être inspirer quelque vœu utile.

CONCLUSIONS

1°) Nous possédons dans nos différentes colonies des richesses apicoles incomparables qui méritent d'être étudiées et surtout d'être exploitées.

2°) Dans chacun de ces pays, nous trouvons des races d'abeilles intéressantes qui peuvent parfaitement être utilisées en les sélectionnant.

3°) Il y aurait un grand intérêt à développer l'apiculture qui doit devenir un complément utile et rémunérateur de l'agriculture dans toutes nos colonies.

4°) Mais, pour cela, il faut insister sur la nécessité de se livrer à une étude préalable très minutieuse, tant au point de vue de la flore, qu'au point de vue du climat et des conditions atmosphériques.

Communications présentées par Ph. J. BALDENSPERGER
a) **Sur l'Apiculture en Orient**

Dans tout le Proche-Orient, Asie-Mineure, Syrie, Palestine, Egypte et l'île de Chypre, même en l'île de Malte, la ruche employée est en forme de tuyau, en grès, en terre cuite, en limon du Nil ou en panier, et couchée horizontalement. Les ruches sont généralement travaillées par l'arrière et la seule préoccupation de l'apiculteur, en dehors de la cueillette des essaims au printemps, est la récolte du miel. Cette récolte se fait autour du 15 août au 15 septembre. Jamais dans les pays musulmans on ne tue l'abeille, qui est considérée comme un don direct d'Allah. Le Coran qui en parle dans la Soura XVI recommande le miel et a donné le titre à ce chapitre qui s'appelle *El-Nahlé* (l'Abeille). Les ruches sont superposées sur deux ou plusieurs rangs et couvertes pour les garantir contre les rayons du soleil par des nattes, de la paille ou, dans les pays montagneux, par un mur en pierres. A partir du golfe d'Alexandrette et vers le sud, on trouve l'abeille jaune, dont le centre de départ est l'île de Chypre, où l'abeille orangée est restée pure de tout contact avec les abeilles brunes qui se trouvent au nord du Taurus. Les colons grecs ont transporté l'abeille jaune vers les colonies, soit en Syrie, soit en Egypte, tandis que les Philistins l'ont importée en Palestine. Venue en contact avec les abeilles brunes de Syrie, l'abeille syrienne est légèrement brunie. En Palestine elle est plus petite et jaune grise. En Egypte, où, dans l'ancien temps l'abeille noire du nord de l'Afrique dominait, la jaune s'est croisée et a donné la petite abeille Egyptienne, encore plus petite et plus grise que la Palestinienne. Séparée par le désert du Sinaï d'un côté, par le désert syrien au nord, par le désert lybien à l'ouest, l'abeille jaune est enfermée dans une région où la noire ne pénètre pas. L'essaimage dans tous ces pays a lieu en mars et avril et à cause de l'exiguïté de la ruche, les essaims dépassent rarement le poids d'un kilo. Les essaims secondaires et tertiaires qui suivent sont naturellement beaucoup plus petits et souvent l'apiculteur jette deux ou trois de ces petits essaims dans une ruche. La ruche vide est frottée à l'intérieur par des herbes aromatiques qui se trouvent sur les lieux, thym, sauge, feuilles d'oranger ou de citronnier. Quand l'essaim y est jeté, le trou de vol qui est sur le devant est bouché avec de l'herbe et le plat qui doit recouvrir l'arrière est appliqué et consolidé avec la terre glaise et la bouse de vache. La fête de la Croix, la montée du Nil, la levée de Sehèle (Canopus), sont les dates arrêtées pour la récolte. L'enfumoir en usage est, certes, l'instrument le plus antique; c'est, soit une cruche, soit une casserole trouée, remplie de bouse et allumée avec un charbon ardent. L'apiculteur masqué souffle sur la matière et enfume les abeilles qui, sans cette précaution seraient intraitables. Il découpe deux à trois rayons pleins de miel, jusqu'à ce qu'il arrive au couvain et abandonne la ruche jusqu'à l'année suivante. Les rayons sont posés sur un plat et dans une grotte ou un endroit obscur; le miel est pressé entre les mains par des femmes. Les résidus sont jetés dans un grand chaudron pour être bouillis, en vue de l'extraction de la cire. La fausse-teigne est pour ainsi dire le seul ennemi redoutable à l'intérieur des ruches. Je n'ai pas rencontré les maladies dont on se plaint en

Europe et en Amérique. Mal de mai, diarrhée pour les adultes, pourriture du couvain pour les larves, sont d'une introduction récente.

L'apiculture rationnelle et mobiliste a été introduite en Palestine par les frères Baldensperger vers 1880. La ruche alors employée était adaptée au transport à dos de chameau. Un corps de ruche avec 13 cadres 25×29, sur lequel venait une hausse de la même dimension, formait le cube le plus commode et le chameau soulevait ainsi huit ruches pesant ensemble de 250 à 300 kilos. Le chameau portait cette charge pendant l'étape de nuit, sur une distance de 30 kilomètres. Ce système pastoral, introduit il y a quarante ans, est encore en usage parmi les colons juifs qui ont été initiés à l'apiculture par nous-mêmes. Si le voyage doit s'allonger au delà de 30 kilomètres, on pose les charges, ouvre les trous de vol et on laisse voler les abeilles jusqu'au soir. Les abeilles, exposées enfermées à la chaleur du sol, seraient étouffées en quelques heures.

Dans les plaines avoisinant la mer, il y a des fleurs d'oranger en mars-avril, fleurs qui donnent une grande quantité de miel si le temps est favorable. La rentrée journalière de ce miel varie entre 2 et 11 kil. par ruche. En mai, les fleurs de cactus (*Opuntia vulgaris*) offrent environ 1 kilo journellement. En juin, c'est un acacia nain (Yanboûte des Arabes), qui donne une bonne récolte dans toutes les plaines maritimes et autres. Le *Vitex Agnus castus*, qui pousse le long des Ouadis, donne la récolte suivante. Ce miel est légèrement toxique quand il est pris avant que quelques substances volatiles ne soient évaporées. Des sauges, des lavandes, mais surtout le thym qui fleurit en juillet, terminent la récolte d'été. Sans thym l'apiculture n'est pas prospère. Les grands ennemis de l'apiculture en Orient, ne sont pas les maladies, mais les insectes et les oiseaux qui y pullulent. L'hirondelle, le chasseur d'Afrique (Merops apiastor) sont les plus redoutables, car ils viennent en bande, par centaines, voltigent autour des ruchers et prennent les abeilles au vol. Egalement, guêpes et surtout frelons sont la terreur des ruchers. Par milliers les frelons (*Vespa crabso*) arrivent après l'éclosion qui, heureusement, n'a lieu que vers la fin de juillet et détruisent les ruches, enlevant abeilles et miel. Je n'ai pas rencontré d'abeilles atteintes des maladies du couvain dans tout l'Orient. Cependant, ce n'est pas que les « bacilles » ne peuvent subsister à cause de la chaleur, comme on l'a avancé sans preuves, car je les ai rencontrés au sud de la Palestine en 1922. Le « bacillus larvæ », en effet, a été introduit vers 1893 ou 1894 par des colons juifs et le foyer a fait beaucoup de ravages depuis les derniers trente ans. Les colons allemands ont également introduit la ruche-armoire et s'obstinent à ne pas vouloir évoluer vers la ruche supérieure qu'est la ruche travaillée par le haut. C'est traditionnel chez eux. Depuis une dizaine d'années, des juifs immigrés, venant du Centre-Européen oriental, ont introduit la ruche Dadant modifiée et depuis le retour croissant des colons, augmentent les ruchers. C'est au sud du Carmel que j'ai rencontré des ruchers comptant quelques centaines de ruches sur un même endroit. Les marécages obligèrent les nouveaux colons de planter des eucalyptus pour se protéger contre le paludisme. Une quarantaine d'espèces de ces arbres fleurissent et donnent une abondance d'un miel un peu vulgaire, de mars à septembre.

Le miel est largement consommé dans le pays. Les musulmans qui ne consomment pas de boissons fermentées, utilisent largement le miel comme substitution. Il y a aussi un peu de miel exporté. Par suite des difficultés du commerce, c'est l'Egypte qui reçoit tout ce qui est exportable. L'Egypte, quoique possédant de grands ruchers dans les bassins exploités qui bordent le Nil, ne fournit pas assez pour sa propre consommation. L'abeille égyptienne, qui vit un peu dans un printemps perpétuel est assez indolente et n'emmagasine que très peu de miel pour la consommation de l'hiver, parce que ce dernier n'existe presque pas. Trois à quatre kilos de miel par ruche sont à peu près ce que l'abeille peut donner. A la station agronomique du Caire, le Dr Gough fait introduire la Chypriote pour donner une nouvelle vigueur à l'abeille indigène. Il sera obligé de renouveler l'importation très fréquemment, m'a-t-il dit lors de ma visite, pour entretenir une race travailleuse. L'abeille égyptienne fait des cellules maternelles par centaines; et comme spécialité, les vierges pullulent pendant plusieurs semaines dans la ruche et cherchent même à s'introduire chez les voisines. Autre pays, autres mœurs.

b) **Sur l'Abeille Saharienne**

Depuis une dizaine d'années j'avais entendu parler d'une abeille blonde qui habite le nord de nos possessions africaines. Tantôt l'abeille était signalée en Kabylie, tantôt dans le bled marocain. Quelques soldats, pendant la grande guerre, avaient signalé sa présence. En 1915, j'envoyai une cage poste Benton, à un soldat, au Maroc, qui avait vu l'abeille; je ne reçus plus de réponse. En 1917, l'abeille signalée par le capitaine Pariel, commandant le groupe du Figuig, était rapportée par M. Bernard, l'actif trésorier de la Société d'Apiculture des Algériens. Au milieu des abeilles noires du Tell, l'abeille était vite dégénérée et je ne pus obtenir un échantillon.

J'ai résolu, comme les moissonneurs dans la fable d'Esope, de ne plus m'appuyer sur l'aide promise des amis et voisins, mais d'aller à la besogne moi-même. J'ai obtenu des renseignements topographiques grâce à l'amabilité du charmant représentant de la Société Géographique d'Oran. M. Domergue, en février 1921. Muni de précieux documents je me mis en route pour obtenir l'abeille convoitée. Ma fille me dit en partant que c'était une folie et comme l'Atlantide signalée dans ces parages, j'allai au devant d'une chimère. On m'avait averti à Oran que par suite de la sécheresse trop prolongée, la population affamée était trop mal disposée et que je risquais de revenir bredouille, si jamais je revenais, et que sans recommandation spéciale des hautes autorités, il n'y avait rien à faire. J'avais une seule autorité à ma disposition : je connais la langue du Coran. A Beni-Ounif, sans perdre de temps, je pris un rapide coursier et je passai la frontière Algéro-Marocaine. Il y avait une trentaine d'années que j'avais cessé ce moyen de locomotion, mais j'étais encore assez bon cavalier. A la frontière il y a un groupe de pierre où les artistes néolithiques ont essayé leur art. A cheval dans le désert, j'étais dans le pays de Rêve. Le dessin devant moi, — pardonnez à un apiculteur de voir abeilles partout, — j'ai cru distinguer un éléphant portant deux ruches, comme les décrit Virgile. Ruches en forme de cloche. Les Néolithes étaient déjà apiculteurs et ils transportaient leurs ruches à dos d'éléphant. Eléphants et ruches, cela représente une région verte, marécageuse. C'était tout une révélation. En effet, d'après un document arabe du vi^e siècle, les juifs expulsés de Palestine par Titus, venus s'établir en Cyrénaïque, furent de nouveau expulsés par Hadisen au iie siècle de notre ère. Le document dit que ces juifs émigrèrent et s'installèrent dans le Touat qu'ils appelaient la Palestine-Touatienne. Ils y apportèrent la culture grecque. Le dessin de l'Eléphant de Zenaga portant des ruches était donc un épisode de cette nouvelle exode. Les colons portèrent les abeilles grecques ou chypriotes avec eux vers l'exil. Le jour de ma visite à Figuig était sombre et frais. Les montagnes Gruz dénudées étaient noires. Les Berbères, enveloppés dans leurs burnous, me regardaient d'un air méfiant. L'aimable commandant du groupe, le capitaine. Pariel avait mis un maghzani, soldat marocain, à ma disposition et nous parcourions les agglomérations parsemées au milieu de l'oasis. La palmeraie s'étend à une dizaine de kilomètres. La principale nourriture des abeilles doit être cueillie sur la fleur des dattiers. Quelques maigres crucifères, navets, radis, choux-fleurs, donnent quelques bribes de nectar. Malgré mon escorte, impossible d'obtenir même la vue d'une ruche. Un caïd, cependant, me montra un trou grand comme un bouchon ordinaire dans le mur en pisé et me dit : voici le rucher. C'était une mystification ? Non, le trou de vol était légèrement propolisé et je tapais contre le mur qui sonnait creux pour faire sortir une abeille. Enfin, une abeille parut et prit rapidement son vol, j'avais vu qu'elle était blonde. Si j'avais osé, je me serais agenouillé devant la Belle, mais je ne pouvais non plus éveiller les convoitises de l'indigène. Rien ne fit; à aucun prix, il ne voulait me céder la ruche. C'était l'unique ruche qu'il possédait d'ailleurs. Les cinq agglomérations n'avaient pas plus d'une quinzaine de ruches en tout. La fausse-teigne avait fait des ravages, le manque de pluie avait empêché le développement des essaims. On m'avait signalé quelques essaims, dans la montagne Noire, éloignée d'une dizaine de kilomètres. L'abeille doit franchir cette distance à la recherche de sa nourriture. Elle a une puissance d'ailes formidable. L'odorat est développé. Elle résiste à la chaleur et aux froids. Le Sahara, il ne faut pas se le dissimuler, dénudé, a des nuits très froides et il n'est pas rare de voir le thermomètre descendre jusqu'à 8° centigrades sous zéro; j'ai vu la glace sur les mares d'eau en mars, à 6 heures du matin, tandis que la journée était très chaude. Une trentaine de degrés de variation dans la même journée ne sont pas rares, me dit l'excellent observateur M. Domergue, d'Oran. L'abeille qui habite la région est donc soumise à des températures très froides et très chaudes. Elle a résisté pendant quelques milliers d'années à tous ces soubresauts. Elle a résisté à la famine. Elle est obligée d'aller chercher des bribes de nourriture à une distance trois fois supérieure à celle que franchit l'abeille des bords de la Méditerranée. Enfin, dans le grand repli qui sépare le nord et le sud de l'Atlas, à Aïn-Sefra, j'ai eu la bonne fortune de revoir l'abeille désirée. Après quelques salâams usuels avec le propriétaire, la tasse de café traditionnelle, Abd-el-Ouahâb voulait bien me montrer son petit rucher mural. Il se refusait absolument de me vendre un essaim; j'avais encore une carte à jouer : je lui saisis la main droite et je commençai la prière : « Bism il Là », le chapitre d'ouverture du Coran. Il marmottait la prière avec moi, la glace était rompue et il me déclara propriétaire d'un essaim, moyennant finances. Je partis directement à Alger et m'embarquai pour la France. Ma saharienne n'a pas démenti ces qualités précieuses. Elle vole à des distances énormes à la recherche de sa nourriture, et, ce qui est très appréciable, elle se laisse manier avec facilité. Dans son déplacement de Chypre, via Tripolitaine, pour le Sahara, elle a perdu l'agressivité de son ancêtre, et a gardé sa beauté. Elle a acquis une endurance formidable. Le seul défaut qu'elle ait accaparé, c'est son instabilité. C'est une nomade, coureuse, comme sa congénère du Tell. Vous me demanderez comment cette abeille orangée a fait pour conserver la pureté de sa race, quand tout le nord africain est peuplé par une abeille noire et que j'appelle la «Tellienne», par opposition à l'abeille orangée du Sahara, que j'appelle la Saharienne.

Voici. La région du Tell part du littoral et s'avance vers l'Atlas en s'élevant jusqu'à mille ou deux mille mètres d'altitude. Entre la région du Tell et l'Atlas, se trouvent les Hauts-Plateaux ou steppes. Balayée par les vents, cette région n'abrite aucune abeille. A partir de Saïda et pendant trois cents kilomètres en largeur, il n'y a que l'alfa qui pousse, plante qui ne donne ni miel ni pollen. C'est la formidable barrière qui sépare l'abeille tellienne de l'abeille saharienne. L'une ne peut pas influencer l'autre. Chacune reste pure dans sa région. Malheureusement, j'ai perdu l'unique sultana, comme l'appelait Abd-el-Ouahâb. Elle était vieille. Ses filles et petites-filles se sont rencontrées avec des mâles alpins et pour le moment je ne puis faire d'observations que sur des bâtardes qui, néanmoins, conservent tant de qualités, que je les prononce supérieures à tout ce que j'ai vu comme abeilles. Malgré la sécheresse que nous avons subie encore cette année dans les Alpes, la douzaine de colonies que je possède s'est bien approvisionnée pour son hivernage. Une des colonies a donné un essaim et vingt-cinq kilos de miel de lavande. Elle a dû voler à plus de quatre kilomètres pour faire sa récolte. L'essaim, naturellement, était prélevé; je n'attends jamais la sortie d'un essaim. C'est une perte de temps et je ne contrôle plus l'âge des mères. Chaque mère a son état abeiller: jour de naissance, commencement de la ponte, couleur des mâles, etc.

Cette abeille remplacera toutes les autres dans mes ruchers dans un avenir très rapproché, quoique je garderai toujours la belle provençale pour faire les comparaisons. Les Américains parlent souvent de la résistance de l'italo-américaine contre la loque, dite européenne. Toutes les abeilles résistent à ce mal, si elles sont proprement conduites. Je n'ai pas encore eu la chance ou la malchance, comme vous voulez, d'essayer la saharienne, ou plutôt la saharo-alpine, dans sa résistance contre les différents bacilles. Quand je serai plus riche en colonies, j'introduirai les bacilles en question!...

La facilité avec laquelle ces abeilles se joignent à d'autres est très remarquable. J'avais une colonie de saharo-alpines sur mon balcon, à Nice, surplombant le boulevard qui est garni de magnifiques Robinia. Sur un deuxième balcon à cinq mètres de distance, j'avais placé un essaim extrait d'une ruche atteinte du *bacillus larvæ*. L'essaim mis sur des cadres vides avec amorces ne se plaisait pas et alla s'accrocher en face sur les branches d'un robinia, tellement haut, que, pendant deux jours, je l'abandonnais à son sort. Les voisins me demandèrent d'aller prendre les abeilles, finalement je l'ai capturé et l'ai rapporté dans la ruche, lui donnant un rayon couvain et miel. L'essaim avait complètement rejeté les traces du bacille, mais les sahariennes d'à côté avaient augmenté le volume. J'estime que quelques milliers de sahariennes, par esprit de vagabondage se sont jointes à lui et ont grossi le nombre d'une façon appréciable. Vous voyez que les qualités et les défauts se croisent, et je souhaite surtout à nos. colons. algériens et marocains d'introduire cette abeille, belle et gentille, chez eux. Ils amélioreront certainement leur apport en miel et diminueront de beaucoup leurs risques de piqûres.

Beauté, agrément dans la manipulation, abondance dans les greniers, voilà ce que nous réserve ma belle saharienne.

Apiculture tropicale, par E. L Sechrist

Assistant en Apiculture, Bureau d'Entomologie, Département d'Agriculture Washington D. C. (Etats-Unis).

Bien que, dans le territoire des Etats-Unis, il n'y ait pas, à proprement parler, d'apiculture tropicale, il y a cependant des régions tropicales, telles que Hawaï, Guam et les Philippines, ainsi que' les parties des Indes occidentales et de l'Amérique latine qui, par raison géographique ou locale, sont plus ou moins en contact avec l'apiculture américaine. Dans ces endroits, de même que dans la Californie méridionale et le sud extrême de la Floride, les conditions d'apiculture sont tellement différentes de celles qui prévalent dans les régions tempérées des Etats-Unis, qu'une étude de l'apiculture tropicale a été rendue nécessaire.

L'abeille commune n'est pas native de ces régions, mais a été introduite. Elle prospère partout, sauf aux Philippines où elle ne s'est pas encore acclimatée. A Hawaï et à Guam, les introductions se sont faites récemment et on a mis les abeilles, dès le début, dans des ruches modernes, mais dans les Indes Occidentales et l'Amérique latine, la ruche à cadres, modèle américain, n'a été introduite que récemment et beaucoup d'indigènes continuent à employer des troncs creux et des méthodes primitives pour l'extraction du miel.

Zones de végétation.

Le trait caractéristique de toutes ces régions tropicales est la variété de la végétation qui passe de la croissance la plus luxuriante des tropiques à la stérilité du désert; des plantes et des arbres de l'équateur à ceux des pays froids. En raison de la différence d'altitude, il y a trois zones distinctes dans les tropiques. *Les terres chaudes et basses*, quand elles sont bien fournies d'humidité forment la zone de végétation la plus luxuriante. C'est là que croissent la canne à sucre, le cacao, les cocotiers et les bananiers ainsi que des fourrés enchevêtrés de bois d'ébénisterie et de teinture et de vignes grimpantes. Dans une grande partie de cette région, surtout dans les forêts exposées aux pluies où la végétation est la plus luxuriante, où il y a une chute de pluie presque continuelle avec des contrastes de température insuffisants, peu ou pas de nectar est produit. Le sol de ces forêts semble aussi être dépourvu de calcaire, les pluies abondantes et fréquentes ayant dissous et entraîné le calcaire qui pouvait se trouver dans le sol.

Dans la *zone moyenne et nuageuse* il y a un mélange de plantes de la zone tropicale et de la zone tempérée côte à côte. Des pins poussent à côté des cocotiers. Le riz, le café, les bananes, les oranges, les légumes y prospèrent, tandis que les magnolias et les gardenias fleurissent dans un printemps presque perpétuel.

La *zone sèche*, des terres plus hautes et plus froides, est en général moins productive en végétation à cause de l'humidité insuffisante plutôt qu'à cause du manque de chaleur, et là, à moins qu'il y ait de l'irrigation et des cultures, les plantes à nectar sont rares.

C'est du rapport entre la chute de pluie et la quantité d'eau dont une plante a besoin, que dépend le développement des zones de forêts équatoriales où la chute de pluie est grande, et des zones désertiques tropicales où la pluie est rare. Les montagnes offrent souvent un côté sec sous le vent et un côté pluvieux exposé au mauvais temps. Les montagnes côtières d'un pays peuvent arrêter la pluie, de sorte qu'à l'intérieur, dans les terres plus sèches, les savanes et les steppes s'étendent tandis que la côte a une végétation luxuriante de forêts. Là où, dans les tropiques, une abondante chute de pluie est distribuée dans l'année, les forêts toujours vertes dominent; là où la pluie est également abondante mais limitée à quelques mois, les forêts à feuilles caduques dominent; on y trouve les principaux arbres à nectar, tels que le campêche ou logwood (*haematoxylon campechianum*) et le mesquite ou algarroba (*prosopis glandulosa* et *juliflora*). Quand la saison chaude et sèche coïncide, le pays sera pauvre en arbres et riche en herbes et en buissons, tandis que dans les districts aux pluies estivales, même en quantités équivalentes, il y aura de profondes forêts et des savanes riches en arbres.

Toutes choses influant sur la quantité, la distribution et les autres traits distinctifs de la précipitation atmosphérique, sont importantes quand au développement des plantes et à la sécrétion du nectar. Elles sont surtout topographiques et comprennent le relief du sol, l'altitude, la proximité de la mer, les vents dominants et leur humidité. Les vents sont d'une grande importance puisqu'ils apportent ou enlèvent l'humidité. Le vent a un pouvoir desséchant qui augmente avec sa force. Il dessèche le sol, les plantes, change leur forme, les rabougrit, dessèche le nectar et arrête la sécrétion.

L'abondance de la secrétion du nectar, dans les tropiques, ainsi que dans les climats du nord, dépend, dans une grande mesure, des contrastes de température, soit du jour à la nuit, soit pendant des périodes régulières ou irrégulières, souvent dues à la pluie ou au changement de direction ou à la vitesse du vent.

Ce contraste périodique de température ainsi que la composition chimique du sol ayant un rapport particulier avec sa contenance en calcaire a une grande influence sur l'abondance de la secrétion du nectar. On peut remarquer dans les meilleures régions mellifères des tropiques que les nuits sont généralement très fraîches en comparaison des jours. Ceci est surtout vrai dans la période des principales miellées. Dans les tropiques, la production du nectar est possible en toute saison, mais elle est toujours associée aux conditions qui donnent naissance à des contrastes dans la température.

Périodicité.

Dans la plupart des régions, le changement des saisons permet à la vie végétale de passer par une période de repos. Dans les climats tempérés, cela est dû à un changement de température, une température particulièrement basse, mais dans les tropiques, cela est dû à un manque d'humidité. Dans certaines parties tropicales, où la pluie vient régulièrement, les saisons de croissance et de repos sont aussi nettement définies que dans n'importe quelle région tempérée. Dans de telles régions, à mesure que la saison des pluies approche, la végétation s'élance, les fleurs s'épanouissent, les arbres donnent des feuilles nouvelles et tout est prêt à compléter la croissance et la reproduction aussitôt que les pluies commencent. Il y a des régions, cependant, où, à cause de raisons topographiques spéciales, la pluie est si irrégulière qu'une telle préparation de la végétation se terminerait par un désastre. Dans ces régions, une flore s'est développée, soit avec des racines assez profondes pour ne pas dépendre de l'irrégularité des pluies, soit capable de demeurer dans l'expectative jusqu'à ce que l'élan lui soit donné pour croître et se développer. Là, la production de miel commercial dépend du nectar des arbres à fleurs ou des plantes de terrains cultivés et irrigués.

Ces explications ont paru nécessaires pour comprendre la grande variation des résultats économiques obtenus par un changement de localité de même quelques lieues pour les ruchers et pour indiquer les avantages qui peuvent résulter du choix d'une localité. Par une juste attention aux conditions topographiques et météorologiques qui influent sur la floraison et la distribution du nectar, l'apiculteur des tropiques peut placer ses abeilles de façon à profiter de plusieusr miellées et s'il les transporte, il peut profiter des miellées successives des différentes régions.

Problèmes caractéristiques.

Parmi les principaux problèmes qui distinguent l'apiculture tropicale de l'apiculture dans les Etats-Unis, il y a :

1) La différence de caractère des fleurs à nectar, flore sauvage ou des arbres, comparée à la flore cultivée et herbacée.

2) Le caractère des miellées : grande variation de la floraison et de la secrétion du nectar à cause de la pluie irrégulière et incertaine.

3) La tendance des colonies à demeurer petites et à ne pas accumuler des réserves.

4) Le problème de maintenir les colonies en état pendant de longues périodes, soit pour des miellées successives, soit en attendant une miellée remise par la sécheresse.

5) La différence quant à l'essaimage.

6) Les ravages des fourmis, termites et autres fléaux y compris la fausse-teigne qui n'est pas arrêtée par le froid et qui est encouragée par la tendance des abeilles à vivre en petites colonies pendant les périodes de sécheresse.

7) L'existence du pillage pendant la sécheresse.

8) La perte sérieuse d'abeilles pendant la saison hivernale ou sèche, soit par un vol abondant par petite miellée, soit par la disparition des reines à un moment où, les mâles manquant, aucune reine ne peut être fécondée.

Caractère de la flore mellifère.

Le développement de l'apiculture commerciale aux Etats-Unis a coïncidé avec la culture de vastes étendues serrées de plantes à nectar telles que le trèfle (*trifolium*), le sarrasin (*fagopyrum esculentum*), la luzerne (*medicago sativa*) et l'oranger (*citrus*), bien qu'il y ait d'autres zones d'importance primordiale ou secondaire où le nectar est produit par des fleurs sauvages ou des arbres.

Parmi ces espèces sauvages, il y a le tilleul (*tilia americana*), le tulipier (*liriodendron tulipifera*), le framboisier sauvage (*rubus*), l'épilobium angustifolium, l'oxydendrum arboreum, l'avicenna nitida, le tulepo (*nyssa*), le mesquite (*prosopis*), et les sauges (*salvia apiana, mellifera, leucophylla, et autres*). Les plantes mellifères des régions tempérées où l'apiculture commerciale est développée sont surtout des plantes herbacées qui dépendent de pluies annuelles régulières ou de l'irrigation, et sont presque confinées aux zones bien établies, cultivées du nord, de l'est et de l'ouest, tandis que les arbres mellifères ne se trouvent guère que dans les régions moins cultivées du sud et de l'ouest, les tilleuls et les tulipiers ayant été coupés en grande partie pour leur bois.

A mesure qu'un pays se développe et devient plus habité et cultivé, ou lorsque des terres désertes ou en jachère sont drainées et irriguées, la zone de plantes herbacées mellifères se développe tandis que les arbres et plantes sauvages produisant du nectar diminuent en proportion.

Dans les tropiques, la production du nectar vient presque entièrement d'arbustes, d'arbres, de vignes sauvages plutôt que de plantes herbacées. Dans les régions humides, les plantes herbacées basses sont étouffées par des arbustes et des arbres plus robustes et par des vignes plus grossières qui les recouvrent, tandis que dans les parties arides, seuls les arbres et les plantes à bulbes ont des racines assez profondes pour résister à de longues sécheresses. Les quelques petites herbes qui poussent sont si éphémères et dépendent tant d'une pluie capricieuse, qu'on ne peut les compter comme sources de nectar.

Dans les tropiques, presque chaque arbre fleurit et fournit du nectar, souvent plus d'une fois par saison. Mais les essences sont si mêlées, il y a si rarement une grande surface d'une seule essence, tant de ces arbres produisent un miel inférieur, qu'une bonne localité apicole est rare, bien que les abeilles puissent vivre et produire un peu de miel à peu près partout. Dans certaines parties, il y a eu des miellées phénoménales, bien qu'en peu d'endroits, une bonne moyenne soit maintenue. En général, la miellée est longue et lente, suffisante pour les abeilles ; rarement, la miellée est rapide, abondante et courte, comme dans les pays tempérés, où une large surface cultivée d'une seule sorte de plante mellifère secrète le nectar si abondamment que les abeilles y travaillent exclusivement, recueillant un miel uniforme comme qualité et goût.

Bien qu'on ne puisse trouver de plus beau miel que celui des tropiques, il est difficile de conserver cette qualité sans mélange de nectars inférieurs, que les abeilles peuvent recueillir au même moment.

Parmi ces beaux miels, il y a celui de campêche, de campanille (ipomea sidaefolia et triloba), et l'algarroba. D'autres miels égalent presque ceux-ci, excepté pour la couleur. Un grand nombre d'arbres fruitiers tropicaux produisent abondamment un nectar inférieur. Ils fleurissent irrégulièrement, comme les palmiers; ils servent à maintenir l'élevage du couvain, mais gâtent aussi beaucoup de bon miel. Les citrus produisent du beau miel, mais ils sont éparpillés et d'une floraison irrégulière.

En résumé, la production d'une belle qualité de miel aux tropiques est rendue difficile, parce que la plupart des plantes à nectar sont des arbres, et non des herbes; qu'ainsi, elles ne sont pas facilement contrôlées par l'homme, et parce qu'il y a grande diversité dans la qualité des nombreux nectars secrétés en même temps.

Caractère des miellées.
Production de miel extrait ou en rayons.

Quand on voyage de l'équateur vers les pôles, la saison de croissance et de production, pour la plupart des plantes, devient de plus en plus courte. A mesure que les jours de croissance deviennent moins nombreux, la rapidité de développement devient plus grande pendant la saison active. Dans le Nord, froid et glacé, les étés sont très courts, mais si intenses, que la croissance et la maturation avancent avec une rapidité presque incroyable. Dans les climats plus chauds des latitudes plus basses, la vie des plantes progresse plus lentement, mais pendant une saison plus longue, à ce point que, à la limite méridionale de sa croissance, le double de temps est nécessaire pour faire mûrir une moisson, que dans la limite septentrionale de son habitat.

Tandis que cette intensification, dans le Nord, du travail de l'abeille, peut rendre son existence à l'état sauvage, ou entre les mains d'apiculteurs peu soigneux, beaucoup plus difficile, cette intensification simplifie le problème, pour l'apiculteur expert, qui peut avoir ses colonies à leur force maximum, au moyen de la récolte, recueillant vite une grande quantité de beau miel, laissant le reste de l'année de l'apiculteur pour d'autres occupations. Dans ces pays du nord, avec leur rapide miellée de miel blanc, les conditions sont idéales pour la production d'un miel en rayons de première qualité, tandis que, vers le Sud, les étés sont plus longs, il peut y avoir plusieurs miellées, de plus ou moins d'importance; c'est ainsi que, aux tropiques, la miellée dure six mois et plus. Là, la construction des rayons, la récolte et la maturation du miel sont si lentes, la production d'un miel de première qualité si difficile, que seul du miel extrait est produit.

En somme, la même quantité de miel peut être produite dans le Nord en six semaines, qu'en six mois dans les tropiques. Donc, beaucoup des problèmes qu'affronte l'apiculteur du Nord, sont différents de ceux qu'affronte l'apiculteur des tropiques. L'apiculteur du Nord a une miellée courte et rapide, ses abeilles doivent être au point culminant à un moment qui varie peu d'une année à l'autre. Toute l'énergie de la colonie peut être dirigée vers la récolte du nectar, vers l'emmagasinage du miel, pendant ces quelques semaines. Après cette période, la reine peut se reposer, la colonie peut diminuer, et toutes les activités de la colonie peuvent baisser, sans qu'il y ait de perte pour l'apiculteur. Dans les tropiques, au contraire, la colonie doit, si possible, être maintenue à un degré de force effective pendant plusieurs mois, et souvent pendant des semaines de sécheresse, en attendant la pluie et la floraison ; ou bien, la floraison peut être très prochaine et tout peut promettre une miellée, mais il y a des journées ou des semaines de grosses pluies qui détruisent les fleurs toutes prêtes.

Dans le Nord, la sécheresse ou la tempête détruirait la miellée de l'année, mais dans les tropiques, il y aura probablement une miellée plus tardive, que l'apiculteur pourra s'assurer, s'il a pu maintenir ses colonies à l'état de production jusqu'au moment où la miellée, longtemps différée, arrivera. Ceci est plus difficile que d'amener une colonie à s'approvisionner pendant les quelques semaines actives de la saison du Nord.

Une longue période active.

Dans les tropiques, les abeilles sont actives toute l'année. Elles ont la longue saison de production, puis, la miellée passée, elles n'ont pas les conditions de température qui les obligent à devenir inactives et à conserver reine, abeilles et provisions pour la saison à venir.

Au contraire, pendant que la ponte diminue (il y a même quelquefois une période sans couvain), le temps reste si chaud qu'il n'y a pas de période d'inaction ; les abeilles sortent tous les jours, portent de l'eau, maintiennent la fraîcheur de la ruche, vont à la recherche de fleurs insignifiantes, pour des quantités minimes de pollen et de nectar, mais elles s'usent le plus souvent par un pillage constant et la défense de la ruche contre les pillardes.

Le pillage

L'apiculteur du Nord, dont les abeilles se tiennent dans la ruche plusieurs mois à la file, connaît peu le pillage, sauf pendant une courte période, au printemps et à l'automne, et ne peut concevoir ce qu'est le pillage à toute heure du jour, pendant quatre ou six mois. Le pillage devient une habitude telle que, même pendant les miellées, les abeilles continuent à chercher la plus petite ouverture dans les ruches. La protection contre le pillage est rendue d'autant plus difficile que la chaleur du soleil empêche de trop limiter l'entrée de la ruche, pour que les abeilles puissent se défendre.

Pendant les mois d'activité, par suite de la recherche de nectar peu abondant, de la protection des rayons contre la fonte au soleil, du pillage et de la défense contre le pillage, un minimum de couvain est élevé, et les abeilles adultes vieillissent vite. Tandis que la colonie peut sembler encore assez populeuse, presque toutes les abeilles sont vieilles, et la colonie est dans la condition d'une colonie du Nord au printemps, quand aucune abeille jeune n'est élevée après la récolte du trèfle.

La conséquence est la même pour cette colonie d'abeilles vieilles, quand le nectar revient, que pour une colonie de vieilles abeilles du Nord, quand elle commence à élever du couvain aux premiers jours du printemps. Nulle part, on ne trouve de cas plus typique de diminution du printemps que dans les tropiques où il n'y a pas eu d'hiver, mais où les abeilles âgées, quand elles commencent l'élevage du couvain, ne peuvent plus se remplacer avant de mourir.

Le passage de grandes colonies à l'état de nuclei n'arrive pas seulement pendant les longues périodes de sécheresse, mais à n'importe quel moment de l'année, pendant un arrêt de l'élevage, et constitue l'un des problèmes les plus ardus pour l'apiculteur. Il doit veiller à avoir une bonne reine jeune dans chaque colonie ; à stimuler l'élevage du couvain, si possible, pendant une période de sécheresse, et à éviter que les petites colonies ne soient pillées.

La fausse-teigne.

La protection des rayons extraits, pendant la longue période de sécheresse, est sérieuse. Les larves de la fausse-teigne travaillent toute l'année ; un nucléus sur trois ou quatre cadres ne peut garder deux hausses de cadres extraits. Ou bien nombre de cadres seront détruits, ou bien on les mettra dans une chambre de réserves, où les cadres en excédent peuvent être soignés.

Effet de la température sur l'élevage.

L'apiculteur du Nord peut croire qu'aux tropiques, le problème de la température, pour l'élevage, n'existe pas, mais tel n'est pas le cas. Il n'est pas rare que la température soit à 60° Fahrenheit, au niveau de la mer, et même plus basse dans les hauts plateaux où l'apiculture prospère souvent le mieuux. A cause des nuits fraîches, les abeilles abandonnent la hausse et se groupent autour du couvain, inactives, au début de la matinée. Dans ces conditions, une colonie ne progresse pas aussi vite qu'on le voudrait.

Plus tard, quand la saison est un peu plus chaude, et la colonie un peu plus forte, une autre difficulté se présente. La petite colonie aura probablement un cadre de miel operculé à côté du nid à couvain, et, au lieu que ce miel soit enlevé pour garder la continuité du couvain, la reine passe au cadre suivant, y pond une petite plaque d'œufs et continue vers un autre endroit où il y a des cellules vides. Le couvain et le miel sont donc éparpillés dans la ruche, quand l'apiculteur laisse faire les abeilles. Si on a employé un séparateur, il est probable que même la surface externe des cadres extrêmes contiendra du couvain. C'est la colonie exceptionnelle qui a six cadres de couvain. On y remédie peu en remplaçant les cadres de miel par des cadres vides, car toutes les cellules, sauf celles immédiatement employées par la reine, seront remplies de nectar. Le meilleur moyen d'aider la ruche semble être de lui donner un ou deux cadres de fondation, plutôt que des cadres bâtis, mais il ne faut pas en donner plus que ce que la reine peut employer aussitôt bâtis, autrement, il y aura des cadres avec des cellules à demi-bâties, remplies de miel et operculées. Ce n'est que par exception qu'il faut enlever de nombreux cadres de couvain à la fois, pour les remplacer par des cadres bâtis ou par des fondations.

Développement retardé des colonies.

Cette saison de production prolongée semble entraîner une activité diminuée de la reine, même jeune, et si l'on ne peut amener une similarité dans les conditions d'élevage avec celles du Nord, avant la forte miellée, on ne pourra s'attendre à un élevage intensif similaire. Ce que l'abeille du Nord fait comme élevage en un mois ou six semaines, l'api-

culteur des tropiques pourra être heureux si la sienne le fait en deux ou
trois mois. C'est ainsi que, même quand il y a beaucoup de miel dans les
ruches, au début du printemps tropical, il y aura une petite augmentation
de couvain jusqu'à la première miellée, par exemple, celle de la campêche.
Les abeilles ne construisent que lentement, le nid à couvain s'emplit de
miel, la ponte est éparpillée en plaques, et du miel peut être emmagasiné
dans la hausse. L'apiculteur fonde peu d'espoirs sur cette première floraison de la campêche. Ensuite, l'apiculteur doit confronter le problème
de l'emplacement de ponte à donner à la reine. Il peut extraire le miel
ou le monter dans la hausse, pour l'extraire, après l'éclosion du
couvain, en remplaçant les cadres enlevés par des cadres bâtis
ou de cire gaufrée. Puisqu'il est exceptionnel qu'une reine ponde rapidement, l'apiculteur aura souvent la déception de trouver que ces nouveaux
cadres ont été remplis de miel, bien qu'il y ait beaucoup de place dans
les hausses.

Colonies orphelines.

La longue période de ponte et le pillage font que bien des colonies sont
orphelines à des moments difficiles. On ne sait trop si c'est parce que la
reine est morte, ayant cessé d'être utile, et que la suivante n'a pas été
fécondée, ou parce que la reine a été emballée ou blessée pendant le
pillage. Une reine peut vivre six mois ou un an, selon que l'apiculteur a
maintenu la ruche forte et a usé ainsi la résistance de la reine.

En tout cas, de nombreuses colonies sont orphelines pendant la période
sans miellée, et comme, à ce moment-là, il ne peut s'occuper beaucoup des
ruches à cause du pillage, l'apiculteur se contente de diminuer l'entrée
des ruches, espérant, contre tout espoir, que ses reines vivront jusqu'à la
miellée suivante, et qu'il y aura des mâles afin de pouvoir remplacer des
reines faibles ou mortes, avant que la colonie ne disparaisse entièrement.

Il y a généralement une grande perte de colonies dans cette saison de
pillage, et beaucoup de cadres sont dévorés par la fausse-teigne, car l'apiculteur n'ose pas examiner les colonies faibles, de peur d'occasionner le
pillage. Trop souvent, quand il ouvre une ruche faible, il trouve une ou
plusieurs hausses dévorées par la fausse-teigne, et un petit nucléus qui
peut encore se renforcer, s'il n'a que peu de cadres à garder.

Les reines.

Le remplacement des reines et la possession de bonnes reines sont de
grande importance dans les tropiques, puisque de 30 à 60 % des reines
disparaissent pendant une saison, laissant les colonies orphelines.

Le remplacement des reines par les colonies est plus rare que dans le
Nord, probablement parce que les colonies sont moins fortes que dans le
Nord. Et ceci est particulièrement vrai quand elles ne récoltent pas.
Pendant une longue période, une reine jeune et vigoureuse, ou vieille et
faible, peut ne pondre que quelques œufs par jour. Une vieille reine peut,
à la fin, cesser la ponte complètement et mourir sans que la colonie sente
l'impulsion de la remplacer. La colonie reste donc orpheline, faute d'œufs.
Ou bien encore, une vierge est élevée quand il n'y a pas de mâles ; ses nombreuses sorties infructueuses l'exposent aux nombreuses occasions de
danger, venant des oiseaux ou des insectes. Dans certaines régions, les

libellules sont si nombreuses que la fécondation est impossible. L'apiculteur commercial peut réussir à amener ses colonies à leur force maximum, mais la reine s'épuise avant un an, par la ponte intensive et continue. Si la reine est remplacée et si la jeune reine ne se perd pas dans ses vols nuptiaux, la colonie survit. Il est donc nécessaire que l'apiculteur se rende compte qu'il a des reines jeunes et vigoureuses au bout de la récolte annuelle.

Et, même alors, il n'est pas certain qu'il y aura une reine dans la ruche, quand la saison d'élevage recommencera. Des observateurs du Nord ont remarqué qu'à l'automne, quand la reine n'est plus alourdie par les œufs, elle se risque au dehors, pour de petits vols, et s'expose à être happée par des oiseaux ou des insectes, ou à entrer dans une autre ruche, où elle sera emballée et tuée. Ces vols sont plus fréquents aux tropiques, puisque les reines ne sont pas alourdies par les œufs, et beaucoup de reines se perdent ainsi. Pour d'autres raisons aussi, les reines sont emballées, tuées ou estropiées par leurs propres abeilles, pendant les périodes sans miellée. Souvent, quand j'ouvrais la ruche à ces moments-là, je trouvais la reine emballée, et je décidais de ne jamais ouvrir les ruches, sauf dans les cas d'absolue nécessité, dans ces saisons de sécheresse. Si l'intervention de l'apiculteur, qui ouvre la ruche, peut causer un dérangement suffisant pour que les abeilles emballent leur propre reine, il y a probablement d'autres raisons suffisant à amener ce résultat, l'arrivée de pillardes ou d'animaux étrangers à la ruche.

Avec tant d'occasions de perdre la reine, beaucoup de reines inférieures sont élevées. L'opinion générale, parmi les apiculteurs, est qu'il faut avoir une réserve de reines du meilleur choix, pour remplacer les reines faibles ou mortes, afin qu'au commencement de la miellée l'apiculteur soit assuré que chaque colonie est en possession d'une reine jeune et vigoureuse.

Essaimage

L'essaimage est influencé par l'emplacement, la miellée et les soins, ainsi qu'ailleurs, mais plusieurs phases de ce problème doivent être examinées. Dans bien des parties des tropiques, où les abeilles prospèrent le mieux à l'état de nature, les arbres sont petits, les cavités sont vite remplies, et les abeilles sont bientôt à l'étroit. Il en est de même quand les abeilles sont dans des troncs creux, des cylindres d'écorce ou des poteries. Le résultat en est que l'essaimage est fréquent et que les colonies sont généralement petites.

Quand l'apiculteur commercial produit du miel extrait par les méthodes modernes, le problème de l'essaimage se pose à peine.

Non seulement il donne de la place pour la ponte, mais encore pour les provisions de nectar. L'essaimage est donc souvent limité à moins de 5 % des colonies. Il est vrai, néanmoins, que certains apiculteurs des tropiques se plaignent d'essaimage excessif, mais il est vrai aussi que, généralement, sinon toujours, cet essaimage se produit quand les abeilles manquent de place pour l'emmagasinage et la maturation du miel. Ceci peut arriver pour deux raisons, l'une d'elles étant que l'apiculteur n'a souvent donné qu'une hausse pour loger le miel. Ceci peut résulter aussi d'un arrêt forcé dans la récolte du nectar, pendant une semaine ou plus, pendant que le miel mûrit et est operculé. L'essaimage suit naturellement.

Dans des climats très humides, les mêmes conditions peuvent se présenter, même quand l'apiculteur a fourni plusieurs hausses par colonie, ce qui serait suffisant dans de bonnes conditions, pour l'évaporation du nectar, mais insuffisant quand le nectar est très fluide et l'évaporation lente.

Plaies et maladies.

Bien qu'on trouve rarement des maladies d'abeilles dans les tropiques, les plaies d'insectes ou autres occupent une place importante dans l'apiculture tropicale. J'ai mentionné les pertes causées par les larves de fausse-teigne, qui détruisent rapidement les colonies orphelines, ainsi que la perte des reines vierges, par les oiseaux, libellules ou autres insectes. Les lézards aussi prélèvent leurs droits en abeilles à l'entrée de la ruche, et ceux-ci, de même que les fourmis, peuvent saisir une reine, sortie pour le vol nuptial, quand, par hasard, elle tombe à terre.

Autour des ruches elles-mêmes, les fourmis sont généralement très désagréables, s'établissant dans les ruches et se nourrissant de miel. Quelquefois, elles ennuient les abeilles, au point que les colonies faibles, se sentant incapables de protéger leurs rayons, essaiment, laissant périr les larves que les fourmis emportent par morceaux. Dans certaines régions, ces fourmis carnivores sont si nuisibles, qu'elles s'attaquent même aux ruches fortes. Elles ont pu détruire presque cent colonies en une seule nuit. Ces attaques se font en hiver, l'apiculteur doit donc être continuellement sur ses gardes.

Les termites causent aussi de grandes pertes, non d'abeilles directement, mais de ruches. Le corps entier d'une ruche peut être dévoré, il ne reste qu'une mince enveloppe de bois.

Résumé.

Malgré ces problèmes et ces incidents tropicaux, il reste des avantages, puisque la plupart de ces régions n'ont pas de maladies à combattre et offrent des champs intéressants quant à la miellée et aux investigations.

L'apiculture est attrayante, même dans les pays plus froids, où l'apiculteur ne peut toucher à ses abeilles pendant six mois de l'année. L'étudiant enthousiaste languit souvent après un paradis tropical, où les expériences et la production du miel peuvent se continuer toute l'année. Il rêve d'un endroit où les fleurs s'épanouissent et les abeilles recueillent du nectar tous les jours, où des frondaisons de palmiers ombragent les ruches, et où des oiseaux au plumage brillant, étincellent à travers les manguiers, dont les fruits s'offrent à la main.

L'apiculteur peut espérer trouver cela, mais il trouvera que l'apiculture tropicale de ses rêves n'est pas celle de la réalité. Pour réussir, il devra étudier la manière d'être de l'abeille tropicale, la flore mellifère de sa localité, les conditions topographiques, climatériques et géologiques, qui influent sur la croissance des plantes et la sécrétion du nectar. En connaissant tous ces problèmes, un apiculteur habile doit pouvoir, en peu de temps, élaborer un système d'exploitation adapté à la localité qu'il se décide d'occuper.

Troisième Séance
Mardi 19 septembre, à 14 heures 30 (Faculté des Sciences).

Séance plénière de la Section de l'Enseignement apicole

Ouverture sous la présidence de M. E. Sevalle, Vice-Président du Congrès.

1º — Rapport présenté par M. A. Touratier, rapporteur, en collaboration avec M. J. Roche, sur l'Enseignement pratique de l'Apiculture.

2º — Communication présentée par M. C.-P. Dadant, sur l'Enseignement pratique de l'Apiculture.

3º — Communication présentée par M. Thibaut, sur l'Enseignement Apicole en Belgique.

4º — Communication présentée par M. J. H. Merrill, sur l'Enseignement de l'Apiculture aux Etats-Unis. (Texte anglais et traduction.)

5º — Communication présentée par M. le Dr Phillips, sur les Travaux apicoles du Bureau d'Entomologie aux Etats-Unis. (Texte anglais et traduction).

6º — Communication présentée par M. C. Vaillancourt, sur la Pratique de l'Apiculture dans la province de Québec (Canada).

7º — Communication présentée par M. Hampshall, sur l'Enseignement Apicole en Angleterre.

Procès-Verbal de la Séance plénière du mardi 19 septembre
(après-midi) A. *Enseignement*

La séance est ouverte à 2 heures, sous la présidence de M. Sevalle, Secrétaire-général de la Société Centrale d'Apiculture.

La parole est d'abord donnée à M. Touratier, qui, en collaboration avec M. Roche, présente un rapport sur l'*Enseignement pratique de l'apiculture*. Ce rapport a déjà été lu et étudié en section, et le programme de l'aprèsmidi étant très chargé, M. le Président invite M. Touratier à se contenter de le paraphraser, ce qu'il fait de bonne grâce.

A l'occasion de ce rapport, M. Pol Chevalier, sénateur, insiste pour que l'on s'efforce surtout de former de bons maîtres. C'est là le secret, pour avoir de bons élèves.

M. Léon Tombu, secrétaire-général du Congrès, donne lecture d'un remarquable rapport de M. Camille P. Dadant, d'Hamilton (E.-U. A.), sur le même sujet. L'assemblée en apprécie la belle tenue et l'élévation des idées qui y sont exposées, auxquelles elle se rallie avec enthousiasme.

M. Thibaut donne ensuite lecture de son rapport, sur l'enseignement de l'apiculture en Belgique.

M. Tombu appuie ces considérations, d'autant plus qu'elles sont la consécration des idées qu'il avait lui-même émises, il y a vingt-quatre ans, au Congrès de Charleroi. Depuis lors, le Ministère de l'Agriculture de Belgique a mis ces idées en pratique, en créant un Rucher-Ecole en Wallonie, et un en Flandre.

On entend ensuite les rapports de M. J. H. Merrill, sur l'Enseignement de l'apiculture aux Etats-Unis, et de M. le Docteur Phillips, sur les travaux apicoles du Bureau d'entomologie aux Etats-Unis. M. Baldensperger est toujours très aimable d'en assurer la traduction.

Ces rapports contiennent une multitude d'idées, neuves pour les congressistes, et ils sont, par là, très appréciés.

M. Cyrille Vaillancourt expose, à son tour, d'une façon très approfondie, comment se pratique l'enseignement dans la province de Québec. « Car, ajoute-t-il, ce n'est pas comme délégué du Canada que je suis ici, mais bien comme délégué de la province de Québec ».

Il semble, d'après ce que nous dit M. Vaillancourt, que la marche des choses, dans ce pays plutôt neuf, évoque celle des pays de l'antiquité. La poésie est à la base de leur enseignement. On y parle des beautés de l'apiculture, de ses charmes et de la douceur des produits de l'abeille. Par là, on intéresse et on retient les populations à la culture de cet industrieux insecte. On instruit ensuite les néophytes, mais en s'efforçant d'employer un langage simple, et en évitant de l'encombrer par des expressions scientifiques trop compliquées.

Ce qui est à retenir de la communication de M. Vaillancourt, c'est qu'à Québec, la force de démonstration de l'image est très employée : illustrations d'ouvrages, conférences avec projections lumineuses, films cinématographiques, tout cela se pratique couramment. Au point de vue de beaucoup de congressistes, cette partie de leur organisation est merveilleuse, et qui dit qu'ils ne verront pas, sur l'écran des vieilles villes de l'Europe, la scène de la séance d'ouverture du Congrès de Québec en 1924 ?

Inutile de dire que M. Vaillancourt, — qui décompose avec esprit son nom : Vaillant - court, — est très applaudi.

M. Hampshall, délégué anglais, recourt à l'amabilité de M. Baldensperger, pour traduire comment se pratique l'enseignement de l'apiculture en Angleterre. Le travail très complet de M. Hampshall nous donne une idée précise de la façon dont est organisé cet enseignement chez nos voisins. Il se fractionne par degrés et il ne comprend pas moins de trente-huit leçons par année; après quoi, un diplôme est délivré aux élèves méritants.

M. Sylvestri, délégué du Gouvernement italien, explique le fonctionnement des chaires d'apiculture en Italie. C'est autour d'elles que rayonne tout l'enseignement de l'apiculture.

M. A Mayor, président de la Société d'Apiculture de la Suisse Romande, fait connaître, avec clarté, le système d'enseignement suivi en Suisse.

Après que MM. le Docteur Labarre et Abbé Métais aient fourni des indications de caractère local ou régional, M. Sirvent résume, en quelques mots, la discussion qui a fait suite à la lecture des rapports.

Il est 5 heures. M. Sevalle, président, remercie les rapporteurs et les congressistes, les uns de leurs efforts, les autres de la courtoisie qu'ils ont apportée dans la discussion, et déclare clos les travaux de la section de l'enseignement.

RAPPORTS ET COMMUNICATIONS

présentés à la troisième Séance plénière du Congrès.

De l'Enseignement pratique de l'Apiculture
par M. TOURATIER

Mesdames, Messieurs,

Permettez-moi, avant de commencer la lecture de mon travail, de vous donner quelques explications sur ma présence à ce bureau.

Le rapport que MM. les organisateurs de ce Congrès avaient demandé à M. Roche, devait, sur les instances de ce dernier, être fait avec ma collaboration, ou mieux, nous devions reprendre les grandes lignes de celui de Limoges, avec quelques retouches.

La preuve en est dans la lettre de M. Roche à M. Mathieu :

« Le Syndicat des Apiculteurs du Berry, écrit-il, a-t-il délégué M. Tou-
« ratier pour l'enseignement apicole ? Sinon, je me récuse aussi. Je me
« proposais simplement de joindre mes efforts aux siens, pour défendre
« les conclusions du rapport qu'il a présenté à Limoges. »

Mais l'ami Roche propose, et... le temps dispose. Très documenté, très actif, très sincère, mais trop occupé par trop de choses à mener de front..., il a prévenu quand tous les programmes étaient déjà envoyés à toutes les Revues, et son nom figure seul, sauf dans *Basse-Cour et Rucher,* dont il est directeur, et dont le numéro de juillet est arrivé à temps parce que bon dernier.

Je n'en ai pas été autrement froissé, puisque, dès la proposition de M. Roche, je m'étais mis au travail, et que j'ai continué, même après la publication du programme des travaux des différentes commissions, où mon nom ne figurait pas.

Tout se réduit donc à un tout petit incident sans conséquence, autre que celle qui motive ces explications.

Onze mois seulement se sont écoulés depuis le Congrès de Limoges. Les progrès apicoles, malgré le dévouement d'apôtres connus ou obscurs, ne sont pas si rapides qu'il faille retoucher de fond en comble le rapport sur l'enseignement apicole, qui avait été adopté à l'unanimité des congressistes.

N'ayant pas beaucoup de nouveau à vous exposer, nous allons commettre des redites. Veuillez nous excuser et trouver ces excuses dans le fait qu'on ne redit jamais trop que l'enseignement apicole est presque inexistant, et que trop d'efforts, en ordre dispersé, sont perdus.

Connaissant le mal, nous serons plus facilement sur la voie des remèdes.

Il y a trois ans, au Congrès d'Angoulême, M. Giraud, rapporteur de la 2e section, propagande, appelait l'attention des congressistes, dès le début de son remarquable rapport, sur l'intérêt national qu'il y avait à intensifier tout ce qui est nécessaire à l'existence, leur faisant observer que, jamais, ce devoir n'avait été aussi urgent, que l'apiculture en France, pays si riche en ressources mellifères, était loin d'être ce qu'elle devrait, et que des milliers de tonnes de miel se perdaient, faute d'abeilles pour le récolter.

Nous venions à peine de sortir de l'épouvantable obsession d'une guerre terrible, tourmente sans égale dans l'histoire, qui nous laissait épuisés en main-d'œuvre, en produits industriels et alimentaires de toutes sortes, et nous nous débattions dans des difficultés économiques qui auraient pu paraître insurmontables à un peuple moins tenace et moins confiant dans ses destinées.

Aujourd'hui, ces difficultés, quoique moins grandes, subsistent encore, et il est toujours d'un intérêt capital de tirer profit de toutes les ressources de notre sol, des produits de l'apiculture, aussi bien que des autres sciences en «ture» : agriculture, horticulture, aviculture, pisciculture, sériciculture, etc.

Mais, pour tirer tout le profit que peuvent nous fournir les abeilles, il est indispensable de les faire connaître, de les faire aimer, de lutter contre cette idée encore trop ancrée, que les abeilles doivent rapporter sans rien coûter, et qu'on ne doit s'occuper d'elles qu'au moment de prélever la récolte; de propager les bonnes méthodes, de faire tous nos efforts pour l'expansion des ruches les meilleures et les mieux adaptées à chaque contrée, de combattre, par tous les moyens, cette pratique barbare de l'étouffage, encore trop en honneur dans les Landes, la Bretagne, la Corrèze, etc.; enfin de faire disparaître, par l'exemple, la peur instinctive de l'aiguillon, cette peur irraisonnée, qui tient éloignées du rucher tant de personnes qui pourraient y apporter, par délassement, au cours de leurs loisirs, leurs soins rémunérateurs, aussi bien au point de vue pécuniaire qu'au point de vue moral.

Pourquoi est-ce l'aiguillon, par une crainte ridicule, plus que le miel, nourriture divine, qui préoccupe l'enfant et tous les grands enfants qui lui ressemblent ? Pourquoi pense-t-on à l'aiguillon de l'abeille avant de penser à son miel ? se demande M. Eugène Evrard, au début de son beau livre : « Le Mystère des Abeilles ».

Et cependant, l'abeille est douce, indulgente et bonne, à qui ne la défie, ne la contrarie, ni ne l'attrape, et la jolie devise du P. Bouhours : « *Sponte favos, œgre spicula* », « Le miel de gré, le dard à regret », est toujours une vérité, un principe absolu, pour tous ceux qui fréquentent assidûment les blondes avettes.

Voilà donc le premier point de notre propagande : répandre partout et toujours cet axiome : l'abeille n'est pas agressive par nature, elle n'attaque jamais, et n'use de l'aiguillon qu'en cas de légitime défense. Accusée, elle peut toujours répondre, comme nos élèves, mais avec combien plus de sincérité : c'est lui qui a commencé.

Profitons donc de toutes les occasions pour faire connaître le moyen empirique, mais efficace, d'éviter les piqûres :

Maîtriser ses nerfs;

Garder son sang-froid;

Eviter les gestes vifs, les mouvements brusques;

Faire le mort, si une abeille se pose sur soi;

Faire le sourd, baisser la tête, si elle menace;

S'éloigner lentement, si la menace persiste;

Eviter surtout de froisser, de serrer, même légèrement, toute abeille posée sur les bras ou près du pli des manches;

User, mais non abuser de la fumée;

Ne pas prolonger la visite d'une ruche, surtout en temps de disette ;

Engager, les accidents étant toujours possibles, les débutants à s'assurer. Nous disons débutants, car nous supposons que les autres n'ont pas négligé cette élémentaire précaution.

Le second point de notre propagande : faire connaître et savoir présenter ses produits, miel, cire et leurs dérivés, et montrer, par des calculs précis, non truqués et facilement contrôlables, que l'apiculture, bien entendue, est l'occupation manuelle qui donne les plus forts rapports, quant au capital engagé.

Voici un exemple probant : ruche du Centre d'enseignement agricole post-scolaire de Mers-sur-Indre, transvasée le 21 mai 1922 :

Débours

Ruche garnie de cire gaufrée	100 fr.
Colonie et paniers	50 fr.
Choix de la colonie, transport, transvasement, extraction, maturation, vente des produits	Mémoire
	150 fr.

(Ces travaux ont été faits par les élèves, sous notre direction.)

Recettes

27 kilogs de miel en 2 récoltes, vendu au détail 5 fr. le kilog. **135 fr.** pour une mise de fonds de 150 francs.

Il est juste d'ajouter que cette colonie, sans être une exception, avait été choisie dans les meilleures, parce que destinée à l'enseignement.

Examinons, si vous le voulez bien, par quels voies et moyens il nous sera facile d'atteindre ce but :

a) Par la plume : articles de propagande dans les revues et journaux spéciaux, et même, si possible, dans la grande presse d'information ; vulgarisation de livres de fond ; création de bibliothèques.

b) Par la parole : conférences publiques fréquentes, avec d'excellents cadres de conférenciers. Congrès régionaux, nationaux et internationaux.

c) Par l'exemple : ruches de démonstration, journées apicoles dans le genre de celle de Châteauroux, en juillet 1920 ; affiches de propagande ; visites de ruchers ; expositions de matériel et produits apicoles ; tracts, brochures.

Nous notons, pour mémoire, l'ingénieuse idée de M. Giraud, consistant dans l'aménagement d'un camion-auto, contenant, en plus de quelques ruches peuplées, tout le matériel moderne, ce qui ferait de ce camion une école ambulante pour l'enseignement apicole. Cette école ambulante a été réalisée dans la Meuse, au point de vue agricole, grâce à l'intelligente et active initiative de M. Guillemain.

Cette idée a été — si nous sommes bien renseignés — reprise par la Cie du P.-O., qui se propose d'aménager un wagon contenant ruches, matériel, produits, pour la propagande apicole dans les limites de son réseau.

Elle ferait ainsi, pour l'apiculture, ce qu'elle a déjà réalisé pour la pisciculture.

Si cette idée n'est encore qu'à l'état de projet, une autre, non moins féconde, est en voie de réalisation. Le personnel de la voie a eu toute facilité pour assister, en 1920, aux leçons et démonstrations, à Châteauroux (transport gratuit, logement dans les wagons, salaire journalier non interrompu). Aussi, les jardins des passages à niveau montrent-ils, avec une certaine ostentation qui ne déplaît point, des ruches modernes, en bonne place, et qui n'ont pas trop l'air, en raison des récoltes qu'elles fournissent, de trop souffrir du bruit et de la trépidation dus aux convois proches et fréquents.

Nous ne pouvons qu'applaudir à cette initiative qui sert la même cause que nous.

Au moment où nous relisons nos notes, on nous apporte le *Journal du Département de l'Indre* du jeudi 14 septembre 1922, où nous découpons ce qui suit :

EXPOSITIONS AVICOLES AMBULANTES

« La Cie du chemin de fer de Paris à Orléans organise, en collaboration avec la Société Centrale d'Aviculture de France et le Centre National d'Expérimentation zootechnique, une série d'expositions avicoles ambulantes, dans diverses régions desservies par ses lignes.

Un certain nombre de manifestations auront lieu prochainement dans le Gâtinais, avec le concours de la Direction des Services agricoles du Loiret, de l'Office Agricole de ce département, et du « Gâtinais Club français ».

Deux wagons de grand modèle, l'un contenant les divers types de matériel avicole moderne : couveuses, sécheuses, éleveuses, gaveuses, etc... l'autre, des lots primés de volailles de races sélectionnées, circuleront fin septembre, sur les lignes du P.-O. du Centre, s'arrêtant dans des gares bien choisies, notamment les jours de foire ou de marché, en vue de permettre aux agriculteurs de venir nombreux visiter l'exposition.

Ces présentations de volailles et de matériel seront complétées par des causeries sur les améliorations à apporter à l'élevage dans nos régions. »

— Une fois encore, l'apiculture est traitée en parente pauvre, et passe la dernière. Mais ne désespérons pas, son tour viendra, les ingénieurs des services commerciaux nous l'ont promis.

Signalons également « le train-exposition du Canada », véritable foire roulante, composée de huit wagons, affectés respectivement, savoir :

1º Pensée française (art, théâtre, littérature, sciences) ;
2º Industries de la mode ;
3º Industries du cuir ;
4º Produits chimiques, parfumerie ;
5º Domaine industriel et touristique de la France ;
6º Articles de Paris ;
7º Agriculture et alimentation ;
8º Orfèvrerie.

Ces wagons sont aménagés en stand, la locomotive fournit l'éclairage électrique, et ce train stationne dans les villes importantes du Canada, depuis le 29 août 1921.

Sans demander tant pour l'apiculture, nous pouvons néanmoins souligner ce que notre propagande apicole gagnerait à disposer d'un tel moyen de diffusion, s'il lui était réservé la moindre place dans le 7e wagon.

Reste la question des fonds, qui est d'importance.

Pouvons-nous compter sur les subventions de l'Etat ?

Je crois qu'il ne faut pas nous leurrer, bien que nous comptions, parmi les membres du Parlement, de chauds partisans. Nous avons tous, présente à l'esprit, l'éloquente intervention de M. d'Estournelles de Constant, lors de la discussion du budget au Sénat, ardent plaidoyer en faveur des abeilles, où il faisait ressortir que, dans le flot des subventions sous forme de prime à telle et telle culture, il n'y avait rien pour l'apiculture.

Tant que les Offices agricoles subsisteront, M. le Ministre l'a expressément promis, nous pouvons compter, comme dans l'Indre, sur leur appui pécuniaire ; mais ils sont fortement battus en brèche, et nous craignons que leur existence soit trop éphémère. Et nous ne devons pas oublier que le Budget national est congestionné à l'extrême, et que le contribuable français a presque fait son ultime effort.

Il ne nous reste donc qu'à compter sur nous-mêmes — ce qui ne veut pas dire que nous devons dédaigner toute aide étrangère, officielle ou privée.

Groupons-nous le plus nombreux possible au sein de nos associations, de sorte qu'il n'y ait plus un seul apiculteur isolé.

Nous sommes seulement 150 au S. A. B., et en faisant état de ceux qui nous sont venus des autres départements, cela ne fait pas 2 adhérents pour 5 communes.

Et pourtant, la plus petite agglomération n'a pas moins d'une vingtaine de propriétaires d'abeilles.

Nous pourrions être 5 à 6.000 dans l'Indre, avoir, à 5 fr. l'une, 25 à 30.000 fr. de cotisations, et faire largement les frais de propagande et d'enseignement.

Pourquoi pas? *L'Apiculteur Alsacien-Lorrain* ne tire-t-il pas à 13.000, et le *Bulletin de la Suisse Romande,* à 4.700 ?

Et si nous voulons un exemple de la force d'association, réfléchissons à l'œuvre du T. C. F., avant, pendant et après la guerre :

En 1913, 137 047 sociétaires, et un budget de 1.405.452 fr.

Au 31 décembre 1920, 111 339 sociétaires, et 602.867 fr. 50 de cot.

Au 30 avril 1922, 130 911 sociétaires, et un actif de 4.920.164 fr. 52.

Les candidats de mai ont été de 1816.

Nous avons, tout près d'ici, une des belles œuvres du T. C. F. : la route de la Corniche de l'Estérel.

Ces exemples de la force d'association doivent nous engager à faire tout notre possible pour augmenter le recrutement de nos adhérents, qui sera d'autant plus facile que l'enseignement apicole sera plus développé.

Tout d'abord, examinons où nous en sommes au titre de l'enseignement apicole scolaire et post-scolaire :

a) *Enseignement scolaire.* — Dans l'Indre, par l'application de directives venues de haut, nous avons, à l'occasion des conférences pédagogiques de l'automne 1919, établi, pour chaque région du département, un programme minimum des sciences naturelles.

Ce programme est en voie d'exécution dans toutes les écoles.

La répartition mensuelle prévoit, pour le mois d'avril, l'étude des animaux invertébrés : les insectes, métamorphoses, papillons, abeilles.

Région de la Champagne : les abeilles, les ruches à cadres, le miel; extraction, usages, la cire, extraction, usages. Exploitation d'un rucher, rapport, plantes mellifères, sainfoin, trèfle blanc.

On a commis l'erreur de croire qu'on ne peut faire de l'apiculture qu'en pays favorable. Cette culture est possible partout. Seuls, les rendements diffèrent.

Ce programme est réduit, mais il marque une étape, et il faut savoir gré à ceux qui l'enseignent, quand on songe à la surcharge des autres matières.

Seulement, les fonds manquent pour faire de l'enseignement pratique, le seul profitable, et la ruche, la colonie, l'outillage, sont laissés à l'initiative du maître et à ses ressources personnelles. Il ne doit pas compter non plus sur les manuels scolaires, ce qui nous amène à redire ce que nous avons déjà écrit dans *Basse-Cour et Rucher*, p. 6, numéro de juillet 1921, à ce sujet :

« Quelques-uns, et non des moindres, s'arrêtent au seuil de la basse-cour; d'autres, il est vrai, font une petite place aux abeilles, mais si petite et en termes si vagues, qu'ils auraient peut-être mieux fait d'imiter le silence des premiers. »

Enfin, dans un autre, nous avons trouvé plus de bonne volonté que de science apicole : « La coupe d'une ruche vulgaire, montrant les rayons disposés horizontalement... comme une pile d'assiettes ! »

Malheureusement, ce cas n'est pas isolé. En consultant le Petit Larive et Fléury, édition scolaire, de chez Delagrave, nous avons trouvé au mot alvéole un cliché représentant une partie de rayon avec cellules d'ouvrières et maternelle. Or, la cellule maternelle a la pointe en haut! Ce qui donne au cliché l'aspect d'un gant à friction.

Encore faut-il que le maître aime lui-même les abeilles, sache diriger un petit rucher, et qu'il n'oublie pas que l'extension de l'apiculture, dans sa commune, sera en raison directe, non de son enseignement, mais de sa récolte en miel; car le paysan ne se paye pas de grands mots, il va tout naturellement vers les occupations lucratives éprouvées.

b) *Enseignement post-scolaire.* -- Là, point d'enseignement proprement dit. Nous ne trouvons que les efforts d'amateurs et de quelques professionnels travaillant en ordre dispersé. Bien heureux quand nous pouvons profiter de l'initiative privée de certains Directeurs d'établissements d'apiculture qui, comme notre ami A. Mathieu, de Châteauroux, ont créé, dirigé et fait prospérer des cours d'apiculture, par correspondance, ouverts à tous, et particulièrement aux mutilés de la grande guerre, à qui les cours et la rééducation permettront d'augmenter leur maigre pension. En 1919, 58 élèves suivaient régulièrement les cours, près de 80 en 1921. La centaine sera dépassée en 1922. A la fin des études théoriques et pratiques, des diplômes sont décernés, qui aideront les élèves à se placer avantageusement.

Nous avons eu sous les yeux un certain nombre de devoirs que leurs auteurs avaient envoyé à la correction, et nous avons été agréablement surpris par les rapides progrès réalisés.

Cet exemple est à recommander. L'école P. Peter's, du château de la Villeneuve, près Baud (Morbihan), avait ouvert la voie, suivie depuis par l'Ecole A. Vebert, de Thonon (Haute-Savoie).

Les Sociétés apicoles font aussi de louables efforts. La Société Centrale, continue ses cours du Luxembourg, dirigés avec tant de maîtrise par M. Sevalle.

Un autre cours est fait au Jardin d'Acclimatation, par M. Lassalle, que nous avons applaudi à Châteauroux, en 1920.

La Société de la Loire-Inférieure, grâce à l'initiative de M. Giraud, a organisé, depuis la fondation de la Société (1910), des ruchers-écoles, en pleine ville de Nantes, et a installé, cette année, dans 5 centres différents. des stations de propagande où sont faits des cours ; ces centres seront déplacés dans deux ans, pour en créer des nouveaux.

Celles de Toulouse, des Bouches-du-Rhône, et combien d'autres, ont des ruchers-écoles.

Le Syndicat des Apiculteurs du Berry, avec le concours des services commerciaux du P.-O., de la Direction des Services agricoles, de l'Office départemental, de la Société d'agriculture, de l'Association des éleveurs, agriculteurs et viticulteurs de l'Indre, a organisé, les 1ᵉʳ, 2 et 3 juillet 1920. des Journées apicoles dont le but était de donner aux visiteurs les connaissances théoriques et pratiques nécessaires pour exploiter rationnellement un rucher.

L'enseignement était donné au rucher, sous forme de causeries, dont l'exposé théorique était accompagné de manipulations et de démonstrations pratiques.

Il était réparti sur trois journées, mais, tous les matins, le programme était identique et comprenait tout ce qu'un apiculteur ne pouvait pas ne pas savoir. Ainsi, les personnes qui, pour un motif quelconque, ne pouvaient consacrer qu'une journée, recevaient cependant un enseignement apicole complet.

PROGRAMME

JOURNÉE DU 1ᵉʳ JUILLET 1920

A 8 h. 1/2. — Rendez-vous au rucher, rue Jeanne-d'Arc, à Châteauroux.

Examen de ruches de divers modèles. — Examen et maniement de l'outillage apicole. — Visite d'une ruche : étude de la colonie, nettoyage de la ruche.

Mise en état de la ruche au printemps. — Pose de la hausse.

Prélèvement des hausses après la miellée. — Extraction du miel.

Recherche de la reine. — Introduction d'une reine par divers procédés.

Etude du pillage.

Nourrissement d'automne. — Mise en hivernage.

Examen des ruches malades (loque, fausse-teigne, etc.). — Protection des ruches. — Désinfection des ruches.

A 11 heures. — Rendez-vous au rucher.

Transvasement d'une colonie en ruche fixe dans une ruche à cadres.

Manière de développer la colonie.

Essaimage naturel. — Manière de recueillir l'essaim.

Essaimage artificiel.

20 heures. — Séance de cinéma apicole.

JOURNÉE DU 2 JUILLET 1920.

8 h. 1/2. — Rendez-vous au rucher.
Programme du 1er juillet.
14 heures. — Au rucher.
Elevage des reines. — Procédés simples, élevage industriel.
20 heures. — Séance de cinéma apicole.

JOURNÉE DU 3 JUILLET 1920.

8 h. 1/2. — Au rucher.
Programme du 1er juillet.
14 heures. — Rendez-vous aux Etablissements Mathieu, rue Jeanne-d'Arc.
Fabrication du matériel apicole. — Travail du miel. — Travail de la cire, utilisation industrielle des miels et cires.
20 heures. — Séance de cinéma apicole.

Ces journées ont eu un succès considérable. Les feuilles de présence accusent un grand nombre d'auditeurs (142 dans la matinée du 3 juillet), venus de 18 départements différents ; les écoles normales, les cours complémentaires de Châteauroux au grand complet, de nombreux cheminots du P.-O., et combien d'autres, avaient répondu à l'appel des organisateurs et suivi assidûment les leçons et démonstrations.

L'Etat se préoccupe aussi de l'enseignement apicole, par le projet de création d'une station d'apiculture à Pithiviers.

Malgré tout, l'apiculteur débutant, dans la majorité des cas, est livré à lui-même, n'ayant souvent comme viatique que l'exemple, parfois bon, quelquefois mauvais, de ses voisins immédiats, les publications et ouvrages apicoles d'une digestion difficile aux profanes, et les efforts des groupements qui, comme le S. A. B., ont, après avoir organisé les journées d'enseignement dont nous venons de vous parler, distribué gratuitement 40 ruches peuplées aux mutilés et veuves de guerre, en 1920 et 1921, et fait, depuis trois ans, des visites fréquentes et régulières de ruchers. En cette seule année 1922, le nombre des ruches attribuées a été de quarante-six.

Cet exemple, s'il était suivi, ferait disparaître l'ignorance des mœurs des abeilles, le découragement consécutif aux premiers insuccès, et augmenterait considérablement le nombre des adeptes de l'apiculture.

Ce qu'il nous faudrait : 1° En comptant sur l'Etat-Providence. — Création d'une chaire départementale d'apiculture, dont le titulaire pourrait être adjoint au Directeur des services agricoles et serait chargé d'enseigner, dans les écoles normales de garçons et de filles, et dans les séminaires.

Pourquoi pas ? Les instituteurs et institutrices ruraux, de même que les prêtres, ne sont-ils pas tout désignés, de par leurs fonctions, pour s'occuper utilement de l'enseignement apicole dans leur commune ?

Réalisation du projet de création d'une station d'apiculture.

Mais j'ai déjà dit qu'il ne fallait pas trop compter sur la manne d'un budget gonflé à craquer.

2° En comptant sur nous-mêmes et l'action de nos groupements. — Division du rayon d'action du groupement apicole en secteurs. Conférences et travaux pratiques au rucher, par des apiculteurs compétents, rétribués ou de bonne volonté, se rendant dans chacun de ces secteurs, par roulement.

Quatre séries de leçons et réunions correspondant aux principaux travaux, et concordant avec les époques favorables :

    A) Visite de printemps.
    B) Essaimage, transvasements, pose de hausses.
    C) Récolte.
    D) Mise en hivernage.

Fixation des réunions, d'accord avec la Direction des services agricoles, de l'instruction publique et des municipalités, chargées de convoquer les intéressés.

(Un cours de ce genre a été fait les 17, 18 et 19 mai, à Colmar, sous la direction de MM. Basy et Fuerstots.)

Concours scolaires, comme il en a été fait en Charente.

Concours de ruchers, comme il en existe en Suisse, et dont le compte-rendu figure aux trois derniers bulletins de la Suisse Romande.

Un concours a eu lieu dans le canton de Vaud, en 1920. Vingt-et-un apiculteurs, possédant de 5 à 44 ruches, et classés en 3 catégories, selon le nombre des ruches, y ont pris part. Les notes ,avec un maximum de 10, ont été attribuées d'après le barème suivant :

Populations.	Habitations.	Miel.
Bâtisses.	Propreté.	Cire.
Reines, couvain.	Matériel.	Notes, comptabilité.
Provisions.	Manière d'opérer.	Ensemble.

Les notes obtenues par les concurrents ont varié de 72 à 118, et les récompenses ont consisté en diplômes d'encouragement, en médailles de bronze, d'argent et d'or.

Création d'un certificat d'études apicoles pratiques, délivré après examen d'épreuves pratiques, comme cela existe en Angleterre (diplôme d'expert), et en Limousin (carte d'opérateur).

Appel au cinéma pour l'enseignement par l'aspect.

Editions de films spéciaux, comme l'a fait M. Jové, l'excellent artiste de Limoges, à l'occasion des journées apicoles de Châteauroux.

Etablissement d'une carte d'inspecteurs sanitaires, en particulier pour la loque, qui pourraient être en même temps conférenciers.

Rucher de démonstration dans les écoles normales, les séminaires, les centres d'enseignement post-scolaire agricole, dont cinq à titre d'essai sont créés dans l'Indre, en attendant qu'il puisse y avoir au moins une ruche par canton, puis par école. Il existe un excellent modèle de ruche scolaire, celui de notre éminent doyen, l'abbé Delaigues.

Création d'une bibliothèque circulante. Elle existe en Suisse Romande, en Alsace-Lorraine et à la Centrale, et le mouvement des prêts montre son utilité.

Elle devrait comprendre tous les ouvrages apicoles d'une valeur incontestable, grâce aux dons, subventions, cotisations, et pouvoir s'augmenter au fur et à mesure de leur édition.

Etablissement d'une carte des richesses mellifères de la France, par régions, après enquête près des sociétés, basée sur une moyenne de dix années au moins d'observations, afin d'éviter, comme le demandait M. Gaston Bonnier, de nombreux déboires et de cruelles désillusions aux débutants, dans l'installation de leurs ruchers. Contracter une assurance collective de responsabilité civile à l'égard des tiers; quelques groupements n'ayant pas encore pris cette précaution élémentaire.

Création d'un établissement de bactériologie, annexé à l'Institut Pasteur, sur le modèle de celui du Lieberfeld (Suisse), pour l'étude et la lutte contre les maladies des abeilles.

Ou aider l'initiative privée. M. de Rathsamhausen n'a-t-il pas fait le projet de fonder, dès le printemps 1922, un établissement scientifique dont l'objet principal sera l'étude des maladies des abeilles? M. de Rathsamhausen étant parmi les congressistes, nous aurons la bonne fortune de l'entendre nous dire où en est le projet.

S'efforcer d'obtenir la déclaration obligatoire de la loque, la destruction des ruches loqueuses, versement de la moitié ou des deux tiers de leur valeur aux propriétaires, en cas de déclaration préalable; suppression de l'indemnité et forte amende en cas de non déclaration.

C'est ce qui existe en Suisse, où la loque va finir par disparaître.

Compléter cette lutte contre la loque par l'établissement d'une seconde carte montrant, par des hachures diverses, les régions contaminées, suspectes ou jusque-là indemnes.

Ce programme est vaste, et pour le réaliser il faut des ressources qu'il est sage de demander, comme je l'ai dit à l'occasion de la propagande, non à l'Etat, mais à nous-mêmes, et que nous réussirons à nous procurer si nous nous groupons toujours plus nombreux au sein de nos associations, qui ne devraient constituer qu'une fédération unique, active et puissante, dans l'esprit qui a présidé à sa réorganisation, en février 1922, à Paris.

Les occasions de s'instruire et d'instruire ne manquent donc pas. La mine est inépuisable, et ce vers de Victor Hugo, dans la « Légende des Siècles », me revient en mémoire :

Que savons-nous? Qui donc connaît le fond des choses?

Dans ce même esprit, M. Eugène Evrard, l'auteur du « Mystère des Abeilles », clôt les belles pages de son merveilleux livre, qui devrait être le livre de chevet de tous les vrais apiculteurs, par ces paroles profondes, qui sont une invitation à l'étude attentive de nos chères butineuses :

« L'abeille n'offre qu'un petit coin, très étroit, très restreint, de l'universelle création... Ce petit coin, nous l'avons à peine éclairé. Nous n'avons fait qu'entrevoir quelques prodiges, parmi les centaines de prodiges qu'il cache jalousement. Plus on y concentre son attention, plus il se montre inouï et profond... Depuis des milliers d'années qu'on l'interroge, depuis deux grands siècles qu'on se penche sur lui, comme sur un sphinx muet, pour en arracher une réponse, il demeure à peu près impénétrable. « Cette recherche exigerait un temps immense et un énorme labeur », déclarait Swammerdam, le «martyr de la patience», après s'être heurté douloureusement au mur de l'inconnu. Le temps a passé. Le labeur a continué, mais le mystère des mœurs, de la vie, de l'âme des abeilles, n'a livré qu'à demi, et très imparfaitement son secret »... Qu'importe !

« Sur les voies obscures des abeilles, l'avenir s'ingéniera, il ira plus loin que nous, sans rien perdre de la faculté d'émotion, de sympathie, d'émerveillement. Et cette tâche, ou du moins cette mission de l'avenir, sera d'autant plus poursuivie, d'autant plus passionnante, que l'abeille reste encore et restera l'un des plus jolis, des plus gracieux, des plus fascinants joyaux de cette terre, et des plus purs, où il en est tant pour qui sait regarder. »

CONCLUSIONS

Il serait désirable que les Pouvoirs publics s'intéressent, dorénavant, d'une manière plus effective, au développement de l'apiculture française : en promettant aux offices agricoles de subventionner les sociétés apicoles, par l'octroi de dotations disponibles, en temps opportun ; en créant une station de recherches, pourvue de tout l'outillage moderne ; en faisant appel aux compétences, pour la direction et le fonctionnement de cette station ; en intensifiant l'enseignement apicole dans les différentes écoles primaires et agricoles ; et en créant, dans chacune d'elles, des ruchers de démonstration, comprenant des ruches ayant fait leurs preuves, et en poursuivant cette action, concurremment avec les sociétés apicoles.

Sur l'Enseignement pratique de l'Apiculture.

Par C. P. DADANT, Hamilton, Illinois, Etats-Unis

Messieurs,

C'est en réponse à la requête d'un de vos principaux membres, votre distingué Secrétaire-Général, M. Léon Tombu, que je prends la liberté de vous adresser quelques mots sur la question ci-dessus ; car je ne puis malheureusement pas venir en personne à ce Congrès, qui m'aurait causé un plaisir infini ; car, né en France, je considère encore la France comme le pays par excellence, le pays de mes rêves.

Cette courte étude n'a pour but que d'entamer la question des progrès qui ont été réalisés en apiculture pratique, et de suggérer une marche à suivre, pour en rendre l'usage universel.

C'est dans une réunion telle que celle-ci, dans laquelle ést réunie la fleur de l'apiculture de tous les pays, qu'on peut espérer voir surgir un pas en avant et soutenir les progrès acquis ; c'est ce qui m'encourage à vous exposer mes vues et à critiquer ceux qui essaient de retarder le progrès.

Depuis environ 75 ans, l'apiculture a fait des progrès qui dépassent tout ce qui avait été fait auparavant. La découverte de la parthénogénèse, théorie jadis, mais fait acquis aujourd'hui ; l'invention du cadre mobile impropolisable, avec plafond mobile de la ruche, et hausses à rayons mobiles, inaugurée par Langstroth et continuée par de nombreux praticiens, en ruches de différentes formes, mais avec le même principe ; l'invention de l'extracteur à miel centrifuge de Hruschka ; l'industrie de la cire gaufrée ou fondation, par Mehring, qui nous donne des rayons droits, à cellules d'ouvrières ou de bourdons, à volonté ; toutes ces inventions et beaucoup d'autres, moins importantes, mais également utiles, ont changé les conditions concernant la conduite du rucher. Au lieu d'enfumoirs élémentaires et grossiers, lourds et difficiles à manier, même des deux mains, nous avons des enfumoirs légers, facilement allumés, commodés à employer ; des voiles de tulle léger, qui remplacent les camails étouffants d'il y a cent ans; des ruches qu'on ouvre sans difficulté, donnant accès d'emblée à tous les rayons, sans faire couler le miel, avec un dérangement minime du travail des abeilles, et dans lesquelles on peut placer, à volonté, des rayons pleins, des rayons vides, du couvain d'ouvrières, des cellules de reines, etc., selon les nécessités de la ruche, et aider les colonies pauvres en prélevant ce qu'il faut sur les colonies trop grasses; point de rayons crochus; des hausses dont le miel peut être extrait sans déranger le nid à couvain; enfin une foule d'améliorations qui aident et simplifient le travail de l'apiculteur.

Cependant, et malgré tout cela, il se trouve des apiculteurs, surtout dans les pays d'Europe, qui soutiennent *« que les agriculteurs formant l'im-* « *mense majorité des apiculteurs, ne peuvent, en aucune façon, satisfaire* « *aux trois conditions de temps, d'argent et de savoir, exigées par la ruche* « *à cadres ».* Je cite ces mots textuellement, pris dans un article publié, au mois d'avril de l'année courante, dans le mieux établi et le plus ancien des journaux apicoles du monde entier. C'est contre de tels écrits que je veux protester.

De telles affirmations étaient peut-être excusables jusqu'à un certain point, il y a cinquante ou soixante ans. Mais aujourd'hui, quand le jeune cultivateur doit connaître, non seulement la culture des champs, comme la connaissaient son père et son grand-père, mais la chimie des terrains, la science raisonnée des assolements, la sélection des races d'animaux domestiques, les causes de la plus ou moins grande production laitière, avec les méthodes d'amélioration de cette branche d'agriculture, aussi bien que de celles qui concernent l'engraissement des bestiaux; enfin, quand tous nos jeunes gens sont forcés d'apprendre ce qui se fait partout pour l'amélioration des produits, pour l'augmentation des récoltes, pour l'abolition des insectes nuisibles, pour la destruction des parasites microscopiques des plantes ou des insectes utiles tels que le ver à soie ou l'abeille; il est temps qu'on s'unisse pour leur dire qu'il faut aussi suivre les améliorations apicoles, étudier les méthodes modernes qui ont fait leurs preuves, et les mettre en pratique, sous peine de se voir devancés. Les nations qui permettront à leurs hommes instruits de soutenir que leurs travailleurs ne sont pas capables d'apprendre ce qu'il faut savoir pour suivre les progrès modernes, finiront par tomber irrémédiablement en arrière.

Heureusement, les hommes qui croient que le progrès n'est que pour quelques privilégiés, deviennent de plus en plus rares. Mais ces hommes doivent être réduits à l'impuissance; on ne doit pas leur permettre de dire au cultivateur : « Toi, tu n'es qu'un ignare, tu ne pourrais comprendre ce qu'il faut faire pour réussir avec les méthodes modernes; contente-toi donc des méthodes de tes ancêtres qui coupaient le blé à la faucille. La ruche moderne qui dévoile, au premier venu, les secrets de l'apiculture, n'est pas faite pour toi. Il te faut continuer avec la ruche en paille, ou en tronc d'arbre, ou en terre, et soigner tes abeilles au mieux de la chance, en prenant ce que tu trouveras à la fin de la saison, et en laissant perdre ce à quoi tu ne pourras pas remédier. L'apiculture pratique et progressiste n'est faite que pour les messieurs qui sont allés au collège et ont appris le latin et le grec. »

Vraiment, messieurs, si on tenait ce langage aux jeunes cultivateurs, pionniers des pays nouveaux, en Australie, en Nouvelle-Zélande, au Canada, aux Etats-Unis, on apprendrait bientôt que les jeunes gens de la plèbe agricole sont aussi intelligents et aussi capables d'instruction que leurs frères des professions libérales ou des arts libéraux. Il ne s'agit que d'encourager la jeunesse à s'instruire, et de réfuter vertement les assertions de ceux qui n'aiment pas voir les classes laborieuses apprendre et agir avec progrès. Il faut, certes, moins de savoir et moins d'argent pour tenir une faucille que pour conduire une moissonneuse, pour manier un fléau qu'une machine à battre, pour atteler un cheval que pour mettre en état une machine de douze chevaux; mais la différence, entre la moissonneuse et la faucille, entre la machine à battre et le fléau, entre la machine de douze chevaux et le cheval attelé à une carriole, vaut bien la peine qu'on s'instruise à leur maniement.

Y a-t-il quelques doutes sur la plus grande facilité de production entre un rucher de ruches modernes, conduit d'après les connaissances d'aujourd'hui, et le « bournac » français, ou le « skep » du cottager anglais ?

Quelles peuvent être les connaissances apicoles du possesseur de ruches en paille, qui n'a jamais vu l'intérieur d'une ruche, autrement qu'en la soulevant. Comment sait-il si sa ruche est orpheline, ou bourdonneuse, ou loqueuse, et comment y remédier? Si vous me dites qu'il peut apprendre à reconnaître de telles conditions, je vous répondrai qu'alors il sera capable de conduire un rucher moderne, et que c'est une sottise d'essayer de lui prouver qu'il est trop ignorant pour faire de l'apiculture moderne, et qu'il doit s'en tenir aux vieux systèmes.

Si l'apiculteur est assez intelligent et assez instruit pour reconnaître, en passant devant une ruche ou en la soulevant légèrement, ce qui manque à cette ruche; si on lui a appris que les abeilles ne sont pas dirigées par un « roi », mais qu'elles ont une mère qui pond tous les œufs et qui peut en produire plus de 3.000 par jour, qu'il faut que cette reine ponde au bon moment afin que ses filles soient aux champs au moment de la grande miellée; s'il sait que les faux-bourdons ne sont pas des « couveuses », mais des mâles que les abeilles tuent quand le temps se refroidit; s'il sait qu'une ruche sans reine périclitera, de manière à souffrir de la teigne pendant l'été, même s'il possède des « pièges à teignes »; s'il sait ce qu'il faut donner à une ruche orpheline, pour élever une reine nouvelle; enfin, s'il est apiculteur, et non pas simple possesseur d'abeilles, et s'il lit un journal apicole, il est capable de soigner des ruches modernes, dont les cadres, mobiles à volonté, lui permettront de surveiller ses abeilles, de remédier à leurs besoins, et de tirer de beaux bénéfices de son rucher. Il est donc plus que nuisible, il est pernicieux de lui donner à entendre, ou pire encore, de lui dire clairement que les ruches et les pratiques modernes ne sont pas faites pour lui.

Il y a encore des gens qui nient le progrès; il y en a qui mettent encore l'insuccès ou le succès sur le compte de la lune ou des étoiles, mais ces gens-là ne se réunissent pas en Congrès nationaux ou internationaux. La question est donc, pour les apiculteurs éclairés réunis à ce Congrès, de décider si on doit encourager le progrès ou essayer de retenir certaines classes dans une ignorance relative. Il me semble que ceux qui tiendront pour cette seconde idée sont rares parmi vous. Si, par hasard, il s'en trouve, je souhaite qu'on leur apprenne clairement que les obstacles apportés à la diffusion des connaissances utiles n'ont pas l'approbation du public, et qu'ils doivent changer leurs arguments ou se taire.

Permettez-moi un vœu. C'est que les Congrès internationaux d'Apiculture se répètent plus régulièrement que par le passé, car l'univers se rapetisse tous les jours, et l'échange des idées demande des réunions plus rapprochées.

Enseignement apicole en Belgique
par M. Sylvain THIBAUT

MESSIEURS,

Permettez-moi de vous entretenir pendant quelques instants de la situation de l'enseignement de l'apiculture en Belgique.

Ce n'est pas par vanité que je viens vous exposer ce qui a été fait dans notre pays, mais j'ai pensé que les indications que je donnerais pourraient fournir des directives aux éminents confrères et vulgarisateurs réunis ici, comme nous éprouverons grand plaisir à essayer de mettre en pratique les innovations dans l'enseignement réalisées dans d'autres pays et dont le nôtre n'a encore pu profiter.

Ce fut en 1886 que le Gouvernement belge, à la suite d'une visite dans le Grand-Duché, de M. Cartuyvels, directeur de l'Agriculture, mit en route un apiculteur, M. Karel de Kesel, artiste peintre à Amougies, qui vit toujours. M. de Kesel consentit à se charger d'une caisse contenant des cadres mobiles, et à exposer les avantages de ce système, à peu près inconnu en Belgique.

Ce fut le point de départ de l'apiculture mobiliste. Deux ans après, des sociétés apicoles se créaient pour se grouper en fédérations ou sociétés centrales, qui eurent bientôt leur revue destinée à éclairer les amateurs jusque dans les plus humbles hameaux. Les professeurs étaient rares au début, et les apiculteurs s'astreignaient à un déplacement de 40 kil. et plus pour assister à une conférence.

Peu à peu, des leçons furent organisées un peu partout et les apiculteurs s'y groupèrent par canton ou par région.

Des cours, en 4, 6 et jusqu'à 12 leçons, furent organisés ensuite, mais ils n'eurent guère de succès, l'apiculteur étant peu désireux de se déplacer souvent et se figurant encore trop que l'abeille peut prospérer normalement, sans être aidée.

Des cours furent organisés dans des Ecoles normales d'instituteurs. mais ils ne donnèrent aucun résultat, parce que les professeurs étaient trop peu au courant, considéraient l'apiculture comme branche négligeable et n'avaient d'ailleurs pas le feu sacré de nos vulgarisateurs.

On arriva ainsi à la guerre de 1914 qui ne permit plus de réaliser aucun progrès en apiculture, les conférences devant être approuvées par l'occupant qui y envoyait des inspecteurs, ou plutôt des gendarmes; beaucoup de professeurs refusèrent de demander l'autorisation d'instruire les apiculteurs.

Mais le prix élevé du miel, par suite de la pénurie de sucre et le conseil donné par les pouvoirs publics de produire le maximum, firent surgir de nombreux amateurs d'abeilles. Les dirigeants des groupements apicoles, aidés par le gouvernement et par certaines provinces, reprirent leur activité au printemps de 1919.

Des ruchers-écoles se créèrent dans différents centres; ils ont du succès parce que les élèves peuvent obtenir un certificat d'apiculteur à la fin d'un cours d'une année suivi avec fruit. Voir le programme et les résumés des leçons données en 1921, à Mariembourg (Namur) et le résumé des questions posées fin d'août 1922, à l'examen du rucher-école de Mariemont (Hainaut).

Mariemont, domaine de 45 hectares, légué par M. Warocqué à l'Etat belge, qui en a confié l'exploitation à la province de Hainaut (commission des loisirs de l'ouvrier), possède une école d'horticulture et des petits élevages.

Au rucher-école y installé et coûtant plus de 10.000 francs, 4 professeurs ont donné, en 1922, 24 leçons qui ont été suivies assidûment par 28 auditeurs étrangers à l'école (dont 2 ingénieurs et 2 instituteurs). Ce cours sera continué, dans le but d'occuper les loisirs de l'ouvrier.

D'autres écoles semblables existent en Belgique; dans la province de Namur, l'école est ambulante, elle a fonctionné en 1920, à Namur, en 1921 à Mariembourg. En 1922, elle est ouverte à Anhée-Yvoir, près de Dinant.

Les cours aux adultes sont suivis parce qu'il y a émulation, les élèves pouvant recevoir un certificat de capacité.

Il est à noter qu'en Belgique, comme ailleurs, le nombre de bons praticiens est encore réduit et les propriétaires d'abeilles aisés trouveront à employer les services des apiculteurs ayant obtenu le certificat de capacité

A partir d'octobre prochain, les élèves horticulteurs de Mariemont recevront 400 heures de cours par an, pour les petits élevages (poules, canards oies, pigeons de volière, lapins, cobayes, chèvres, moutons et abeilles). On y reçoit des élèves pour les cours des petits élevages seuls, et le certificat y est accordé après une année.

Afin de créer un corps professoral d'apiculture, capable et suffisamment nombreux (il manque beaucoup de conférenciers pour les élevages en Belgique) et d'encourager les instituteurs à étudier l'apiculture, afin de pouvoir enseigner cette science dans tous ses détails, ce qui pourrait leur faire obtenir certains privilèges accordés pour d'autres diplômes, le Comité national belge d'apiculture a élaboré un projet de programme complet d'examen de professeur d'apiculture, qui sera soumis, sous peu, au département de l'Agriculture de Belgique. Nous joignons un exemplaire de ce projet à notre communication, ainsi que le magnifique rapport lu par M. Colin au Comité national, le 9 juin 1919, qui a provoqué la rédaction du dit programme.

Les pouvoirs publics ne pouvant aider que faiblement les organismes qui se dévouent pour vulgariser l'apiculture rationnelle, qui est la seule lucrative, la fédération namuroise, qui a comme président le dévoué M. Colin, président du Comité national d'apiculture, a lancé, avec l'approbation du gouvernement provincial, une tombola de 100.000 numéros à un franc, qui promet d'avoir un réel succès, des lots pour une valeur totale de 35.000 francs, au moins, encourageant le public à acheter des billets.

La Fédération Namuroise escompte un bénéfice net d'une trentaine de mille francs, qui lui servira à établir une Ecole d'apiculture réellement moderne, c'est-à-dire munie de tous les accessoires utiles pour l'enseignement aussi complet que possible.

M. Colin suggère l'idée que chaque province organise à son tour une tombola semblable, et nous pensons qu'il parviendra à convaincre les fédérations provinciales de la nécessité de trouver des ressources pour élever l'enseignement de l'apiculture à la hauteur des autres branches de l'agriculture. En somme, le prix d'achat des billets profitera d'abord aux apiculteurs, mais le consommateur y trouvera également avantage, par suite d'une production de miel plus élevée, qui augmentera la richesse du pays.

Veuillez m'excuser de vous avoir entretenu un peu longtemps, mais j'ai pensé qu'il convenait de faire connaître les moyens employés dans notre petit pays pour hâter la vulgarisation de l'apiculture rationnelle, en créant des professeurs pour l'enseignement, d'après des bases scientifiques d'une part, et en faisant naître une pléiade de vrais praticiens, qui répandront partout les bonnes méthodes.

Vous penserez probablement, comme moi, que le prochain Congrès devrait porter cette question à son ordre du jour, afin que nous puissions réaliser les moyens de perfectionner de plus en plus l'enseignement raisonné de l'apiculture, qui doit comprendre non seulement la conduite du rucher, mais aussi la préparation des dérivés du miel.

COMITÉ NATIONAL BELGE D'APICULTURE, 15, AVENUE MARNIX, A BRUXELLES.
Examen de professeur d'apiculture de l'Etat.

PROGRAMME

Définition de l'apiculture. Plaisirs et profits. Utilité de l'abeille :

1o Au point de vue de ses produits, miel et sous-produits, cire, propolis.
2o Au point de vue agricole et horticole. Son rôle dans la fécondation.
3o Au point de vue moralisateur. Organisation de la colonie. Exemples donnés.

Histoire de l'apiculture. Les principales découvertes faites dans ce domaine pendant les derniers siècles.

Sciences naturelles. Bases scientifiques. Notions d'entomologie (fam. des hyménoptères : abeilles).

Anatomie, organographie et physiologie de l'abeille : 1o Structure du corps : tête, thorax, abdomen. Tête : antennes, ocelles, yeux composés, succion, trituration. Thorax : prothorax, mésothorax, métathorax. Abdomen : segments, tube digestif, glandes cirières, à venin. 2o Système respiratoire : trachées, stigmates. 3o Système circulatiore : vaisseau dorsal, fonctions du cœur. 4o Système digestif, nourriture des larves, des insectes parfaits : bourdon, ouvrière, reine. Défécation. 5o Les glandes de l'abeille, leur rôle. 6o Pattes et ailes et leurs fonctions. 7o Appareil vulnérant de l'abeille. 8o Les organes des sens : vue, ouïe, odorat, goût, tact. 9o L'organe reproducteur : a) les testicules ; b) les ovaires des ouvrières ;

c) les ovaires de la reine. *Accouplement, fécondation. Reproduction :* ovaires, oviductes, canal, spermathèque, spermatophores, parthénogénèse ouvrières pondeuses. Développement de l'abeille : métamorphoses. Durée de la vie des abeilles.

Etude spéciale de la reproduction : a) génétique, notions élémentaires; b) résultats des croisements de races. Théorie de Dzierzon. Lois de Mendel.

Mœurs des abeilles. Conditions d'existence. Diverses sortes d'habitants de la ruche. La mère-abeille, l'ouvrière ou neutre, le mâle ou faux-bourdon. Caractéristiques des différents habitants de la ruche.

La science : Ses rapports avec l'apiculture.

A. Physique. Les corps : les 4 propriétés des corps, divisibilité, porosité, élasticité, compressibilité. Force centrifuge. Applications apicoles : vases communiquants, niveaux, siphon, densimètres. *La lumière :* Son action sur les animaux, sur les végétaux. L'électricité. La chaleur : son influence, sa propagation dans les divers milieux. Les gaz : diffusion *L'air atmosphérique* : composition, utilité, rôle. Baromètres. Analyse de l'air : densité, couleur, propriétés. Aération, ventilation. Air saturé d'humidité. Les bois et les chaumes dans leurs rapports avec la construction des ruches. Le microscope. Emploi en apiculture. Le thermomètre. Le baromètre. L'hygromètre.

B. Chimie :

L'air. Analyse de l'air par le phosphore. Applications apicoles.

L'eau. Composition, rôle, utilité. Voltamètre.

Le sel. Chlorure de sodium. Composition. Propriétés.

Les acides : tartrique, salycilique, formique. Principales propriétés. Quelques bases : Ammoniaque et chaux. Composition. Propriétés.

Le soufre. Anhydride sulfureux. Sulfure de carbone, tétrachlorure de carbone, bisulfite de chaux.

Le carbonyle. Le sulfate de cuivre.

Rôle des acides et des alcalis dans les piqûres.

Quelques sels. Sel de nitre, bismuth. Propriétés.

Le nectar. Le miel. Composition. Analyses. Falsifications.

Le pollen. Composition. Utilisation.

La propolis. Utilisation.

La cire. Composition. Falsifications.

Les fermentations : alcoolique, acétique, putride.

C. Botanique :

Notions d'anatomie, d'organographie et de physiologie végétale.

Fécondation des fleurs. Hybridation.

Fécondation artificielle. Rôle des abeilles.

Plantes mellifères. Epoque de floraison. Lieux de croissance.

Comparaison entre les diverses régions belges. Semis et plantations. Sols et engrais. Culture du colza, des trèfles, féveroles, vesces, sainfoin, moutarde, sarrasin, etc., etc.

Arbres fruitiers, forestiers et d'ornement.

Moyens d'accroître les ressources mellifères d'une contrée.

D. Technologie. Construction du matériel apicole.

a) Plans devis, installation de ruchers-pavillons.

Installation des 3 types de ruches le plus en vogue dans la région habitée.

b) Nourrisseurs, abreuvoirs, enfumoirs.

c) Soudure : zinc, cuivre.

d) Qualités d'un bon extracteur, d'un maturateur. Plan et dimensions cotées. Construction économique.

e) Travail en paille pressée ou tressée.

f) Chaudières à cire, gaufriers, machines à cylindres.

Fonte, fabrication de la cire gaufrée. Placement des feuilles dans les cadres.

g) Petits accessoires, fabrication.

Le rucher. L'abri. Ruchers de luxe, emplacement. Ruchers économiques. Reposoirs pour essaims. Altitude. Protection naturelle des ruches. Orientation. Ombrage. Voisinage du rucher : trépidations, bruits, cours d'eau, raffineries, meuneries, établissements industriels.

Les ruches : différents genres de ruches. Capacité.

Les ruches fixes : tronc d'arbre, petit bois, paille.

Les ruches mixtes : ruches en cloche et à hausses circulaires avec grenier à cadres mobiles.

Les ruches à cadres mobiles : Bâtisses chaudes, bâtisses froides.

Avantages des doubles parois.

Système horizontal. Système vertical. Ruche double.

Casiers à sections.

Ruches pour l'étude et l'observation.

Ruchettes d'élevage et de fécondation.

Boîtes de fécondation. Cages à reines.

Législation apicole : Etablissement d'une grande exploitation apicole. Procédure légale. Autorisation à demander.

Etablissement d'un rucher d'amateur. Distances à observer.

Transport des abeilles. Responsabilité en cas d'accident.

Sociétés d'assurances.

Propriété des essaims. Droit de suite. Pénalités prévues par le code rural.

Vente du miel. Falsifications. Recherches.

Pillage des confiseries, etc., par les abeilles. Droits et devoirs des parties.

Pillage des colonies. Provocation. Pénalités.

Taxes sur les colonies d'abeilles. Contestations : Procédure à suivre pour protester.

Règlements concernant la vente de l'hydromel et du vinaigre. Avantages de l'association. Les Unions professionnelles.

Comptabilité du rucher. Frais de 1er établissement. Amortissement.

Frais généraux. Dépenses d'entretien du matériel et de conduite du rucher. Recettes. Produits du rucher et dérivés.

Bilan de l'exploitation.

Carnet apicole. Utilité. Renseignements à y consigner.

Conduite du rucher. Les races d'abeilles : qualités et défauts. *Préparation à l'hivernage*. Epoque. Choix et classement des rayons. Situation des colonies comme provisions et population. Stimulant d'août. Opportunité. Réduction de la capacité des ruches.

Hivernage des colonies. Principes de physique. Colonies faibles. Colonies en cloche à hausses, à cadres. Ruches doubles.

Corps de ruche : Plafond, coussin, partitions. Espace vide. Parois, toiture, entrée.

Groupe : Fortes populations ou accouplement des colonies.

Provisions : Qualité. Quantité. Distribution. Sirop de complément. Plaques de sucre. Etouffage momentané des colonies. Procédé. Chasses : époque, utilisation. Soins préparatoires à l'hivernage. Conservation des rayons récoltés. Soins pendant l'hiver. Hivernage en cave ; règles à observer.

Printemps. Entretien extérieur des ruches. Visite printanière. Moyens de calmer les abeilles. Reine emballée ; causes. Pillage ; comment l'éviter, le combattre.

Différentes cellules que porte un rayon. Disposition de la ponte. Position de l'œuf suivant son âge. Larves non operculées, leur alimentation.

Différence entre l'opercule d'une larve de neutre, de mâle, de mère et du miel.

Parties de rayon où se tient généralement la mère.

Estimation du poids de miel en rayon.

Elevage de couvain nul, insuffisant, causes à rechercher : insuffisance de nourrices, de pollen ou de miel. Reine malade, renouvelée intempestivement ou mal fécondée.

Orphelinage. Réunions. Présence d'œufs. Mesures à prendre d'après l'état de la ruchée.

Transvasement, manière de procéder, époque préférable, soins subséquents. Fixation de la cire gaufrée dans les cadres.

Agrandissement des ruches. Nid à couvain scindé ; conséquences. Pollen dans la bouillie des larves. Farine ou licopodium, à défaut de pollen.

Nourrissement stimulant. Epoque, avantages, inconvénients. Prélèvement de couvain ou équilibre des colonies, inconvénients. Temps nécessaire au développement des ruchées. Température. Epoque des miellées.

Agrandissements pour le miel. Signes d'apports de miel. Placement des hausses. Moyens d'éviter la ponte dans les hausses. Moyens de faire monter les abeilles. Surveillance des hausses et agrandissements successifs. Sections américaines. Aération, ombrage des ruches pendant les grandes chaleurs.

Essaimage naturel. Causes, prévention. Cueillette des essaims, mise en ruche, précautions. Essaims : primaire, primaire de chant, secondaire, etc. Remise d'un essaim à la souche. Comment reconnaître celle-ci. Réunions d'essaims. Permutations. Transport d'essaims. Nourrissement des essaims naturels.

Essaimage artificiel. Epoque, manière de procéder. Recherche de la reine. Soins aux essaims. Permutations. Opportunité de renforcer les essaims au moyen de couvain. Utilisation des alvéoles maternels, des mères non fécondées.

Elevage et sélection des reines. Choix des colonies. Epoque favoŕable. Elevage produisant les meilleures reines (naturel, artificiel). Reines de sauveté; leur valeur. Echange de cellules royales entre apiculteurs; avantages. Fécondations des jeunes reines. Ruchers de fécondation. Chant des reines; causes. Pratique à en tirer. Soins dans la manipulation des cellules maternelles et des reines. Prélèvement et introduction de cellules maternelles. Reines à remplacer. Expédition de reines. Peuplement de ruchettes de fécondation. Conservation des reines, introduction, méthodes. Nucléi. Epoque et manière de les former et de les hiverner.

Apiculture pastorale. Epoques convenables. Transport des colonies par chemin de fer, par voiture, etc. Emballage. Soins à prendre pendant le transport et à l'arrivée. Mise en place. Soins à donner et préparation des ruches.

Production de la cire. Epoque la plus favorable pour faire allonger les feuilles gaufrées.

Enlèvement et remise des hausses et des rayons de miel. Opérations au moyen du chasse-abeilles. Cadres contenant du couvain. Prélèvement des cadres à récolter. Remise des hausses et rayons pour seconde récolte. Enlèvement définitif des hausses et des rayons superflus. Epoque convenable.

Extraction du miel. Désoperculation. Appareils à désoperculer. Placement des cadres dans la cage de l'extracteur. Equilibre de poids dans la cage. Extraction : miel de bruyère. Miel granulé. Epuration et maturation du miel. Brassage du miel pour granulation ténue. Conservation en récipients convenables, hermétiquement fermés. Présentation, emballage, transport du miel. Local le plus convenable pour la conservation pendant plusieurs années.

Travail de la cire. Fonte et épuration. Procédés les plus économiques et les plus recommandables. Différents appareils. Cérificateur solaire. Conservation de la cire fondue et des rayons gaufrés.

Gaufrage de la cire. Gaufrier. Machine à cylindres. Manières de procéder. Soins aux appareils.

Propolis. Fonte et épuration. Emploi.

Maladies des abeilles. Loque contagieuse. Mal de mai. Dysenterie. Constipation. Dessèchement du couvain. Remèdes préventifs et curatifs.

Ennemis des abeilles. Guêpe, frelon, philante apivore, sphynx, poux, fourmis, oiseaux, rongeurs, crapauds. Moyens de les éloigner ou de les détruire.

L'hydromel, sa fabrication. Composition. Eau, miel. Transformation en alcool. Récipients. Sucres. Ferments. Levain, pèse-sirop et pèse-liqueur. Différentes espèces de levain : raisins frais, raisins secs; fruits, pollen, levures sélectionnées. Fabrication des levains; aération. Préparation du moût. Calcul du degré d'alcool à obtenir. Stérilisation. Récipients à rejeter. Mise en fermentation. Température. Aération. Fermentation tumultueuse, lente. Soins après fermentation. Clarification. Tannin. Effets. Coloration. Soins au cellier. Vieillissement. Ouillage. Mise en bouteilles. Eviter la casse; comment ?

Espèces d'hydromel, sec ou demi-sec, liquoreux, mousseux. Moyens de les obtenir.

Les liqueurs et les pâtisseries au miel.

Le vinaigre de miel. Sa fabrication. Levain. Préparation. Hydromel léger. Transformation en vinaigre. Température; aération. Oxydation de l'alcool; ferment acétique; son rôle. Degré d'acide acétique. Acétimètre. Clarification et mise en bouteilles.

NOTE. — Le certificat de *conférencier ou démonstrateur pratique* (2ᵉ degré) d'après programme extrait de celui ci-dessus, sera délivré par les Ecoles provinciales.

Le diplôme de 1ᵉʳ degré, donnant le titre de *professeur,* sera délivré, après examen officiel, sur les questions du programme ci-dessus. Les privilèges accordés aux instituteurs, pour d'autres certificats, seront réclamés en faveur des instituteurs qui obtiendront le diplôme de *professeur* d'apiculture.

Il y aurait examen théorique (oral) et examen pratique.

Une semaine de leçons extraordinaires, organisée dans les Instituts spéciaux, permettra aux candidats de répondre aux questions scientifiques qui pourraient leur être posées à l'examen.

RUCHER-ECOLE DE MARIEMONT

Programme de l'Examen de fin de 1ʳᵉ année.
qui aura lieu dimanche 27 août, à 9 h. du matin,
dans la salle du Cours d'apiculture, à Mariemont.
Entrée par la rue du Parc.

Définition de l'apiculture. Utilité de l'abeille.
Les abeilles. Anatomie de l'abeille. Physiologie. Métamorphoses.
Les ruches. Différents genres de ruches. Avantages et inconvénients.
Influence de l'air sur l'existence de l'abeille et du couvain.
Orientation du rucher. Aération. Science appliquée à l'hivernage.
Alimentation de l'abeille : miel, pollen, sucre, eau, sels.
Abreuvoirs. Les grands appareils apicoles. Outillage.
Rôle des abeilles dans la fécondation des fleurs. Plantes mellifères à propager.
Reconstitution des populations à la fin de l'hiver.
Moyens à employer. Ecueils à éviter. Première visite des ruches.
Produits des abeilles : le nectar, le miel, la cire; mode d'élaboration de la cire et conditions les plus avantageuses.
Races d'abeilles. Défauts et qualités.
Le pillage; ses causes. Prévention. Suppression du pillage, moyens.
Maladies des abeilles : dysenterie, constipation, mal de mai, loque ou pourriture du couvain. Remèdes.
Peuplement d'une ruche à cadres. Transvasement, superposition, essaimage. Achat et transport des colonies. Piqûres d'abeilles.
Essaimage naturel : Les causes. Différents genres d'essaims.
Permutations, réunions. Restitution à la souche. Résultats.
Agrandissement rationnel des ruches en vue d'éviter l'essaimage.
Moyens d'atteindre ce but. Conséquences du travail opportun.
Sélection de l'abeille : Colonies à choisir. Elevage des mères.
Greffage d'alvéoles maternels. Formation de nucléi. Introduction des mères-abeilles. Précautions à prendre.

Enlèvement des rayons de miel. Chasse-abeilles. Extraction du miel. Préparation et conservation. Moyens d'écouler le miel.

Dérivés du miel. Hydromel. Vinaigre. Boissons au miel.

Cire d'abeilles : fonte et épuration. Falsifications. Gaufrage de la cire. La propolis, son emploi.

Ennemis des abeilles et de la cire. Extermination.

Préparation des colonies pour l'hivernage. Sirop de nourrissement.

Hivernage des abeilles. Emploi des chasses d'abeilles. Etouffage.

Nourriture complémentaire. La plaque de sucre.

Législation apicole. Comptabilité de l'apiculteur.

Rapport présenté à la réunion du Comité National d'Apiculture tenue à Bruxelles le 9 Juin 1919

Situation et réorganisation de l'Apiculture

Depuis plusieurs années, la haute Direction de l'enseignement primaire, considérant les heureuses directives pour la formation de la jeunesse, à tirer d'une orientation judicieuse de l'enseignement, préconise une adaptation plus saine à la vie réelle de toute l'éducation primaire.

Sans nuire au développement harmonique des facultés de l'enfant, tout en sauvegardant un égal épanouissement des forces intellectuelles et morales, elle recommande de faire une application constante du grand moyen éducatif de l'intuition immédiate qui fournit à l'esprit les matériaux de construction des idées. C'est en pratiquant l'intuition dans tous les domaines de l'instruction primaire et même moyenne, que l'on éveille les sens des enfants, que l'on situe bien les enfants dans le milieu où ils devront vivre le plus souvent, où ils devront jouer le rôle que leur origine leur a marqué.

On ne peut contester la richesse des ressources que le monde des objets offre à l'éducateur pour assurer la formation des esprits et même des cœurs, pour faire connaître à l'enfant le monde réel avec lequel il va se trouver, soit le monde des industries, soit le monde agricole. Envisageons ce dernier milieu dans lequel est plongée la moitié des enfants belges. Nous affirmons qu'il est du devoir des maîtres de le faire connaître très tôt à l'enfant, de le lui présenter sous toutes ses faces, de lui faire apprécier toutes ses ressources, de le faire aimer de bonne heure. Pour cela, nous demandons que l'école primaire, à la campagne, possède un matériel pouvant servir efficacement à l'enseignement de l'horticulture, de l'aviculture, de l'apiculture et de la cuniculture.

Lors de l'érection des bâtiments scolaires, il serait désirable que l'on s'occupât de la disposition à donner au jardin. Un spécialiste devrait être consulté. Sans doute, beaucoup d'écoles déjà réunissent les conditions nécessaires pour réussir, par un enseignement direct sur les objets réels, dans l'étude des notions d'agriculture générale, d'horticulture, d'arboriculture figurant au programme scolaire. Les titulaires de ces écoles savent combien il est avantageux de donner des leçons de choses sur les animaux, les plantes, sur les choses ou instruments agricoles, plutôt que sur une chaise, sur un canif, quand ce n'est pas sur un porte-plume. C'est un *enseignement occasionnel* qu'ils donnent, c'est-à-dire qu'au lieu de parler de choses vagues et imprécises dans une description, ils font décrire le jardin, le poulailler, le clapier, un animal utile ou nuisible; au lieu de composer un problème avec des données fantaisistes, ils font calculer le prix de revient de l'établissement d'un contre-espalier, ou d'un poulailler, ou le rendement d'une terre, etc. Qui ne voit quelle source abondante d'exercices d'application, bien propres à exercer les facultés des enfants avec le principal adjuvant de réussite : l'intérêt, présente un jardin ainsi conditionné.

Mais il est heureux de constater que si quelques initiatives ont réussi, il n'en est pas moins vrai qu'elles constituent une exception. La plus grande partie des jardins d'école sont encore vierges de cet aménagement qui doit en faire un lieu d'études, d'expériences, de constatations, de causeries, d'exercices nombreux. Ni clapier modèle, ni poulailler, ni surtout de rucher n'y figure.

Puisque de nouvelles réglementations du travail vont accorder des loisirs aux ouvriers, il nous paraît urgent d'étudier et de mettre en œuvre les moyens propres à employer honnêtement ces loisirs. On pressent de quelle valeur seraient les occupations si récréatives que requiert un jardin, un clapier, un poulailler, un rucher. Nous allons rompre une lance en faveur de l'apiculture qui nous paraît éminemment propre à intéresser l'ouvrier, l'employé disposant de quelque loisir.

Pas n'est besoin de plaider longuement l'utilité de l'art d'élever les abeilles, ce n'est pas seulement une reposante distraction, mais aussi une source appréciable de revenus supplémentaires.

Nous souhaitons que chaque *école de campagne* possède au moins quelques ruches qui fourniront des sujets intéressants de causeries. Elles seront l'occasion d'exercices pratiques qui feront naître le désir de cet élevage.

L'instituteur qui possèdera un petit rucher et qui s'en sera servi avec l'intention d'en constituer *une source d'exercices scolaires*, aura travaillé à l'extension de cette belle et fructueuse pratique, aura constitué des embryons de sociétés apicoles.

Dans les écoles du quatrième degré à tendance agricole, on donnera plus d'extension aux observations, aux exercices; on abordera plus sérieusement l'étude de cette belle science de l'élevage des abeilles.

L'instituteur retrouvera plus tard ces jeunes gens qui écouteront ses conférences de vulgarisation.

Mais pour que celui-ci puisse répondre au désir des jeunes gens, il faudrait qu'il fût préparé dès *l'école normale* où nous voudrions voir en quatrième année une spécialisation des sciences naturelles tendre vers l'agriculture, l'horticulture, l'aviculture, l'apiculture, etc., vers toutes les applications industrielles ou agricoles qui caractérisent telle ou telle région.

Nous savons que *des sections agricoles* peuvent être annexées *aux écoles moyennes et aux collèges;* que *des cours d'agronomie* y sont donnés et cependant l'apiculture ne figure pas au programme.

Si nous passons *aux écoles professionnelles d'agriculture et de spécialités diverses*, nous constatons que l'enseignement de l'apiculture y est relégué à l'arrière-plan : les ruchers y sont plutôt à l'état embryonnaire.

Or, ici, il nous paraît qu'il y a quelque chose à faire au point de vue apicole, si l'on veut que ces écoles répondent au but complet qu'elles veulent atteindre.

Passons à *l'enseignement professionnel proprement dit* : l'organisation des cours d'apiculture dépendra de la manière dont on aura établi la hiérarchie des cadres de cet enseignement.

Voici notre manière de voir à ce sujet :

Cet enseignement pourrait se diviser en trois degrés qui seraient : degré supérieur, degré moyen, degré inférieur ou enseignement primaire.

L'enseignement supérieur relèverait de la chambre syndicale qui établirait le programme. On viserait à la formation de conférenciers officiels qui propageraient la vraie science apicole. L'enseignement comprendrait les notions scientifiques, bases de l'élevage des abeilles, et les travaux pratiques auprès d'un rucher modèle. Les professeurs seraient des hommes de sciences. Cet enseignement recevrait comme sanction des épreuves d'examen de *conférenciers officiels*.

L'enseignement moyen serait réservé aux fédérations provinciales qui posséderaient des ruchers régionaux. Il y aurait un cours régulier suivi par des élèves réguliers. Ce cours serait donné par des conférenciers formés par l'enseignement supérieur. Le programme comporterait surtout des exercices pratiques sans négliger cependant la partie scientifique. Les conférences régionales aideraient à vulgariser les saines pratiques apicoles. Ici encore, *l'examen officiel d'apiculteur* correspondant à l'examen d'arboriculteur ou de maraîcher serait une sanction recommandable.

Enfin, l'*enseignement primaire* serait surtout populaire et s'adresserait, donné par des praticiens connus (démonstrateurs pratiques), à ceux qui ne peuvent étudier à fond la science apicole mais qui aiment à tenir un rucher dans les conditions qu'exige un bon rendement.

Cet enseignement viserait surtout à la pratique, à l'étude du matériel, à son maniement, aux démonstrations pratiques de toutes sortes.

Pour réussir dans cette voie qui doit assurément donner des résultats sérieux, il faudrait que cet enseignement rencontrât l'appui moral et surtout financier du Gouvernement. Malgré les progrès de la science apicole, malgré l'extension que prend la pratique de l'élevage des abeilles et la valeur de cet art au point de vue de l'économie rurale, les pouvoirs publics belges ont toujours traité l'apiculture comme quantité trop négligeable. Il en est de même en France, où nous lisons dans une revue : « Il est certain que les pouvoirs publics se sont presque totalement désintéressés, jusqu'ici, des progrès de l'apiculture en France. Tandis qu'aux Etats-Unis d'Amérique, il y a, dans chaque Etat, un département de l'agriculture, un apiculteur de profession; tandis qu'il y a des inspecteurs chargés de visiter les ruchers, d'adresser des rapports au pouvoir central, chez nous, il n'existe rien de pareil. Le ministère de l'agriculture n'a pas le temps de s'occuper des mouches à miel. Et pourtant, il y aurait quelque chose à faire ».

Nous pouvons appliquer ces lignes à la situation qui est faite aux apiculteurs en Belgique. Aussi, nous espérons que les pouvoirs publics finiront par s'intéresser, et non seulement platoniquement à l'apiculture belge.

En 1911, M. Helleputte, Ministre de l'Agriculture, créa l'office horticole et, en 1908, le Conseil supérieur de l'horticulture.

Des conseillers d'horticulture furent nommés et leurs fonctions consistent dans l'inspection des conférences, dans l'établissement des champs d'expériences, etc., etc...

Sans vouloir donner à l'apiculture l'importance de l'horticuture, nous estimons que *deux conseillers d'apiculture* (l'un pour la région flamande, l'autre pour la région wallonne) devraient être chargés de l'organisation et de l'inspection des conférences, des ruchers-écoles, etc...

Nous nous permettons d'indiquer ici quelle peut être *la réorganisation des sociétés d'apiculture*.

Nous voudrions la constitution des sections d'apiculture en Unions professionnelles, puis le groupement des Unions professionnelles en fédérations provinciales d'Unions professionnelles. Le groupement des fédérations provinciales se constituerait en deux fédérations, l'une flamande, l'autre wallonne, qui publieraient un seul bulletin à deux éditions : l'une flamande. l'autre française.

Ces deux derniers groupements nommeraient un Comité national qui serait le Conseil supérieur de l'apiculture belge, lequel serait reconnu officiellement par le Ministère de l'agriculture.

Pour soutenir les intérêts des apiculteurs, deux questions de première importance devraient être étudiées sans retard, nous semble-t-il. Nous voulons parler *de la révision de la loi sur la vente du miel et de la création d'un syndicat d'achat et de vente*.

Nous voudrions faire nôtre la proposition de la loi que M. Daisy, député, a présentée à la Chambre Française en juillet 1918.

« ART. 1. — Il est interdit de désigner, d'exposer, de mettre en vente ou de vendre, d'importer ou d'exporter, sous le nom de « miel », avec ou sans qualificatif, tout produit qui n'est pas exclusivement la substance naturelle, recueillie par les abeilles. »

Au point de vue belge, nous possédons aussi un arrêté ministériel donné en avril 1896, qui spécifie ce qu'il faut entendre par Miel naturel, mais qui emploie encore la dénomination de Miel artificiel pour indiquer les succédanés du miel véritable. C'est ce vocable « Miel artificiel » que nous voudrions voir disparaître. Il leurre le client, il lui fait croire à une certaine parenté avec le miel naturel, alors que cette mixture, qui est surtout un produit allemand, n'a rien de commun avec le produit des abeilles. Le miel artificiel porte préjudice à l'apiculture et à la santé publique et contrarie beaucoup l'extension des ruchers qui fournissent à la partie démocratique du pays une occupation morale, rémunératrice et saine.

Disons un mot à présent des syndicats de vente et d'achat en faveur desquels il ne me semble pas nécessaire de plaider longuement, tant l'utilité en paraît grande. Nous devrions nous inspirer de ce qui s'est fait en Hollande où la Fédération apicole (unique organisme) qui comprend 7.600 membres, a acquis un immeuble servant de maison de vente et d'achat, pour les apiculteurs affiliés. Cette maison achète tous les produits des apiculteurs, et ceux-ci peuvent obtenir, à des prix avantageux, tout ce qui est nécessaire à la pratique apicole. Cette fédération fait elle-même la dénaturation du sucre destiné aux abeilles et fait la répartition entre toutes les sections, en s'octroyant un minime bénéfice (fr. 0,02 au k.). Il me paraît nécessaire, indispensable même, de ne pas rester en arrière dans cet ordre de choses, et je crois la formation d'un tel syndicat dans le domaine du possible.

A. COLIN,
Président de la Fédération Provinciale
des Unions Professionnelles Apicoles
de Namur.

L'enseignement de l'Apiculture aux États-Unis
par J.-H. MERRILL
Apiculteur d'État attaché au Collège d'agriculture de l'État de Kansas

L'apiculture est pratiquée, comme une branche de l'agriculture, depuis les temps les plus anciens. Les classiques font souvent allusion aux abeilles et à leurs produits. Virgile consacre une de ses Géorgiques au sujet passionnant des abeilles. On parle souvent du miel dans la Bible comme d'un aliment. Les anciens égyptiens se servaient de l'insigne de l'abeille comme marque du pouvoir. Cependant, l'apiculture n'a été enseignée dans les écoles que depuis un petit nombre d'années. La raison est qu'on n'avait encore aucune donnée précise à cet égard. Les agissements des abeilles se manifestant à l'intérieur de la ruche, il est difficile de les observer.

On a probablement davantage écrit à propos des abeilles que sur n'importe quel autre insecte; cependant une grosse proportion de ces écrits est sans valeur. Puisqu'il était impossible d'avoir des données précises sur l'abeille elle-même, les premiers auteurs se contentèrent de donner des descriptions d'appareils et des méthodes de manipulations. Les apiculteurs s'efforcèrent d'améliorer les méthodes et les appareils et chaque fois que l'un d'eux imagina une nouvelle méthode ou un nouvel appareil, il se trouva qualifié pour écrire un livre sur l'apiculture. Ce livre contenait le compte-rendu de sa découverte et autant de faits vrais ou faux, qu'il avait pu recueillir sur ce sujet.

Malgré les difficultés que rencontrèrent les premiers apiculteurs, toutes leurs observations ne furent pas sans valeur. Le problème des chercheurs contemporains est de séparer de trier, ces observations afin de n'en retenir que les bonnes.

Huber peut être appelé le premier chercheur de l'apiculture. Malgré sa cécité, il consacra sa vie aux recherches apicoles. Il prouva la fausseté de bien des croyances ayant prévalu jusqu'à lui et découvrit de nombreux faits indiscutables que les chercheurs venus après lui utilisèrent.

Langstroth inventa la ruche à cadres mobiles par le haut, en octobre 1851. Dans sa ruche, les rayons sont attachés dans des cadres mobiles, suspendus dans la ruche et de façon à laisser tout autour un espace de 6 à 9 mill. appelé passage à abeilles. Il n'était donc plus nécessaire de deviner, puisque la ruche pouvait être ouverte et examinée en tout temps. Beaucoup de bons observateurs vivaient à ce moment et leurs observations sur la conduite des abeilles révolutionna complètement la pratique apicole dans le monde entier.

L'apiculture est, en Amérique, en état de transition. Elle passe du petit et indifférent apiculteur au spécialiste ou apiculteur commercial. Avec cet éveil est venu une forte demande de renseignements sur ce sujet. Pour satisfaire à cette demande, les collèges d'agriculture des Etats-Unis établissent des cours d'apiculture et les chercheurs des stations entomologiques consacrent beaucoup de temps à la recherche des problèmes apicoles.

Le Dr Phillips, du Bureau d'Entomologie, Ministère de l'Agriculture des Etats-Unis, est chargé des recherches concernant la culture des abeilles : il est appelé à faire connaître les travaux de son service et nous pouvons dire qu'il a fait beaucoup de travaux concernant les recherches apicoles et l'amélioration de l'apiculture aux Etats-Unis.

L'apiculture est enseignée plus ou moins brièvement dans les collèges. Mais on ne peut faire autre chose que d'attirer l'attention de l'élève sur l'apiculture. L'enseignement de l'apiculture appartient aux collèges d'agriculture. Dans beaucoup de collèges, on s'efforce d'instruire les élèves sur la conduite des abeilles plutôt que sur les manipulations ou le matériel. Cette méthode est basée sur le fait que l'homme ne peut changer la nature des abeilles ; mieux il comprendra leurs agissements, meilleur apiculteur il sera. S'il connaît bien le sujet, il lui sera facile d'imaginer matériel et méthodes répondant à ses besoins. Cependant, dans ces collèges, il est entretenu généralement des ruchers où l'élève peut apprendre la manipulation des abeilles en même temps que l'enseignement technique.

Chacun des 48 Etats des Etats-Unis a, soit un collège d'agriculture, soit une division agricole, à l'Université d'Etat. Chaque Etat a aussi une ou plusieurs stations expérimentales, où les problèmes se rapportant à l'agriculture, sont examinés à fond.

Sur les 48 Etats, 29 ont des cours d'apiculture. Dans 10 collèges, il n'y a qu'un cours, dans 7 il y en a 2 ; dans 3, il y en a 4, et dans 2 il y en a 8.

Cinq de ces collèges font de la propagande, des cours par correspondance ou des cours succincts pour l'extension de l'apiculture. L'importance de ces cours varie avec le temps disponible. On a tendance à installer un plus grand nombre de cours, afin de mieux approfondir le sujet. Les collèges éprouvent actuellement des difficultés pour l'exécution de ce plan, par manque de personnel bien entraîné. Cependant, comme des élèves sont diplômés chaque année, cet obstacle sera vite surmonté. Les chiffres donnés ci-dessus s'appliquent aux conditions actuelles ; probablement ils ne seront plus exacts dans un an, du fait de la demande croissante de renseignements concernant l'apiculture. Comme le but des collèges est de faire des spécialistes, ils seront qualifiés à la fois comme professeurs et chargés de recherches, ou pour entrer dans l'apiculture commerciale.

L'enseignement de l'apiculture est très important dans nos collèges, mais la nécessité et la valeur des recherches apicoles, dans les stations ne doivent pas être négligés. Les chercheurs contemporains prouvent la vérité ou la fausseté de vieilles théories et ajoutent de nouveaux faits aux connaissances apicoles. De tous les projets entomologiques examinés par les stations de notre pays, ceux concernant l'apiculture sont seconds en nombre, constituant environ la moitié des problèmes entomologiques.

Certains de ces projets sont purement locaux tandis que d'autres sont d'une grande étendue. Dans le but de donner une idée sur la nature et la valeur de ces projets, il serait peut-être bon d'en énumérer quelques-uns.

Ce sont :

Fertilisation artificielle des mères.

Flore bactériologique de la voie intestinale des abeilles.

La valeur des essaims nus.

Extirpation de la loque et son contrôle.

Sources de nectar et les influences qui l'affectent.

Paralysie des abeilles : Prouver ses origines et les moyens de la contrôler.

Méthode pour augmenter la production du miel.

Installation des abeilles dans les serres.

Méthodes pour protéger les abeilles des changements subits de température.

La fécondation des fleurs par les abeilles.

Possibilités d'entretenir les abeilles sur un perpétuel pâturage, par un changement de localité et l'emploi des essaims nus.

Elevage des mères.

Relation entre la longueur de la langue, la taille des abeilles et la production du miel.

Relation entre les circonstances physiques et la quantité de miel amassée.

Relation entre la ponte et la miellée.

La pulvérisation des arbres fruitiers en fleurs; s'assurer de ses effets sur les abeilles.

Etude des conditions appropriées pour une cave à hivernage.

Etude sur les propriétés nutritives du miel.

Relevé des pesées d'été et d'hiver des colonies d'abeilles.

Facteurs de temps et de travail intervenant dans la récolte, l'évaporation et l'emmagasinage du miel par les abeilles.

Reproduction et reproductions comparatives des mères Carnioliennes et Italiennes.

Hivernage des abeilles.

Protection hivernale des mères.

Valeur des abeilles dans la fertilisation de la luzerne.

La liste ci-dessus ne comprend pas tous les projets qui sont actuellement à l'étude dans les stations, mais elle montre le genre de travail auquel sont employés les investigateurs.

Quand, de temps en temps, des données précises sont connues sur un de ces sujets, elles sont publiées dans tous les journaux d'apiculture, publications scientifiques ou bulletins, de façon à être à la portée de la masse des apiculteurs.

En 1914, le Congrès des Etats-Unis vota le *Smith-Lever Bill*, qui assure la liaison entre les Collèges d'agriculture et le Ministère de l'agriculture. Cette liaison entre les collèges et le ministère est donc à la fois nationale et propre à chaque Etat; son action de propagande s'en est trouvée grandement augmentée.

Les crédits fédéraux alloués en vertu de cette loi sont accordés aux

Etats, dans un but de démonstrations agricoles d'enseignement et d'art ménager. Cette répartition est assurée à la fois par le Ministère de l'agriculture et les Collèges d'agriculture, le gouvernement fédéral use de son autorite administrative dans l'établissement de projets concernant des problèmes nationaux. Le contrôle direct des dépenses est placé sous l'autorité du directeur de la propagande de chaque Etat.

19 Etats font actuellement de la propagande apicole. Les agents de propagande sont chargés de faire connaître aux apiculteurs les meilleures méthodes apicoles.

Dans presque tous les Etats il y a des sociétés d'apiculture qui font des réunions périodiques auxquelles les agents de propagande assistent, chaque fois que cela leur est possible. Ces agents, en plus de la charge d'assister aux meetings, voyagent d'un point à un autre, pour visiter les apiculteurs et pousser vers les meilleures méthodes apicoles.

Le Dr Phillips, du Ministère de l'Agriculture, a, sous sa direction, les agents de propagande, quoique ceux-ci travaillent en coopération avec le Collège d'agriculture de leur Etat. Les stations expérimentales peuvent être comparées à une usine qui produit de nouvelles informations que les agents de propagande dissémineront et apporteront où elles seront les plus utiles.

Il devient l'habitude de tenir chaque année, au Collège d'agriculture, « la Semaine Fermière et Ménagère ». Durant cette semaine, les agriculteurs des divers Etats se réunissent aux Collèges d'agriculture où ils échangent leurs vues et opinions, et peuvent entendre des orateurs traitant de leur sujet particulier. A ces occasions, on s'assure généralement comme orateurs, les hommes les plus en vue. C'est une des façons les plus efficaces pour la dissémination de l'enseignement apicole.

De ce qui a été dit précédemment, il résulte que les stations expérimentales et nos spécialistes en apiculture de tout le pays, s'efforcent d'apprendre et de faire connaître des faits nouveaux en apiculture. Les revues apicoles, les journaux scientifiques et les revues agricoles répandent ce savoir. Les agents de propagande et autres apiculteurs expérimentés, enseignent personnellement aux apiculteurs. C'est de ces différentes façons que l'enseignement de l'apiculture se fait aux Etats-Unis.

Travaux apicoles du bureau d'Entomologie aux États-Unis
par M. le Dr PHILLIPS

Le principal agréement d'une réunion internationale telle que le Congrès international de l'apiculture, réside, sans doute, dans l'empressement qu'apportent les travailleurs de divers pays à se mettre en relations et, pour chacun d'eux, à apprendre ce que fait son camarade. Il n'a été, malheureusement, possible à aucun des membres de la direction du Laboratoire américain d'apiculture (Bureau de l'Entomologie), d'attendre le présent Congrès; ils envoient leurs cordiales salutations aux membres du Congrès. L'auteur prend la liberté de discuter les fonctions et le travail de cette organisation, dans l'espoir qu'il aidera à activer la coopération internationale, dans ce champ de travail. Dans le but de faire comprendre plus clairement la fonction du *Laboratoire*, la situation de l'apiculture aux aux Etats-Unis sera brièvement esquissée, ainsi que les recherches de ce laboratoire. Les apiculteurs américains sont justement fiers d'avoir pratiquement démontré que la production du miel pouvait devenir une branche importante de l'agriculture.

La production actuelle des Etats-Unis, évaluée à environ 100 millions de dollars, contribue notablement à enrichir la nation et à fortifier la santé du peuple. Bien qu'ils s'enorgueillissent de ce résultat, dans lequel les membres du Congrès peuvent voir un procédé américain typique, ils admettent volontiers que, dans les différentes phases qu'ont présenté les recherches dans le domaine de l'apiculture, les étrangers les ont de beaucoup surpassés. Dans chaque pays, il y a des problèmes en apiculture qui se mettent au rang de plus importants que d'autres; il en résulte qu'une nation n'agit pas sagement en se plaçant sous l'entière dépendance d'autres pays, en ce qui concerne les travaux ayant un caractère scientifique. Il est donc essentiel que les Etats-Unis conduisent leurs propres recherches et entourent en même temps les travaux étrangers de la plus grande considération. En vue de montrer les conditions qui entourent les recherches aux Etats-Unis, dans le domaine de l'apiculture, et les raisons sur lesquelles repose ce travail, il est désirable de donner un coup d'œil d'ensemble sur les travaux scientifiques dans les autres parties du monde.

L'apiculture scientifique a ses origines en Europe. Les travaux du grand Huber seront toujours reconnus comme la base de l'apiculture scientifique. Pendant la période 1850-1870, le chef remarquable Dzierzon attira vers le travail scientifique un groupe de brillants chercheurs qui, avec lui, en posa de vastes et fermes fondements. De 1870 à 1900, l'étude des différentes races d'abeilles à miel fut l'un des principaux apports faits à l'apiculture.

Mais, dans plusieurs contrées, quelques hommes apportèrent une aide appréciable. Bonnier en France, Von Planta en Suisse, de Rauchœufels en Italie et Cheshire en Angleterre doivent être cités comme des chefs remarquables; il y en eut d'autres, cependant, qui firent des pas importants dans la voie du progrès. De 1870 à 1900, l'étude de différentes races d'abeilles à miel, fut l'une des principales. Il y eut plusieurs apiculteurs en Europe qui ont contribué à accroître nos connaissances dans cette voie, alors que le travail du Canadien D.-A. Jones n'avait pas d'égal sur ce point. Peu avant 1900, un petit nombre d'hommes, en Amérique, se consacra à la recherche des problèmes de l'apiculture, bien qu'il y eut plusieurs chefs importants dans les voies pratiques, dont les noms sont connus du monde entier. Quant à nous, de ce côté de l'Océan, nous reconnaissons avec plaisir nos obligations envers les chercheurs scientifiques, et, à leurs efforts, donnons pleins crédit et éloges. Depuis une vingtaine d'années, dans différents pays, des travaux scientifiques très sérieux, par des savants d'une compétence indiscutable, ont été entrepris et ont ajouté beaucoup à nos connaissances de l'abeille. Les apports à nos connaissances ont été constamment annoncés, en fait, si rapidement, que suivre ce travail deviendrait une source de difficultés. Mentionner quelques-uns de ces travailleurs sans donner une liste complète serait trop injuste, et leurs noms sont bien connus des membres du Congrès. Pendant l'époque de Dzierzon, le cadre mobile de la ruche fut inventé, et l'Amérique s'honore de cette réalisation remarquable, présentée par notre chef des premières années, Langstroth. Cette ruche est le résultat direct d'une recherche scientifique; le progrès ne consiste pas seulement dans la pose des rayons dans les cadres mobiles, mais aussi dans la découverte d'un certain espace que les abeilles ne remplissent pas avec de la propolis. Avec l'invention de la ruche moderne, l'apiculture scientifique devint une possibilité pratique; depuis cette date, des progrès surprenants ont été réalisés en Amérique et dans les autres pays, où ce type de ruche avait été adopté. On doit malheureusement constater qu'à la suite de l'invention de la ruche moderne, le progrès, en Amérique, ne s'est pas porté sur le travail scientifique, mais bien plutôt sur l'application de cette découverte à celui de l'apiculteur commerçant. Ceux qui connaissent à fond l'histoire de l'apiculture en Amérique savent que pendant cette période de développement, la majorité des apiculteurs a commis beaucoup d'erreurs sérieuses imputables au défaut de connaissances précises sur les mœurs et la physiologie de l'abeille à miel. Le progrès pratique que l'on a obtenu a été accompli à grands frais et avec le déchet d'énormes récoltes de miel. Ce n'est ni le moment, ni la place de discuter en détail les erreurs de l'ancienne apiculture américaine, mais il est maintenant bien reconnu que les pertes de cette période résultèrent de l'absence de recherches scientifiques.

En 1906, le Gouvernement des Etats-Unis, pour empêcher la fraude dans la vente de la marchandise, établit une loi prescrivant que l'étiquette de chaque ballot devait indiquer exactement ce que ce dernier contenait. Le frelatage n'est pas prohibé par cette loi, à moins que les matières employées à cette opération ne présentent un caractère dangereux; elle indiquait en outre, que le consommateur devait savoir exactement ce qu'il achetait, par l'étiquette.

Le passage de cette loi est capital pour l'apiculture américaine; après sa juste et soigneuse application, il n'est pas plus longtemps nécessaire que l'apiculteur produise du miel en rayons pour le garantir pur au consommateur.

Le frelatage du miel au moyen du glucose commercial et autres sirops à bas prix, n'est plus pratiqué.

Ce fait a marqué dans l'apiculture américaine le début de la transformation du miel en rayons, en miel pur.

Un autre facteur important dans le développement de l'apiculture américaine, fut l'accroissement des transports automobiles, si bien que l'amélioration des routes résulte en grande partie du développement de l'automobile. Sans la transformation des moyens de locomotion, l'apiculture n'aurait pas pris un tel essor. Ces progrès ont rendu possible à l'apiculteur le soin de plusieurs ruchers, qui, à leur tour, lui ont fait désirer davantage la production du miel pur, spécialement en raison des plus grandes facilités qu'il avait pour surveiller l'essaim dans cette production.

Un système de direction avait été développé de façon à ce qu'il fut possible à l'apiculteur de diriger plusieurs ruchers en visitant chacun d'eux un petit nombre de fois, seulement dans l'année. La production du miel pur permit l'établissement de nombreuse colonies qui accrurent fortement les récoltes et les gains. Dans ces circonstances, l'apiculture devint la profession d'un plus grand nombre d'hommes.

Les méthodes de l'ère du miel en rayons furent complètement abandonnées, et l'apiculture rationnelle et scientifique se répandit de plus en plus. Depuis 1905, l'apiculture s'est merveilleusement accrue en importance; elle est arrivée à être une occupation établie, respectée de toutes les autres branches de l'agriculture américaine.

Le soudain accroissement de l'importance commerciale de l'apiculture apporta à la lumière le besoin d'informations sur plusieurs questions scientifiques différentes et créa chez les apiculteurs le désir d'avoir des faits sur lesquels leur travail pourrait être plus fidèlement basé. Avant 1905, le département de l'agriculture des Etats-Unis avait, depuis 14 ans, maintenu un bureau pour la diffusion de renseignements concernant les branches de l'apiculture ; mais aucune recherche scientifique n'avait été lancée et le travail du gouvernement, en matière d'apiculture, n'avait exercé qu'une minime influence dans les changements qui avaient eu lieu au cours de son développement, à cette date.

Pendant l'année 1905, peu de temps avant la promulgation de l'acte fédéral sur la nourriture et les drogues, des changements dans le personnel et les polices du travail de l'apiculture, ainsi que de nouveaux fonds, bientôt profitables, furent effectués. Le présent écrivain ayant été associé à ce nouveau travail depuis l'apparition de ce dernier, a eu la chance de pouvoir suivre les transformations qui se sont opérées, et le changement d'attitude des apiculteurs américains vis à vis de ce travail entrepris par le gouvernement fédéral.

Ce changement d'attitude vis à vis d'un travail scientifique, est une partie d'un plus grand changement de ceux qui sont engagés dans d'autres branches de l'agriculture et conduit à une plus grande appréciation du besoin de base scientifique pour les opérations pratiques; changement qui a été nourri par l'encouragement aux travaux de recherches, dans le département fédéral de l'agriculture, et aux diverses stations d'expériences.

Il nous est agréable de reconnaître à présent l'aide et la coopération que nous avons reçues des apiculteurs de toutes les parties des Etats-Unis et d'exprimer notre appréciation de l'esprit cordial dont ont constamment fait preuve ceux avec lesquels a travaillé le Laboratoire de la culture des abeilles.

La fonction du bureau de l'Entomologie en apiculture ne fut pas, tout d'abord, bien définie, et il fut nécessaire que la politique fut un sujet d'accroissement plus que de décisions pressantes. Il y avait trois sortes de défauts évidents, suisant à l'avancement des travaux de l'apiculture.

1o Recherches d'un caractère scientifique.

2o Travail éducateur en vue de la diffusion de connaissances concernant l'apiculture.

3o Règlement des maladies de l'abeille au moyen de l'application des lois pourvoyant à l'inspection des ruchers.

Avec les fonds tout d'abord disponibles pour ce travail, il fut impossible au Bureau d'entreprendre à la fois ces trois sortes de travaux et, au début, on dut accorder à quelques-unes plus d'attention qu'aux autres. Depuis que les maladies des couvées d'abeilles causaient de grosses pertes aux apiculteurs américains, il semblait plus avantageux de donner toute l'attention du Bureau à la recherche scientifique de ce grand problème. Quand le temps eut passé, et que le problème fut éclairci, après que les causes de trois sortes de maladies, chez la couvée, eurent été découvertes, la solution d'autres problèmes fut entreprise, Depuis 1905, on a fait un travail sur les sujets plus importants qui suivent : la conduite des abeilles durant l'hiver et les méthodes nécessaires pour les garder durant cette saison; l'anatomie de l'abeille adulte, le développement des abeilles, durant la période de l'œuf et de la larve, le sens de l'odorat chez l'abeille, les régions de l'apiculture aux Etats-Unis et beaucoup d'autres problèmes d'une importance moindre. En connection avec les recherches effectuées sur les causes des maladies chez les abeilles, la répartition de ces maladies aux Etats-Unis, les meilleurs moyens de traitement et les relations entre cette répartition et les régions américaines, devaient être étudiés.

Le plus grand nombre des résultats des recherches avaient été publiés : pendant la guerre, l'énergie dans le travail fut nécessairement modifiée. Pendant cette période de violence, le moment ne fut pas favorable pour des problèmes scientifiques et la chose la plus importante pour tout américain loyal, fut de faire tout ce qu'il pouvait pour contribuer à l'heureuse conclusion de la guerre. En raison de ce besoin et de l'obligation où se trouvaient les apiculteurs américains de fournir une nourriture devenue plus nécessaire aux citoyens des Etats-Unis et à ceux des pays alliés, l'attention tout entière du laboratoire fut détournée des travaux de recherches, et tout le travail prit un caractère éducateur. Des hommes experts dans l'apiculture pratique furent envoyés dans toutes les parties du pays pour enseigner aux apiculteurs commerçants les procédés qui leur permettraient d'accroître le plus leur production de miel. Le travail de ces professeurs fut en partie une incitation à un plus grand effort, mais la plupart des américains n'en eurent pas besoin. Ils voulurent seulement qu'on leur enseignât les procédés qui devaient leur permettre de réaliser ce que tous désiraient accomplir. Pendant les années de guerre, la récolte de miel des Etats-Unis fut au moins doublée, et l'industrie de l'apiculture devint plus importante qu'elle ne l'avait jamais été.

Il ne serait pas exact de proclamer que ce résultat est dû entièrement à l'effort du Bureau de l'entomologie, mais l'état-major déclare sincèrement que notre effort a quelque peu contribué à ce résultat. A la fin de la guerre, la demande pour le travail éducateur continua à être si intense, que, durant quelques mois, aucune transformation dans les travaux du laboratoire ne fut possible. Peu à peu, cependant, le travail éducateur fut transféré aux Etats ; et les fonds appropriés aux travaux de l'apiculture, par le gouvernement fédéral, profitèrent à l'activité d'autres voies. Mais, alors que la guerre se terminait heureusement, des arrangements étaient pris pour maintenir des écoles ouvertes la semaine, pour l'entraînement des apiculteurs exercés. On trouva que ces professeurs de passage ne pouvaient accorder assez d'attention à la masse des apiculteurs, leur donner le plein entraînement qu'ils désiraient, et les écoles furent organisées dans ce but; elles furent tenues dans toutes les parties des Etats-Unis, pendant plus de deux ans, et l'intérêt et l'enthousiasme continuels leur indiquèrent qu'ils avaient satisfait à un réel besoin de l'apiculture américaine. C'est la principale voie du travail éducateur, qui peut être poursuivie avec profit dans l'activité fédérale, maintenant que les Etats ont avancé l'autre travail éducateur; mais ces écoles ont été fermées temporairement. On espéra plus tard, au moment où les travaux de recherche furent de nouveau bien établis, que ces écoles pourraient être encore ouvertes. Avec le grand accroissement de la production du miel apporté durant la guerre, l'apiculture, aux Etats-Unis, se trouve aux prises avec de nouveaux et sérieux problèmes. Pendant la guerre, tout le miel produit put être écoulé; après la guerre, en partie à cause de la situation des échanges internationaux, le marché étranger pour les miels américains a disparu virtuellement. Pour cette raison, il devient nécessaire pour l'apiculteur américain, de vendre toute la récolte grandement accrue de miel, à l'intérieur des Etats-Unis, ce qui constitue un sérieux problème, quand on considère la dépression économique sur le marché. A la fin de la guerre, les prix du miel baissèrent. Alors qu'avec les prix élevés et des méthodes de production qui, alors, n'étaient pas les meilleures, l'apiculteur américain pouvait subsister, il doit à présent perfectionner ses méthodes et ainsi faire baisser les prix, ou supporter une perte.

Le marché du miel ne peut être pris en mains par le gouvernement, bien que de nombreux efforts aient été faits dans ce sens, par un autre Bureau du Département Fédéral de l'Agriculture, au moyen de la diffusion de renseignements concernant les conditions des marchés du miel sur les principales places des Etats-Unis.

Le problème de la réduction des prix de la production peut être divisé en deux parties :

1º L'éducation de l'apiculteur, en lui rapportant des faits déjà bien connus grâce au travail éducateur actuellement entrepris par les Etats.

2º La recherche des nouveaux problèmes, au point de vue scientifique, afin de lui donner des connaissances plus exactes pouvant servir de base à son travail.

Les recherches scientifiques sont le meilleur moyen pour le gouvernement des Etats-Unis de faire progresser l'apiculture. Ayant été parfois plus libéralement pourvu de fonds qu'avant la guerre, le Laboratoire de la Culture des Abeilles a été récemment en mesure d'accroître son activité dans les recherches de l'apiculture. Il y a actuellement dix-sept personnes dans l'Etat-major du Laboratoire, et trois hommes employés comme travailleurs des champs. Il a été reconnu, depuis, que les mœurs et la physiologie des abeilles à miel, resteront les fondements de toutes les pratiques de l'apiculture; la plus grande partie du travail, à présent, repose sur ce fait. Des études sont entreprises sur la température et les conditions d'humidité dans les ruchers, à toutes les heures du jour et de la nuit, pendant la saison d'été (études comparables à celles entreprises sur les conditions d'hiver); sur le taux de la ponte dans l'élevage des abeilles, durant l'année (suivant la direction de l'ouvrage si heureusement entrepris par Léon Dufour, en France); sur le vol des abeilles, avec des références spéciales, au sujet de l'influence de la température et autres facteurs climatériques, aussi bien que sur le parfum du nectar que produisent les plantes; sur l'absorption, par les abeilles, du « carborhydrates ». sur les possibilités en apiculture, des différentes régions des Etats-Unis, afin que les meilleures méthodes dans l'obtention des plus fortes productions de miel puissent être décrites pour chaque région; sur les facteurs influençant la diffusion d'une mauvaise espèce européenne; et plusieurs autres nouveaux problèmes. On fait un nouvel ouvrage sur l'anatomie de l'abeille à miel, avec un travail spécial sur certains organes qui sont spécialement intéressés dans d'autres recherches. Les abeilles adultes ont été examinées dans toutes les parties des Etats-Unis, pour déterminer si la mite *Tarsonemus (Acarapis) woodi* existe dans le pays. Elle n'a jamais été trouvée aussi loin. D'autres recherches sur les maladies des abeilles sont poursuivies.

Un travail supplémentaire sur les mœurs et la physiologie des abeilles pendant l'hiver, interrompu par le travail éducateur, durant la guerre, est en voie d'être publié; plusieurs autres papiers dont la publication a été inévitablement retardée, sont espérés prochainement.

Depuis 1905, le bureau de l'Entomologie a publié 53 documents officiels sur l'apiculture et un nombre considérable de notes ont été préparées pour les journaux scientifiques du Laboratoire de la Culture des Abeilles. Plusieurs bulletins, sur des sujets approchants, ont été publiés par d'autres bureaux du gouvernement fédéral. Le troisième champ d'activité mentionné plus haut, dans ce rapport, comme une fonction possible du gouvernement fédéral, en aidant les apiculteurs, en particulier dans l'inspection des ruchers et le contrôle des maladies de couvées d'abeilles, n'a jamais été entrepris par le gouvernement des Etats-Unis, mais entièrement mis aux mains des gouvernements de plusieurs Etats. De nouvelles lois pour ce travail ont été établies dans 35 de ces Etats, et ce travail, maintenant, est si bien assuré dans cette voie qu'il ne semble pas nécessaire au gouvernement fédéral d'y prendre part. Dans le cas des maladies de l'île de Wight, actuellement bien connues aux Etats-Unis, le gouvernement fédéral (sur l'avis du bureau de l'Entomologie), a interdit l'importation des abeilles adultes par le bureau des postes.

Le but de ce rapport n'est pas de discuter tout le travail scientifique entrepris à l'heure actuelle aux Etats-Unis, pour prolonger ainsi les débats.

Sous l'excitation du progrès de l'apiculture comme industrie, plusieurs stations d'essais agricoles de l'Etat ont repris le travail dans cette voie, une partie de ce dernier atteint une valeur élevée. Il est quelquefois difficile, cependant, de diviser le travail, de manière à ce qu'aucun empiètement ne se produise dans ses différentes parties.

Le travail, dans les différents Etats, a, habituellement, un caractère spécialement applicable aux conditions intérieures de l'Etat, mais en même temps des contributions sont apportées qui sont largement employées.

Dans le Laboratoire de la Culture des Abeilles, les problèmes qui sont habituellement choisis sont ceux qui doivent prendre plus de temps pour leur solution ou qui nécessitent des appareils spéciaux et dispendieux; dans ce domaine, il est possible d'éviter le travail inutile et des conflits dans les efforts.

Actuellement, les recherches sont menées dans 16 stations d'essai de l'Etat, et les résultats publiés, comme il est d'usage, dans les bulletins de ces stations.

Il est dans l'intérêt de l'Etat de donner du travail dans 30 collèges d'agriculture, présenté comme une partie de cours réguliers d'instruction.

Dans la décade précédente, tout le travail de l'Etat, dans les recherches et l'éducation s'est développé; dans un avenir prochain, d'autres travailleurs se grouperont dans ces institutions.

Plusieurs autres personnes, dans les universités américaines, travaillent à d'autres problèmes de l'apiculture.

Il a été grandement satisfaisant, pour les travailleurs scientifiques de l'apiculture aux Etats-Unis, de constater l'émulation récente qu'ont apportée dans leurs recherches les travailleurs d'autres contrées; parmi ceux-ci, on doit faire une mention spéciale pour ceux d'Aberdeen. Il est à espérer que les conditions existant en Europe pourront permettre et encourager les futures recherches scientifiques, soit à l'aide d'agences gouvernementales, soit à l'aide du travail des universités ou de l'initiative individuelle, et en même temps, l'apiculture croîtra en importance.

Parallèlement à la création d'institutions variées pour les travaux de ce caractère, le but du Laboratoire de la Culture des Abeilles sera d'aider leurs recherches par tous les moyens possibles; ainsi que par la coopération et l'échange des matériaux.

Notre but constant sera en même temps de perfectionner nos efforts autant que possible, pour devancer chacune des autres institutions de ce genre, dans le monde, afin que l'apiculture des Etats-Unis et des autres pays puisse progresser plus rapidement.

Il doit y avoir, et il y aura, les plus cordiales relations entre ces différentes institutions poursuivant le même but, et il existera, en même temps, entre elles, la plus âpre rivalité, qui les conduira vers le résultat le plus heureux.

Sur la Pratique de l'Apiculture
dans la province de Québec (Canada)
par M. C. VAILLANCOURT

Je n'ai pas l'intention de vous servir un régal littéraire, je vous dirai tout simplement, et le plus brièvement possible, notre manière à nous de pratiquer l'apiculture dans la Nouvelle-France, vous faisant connaître d'abord l'apiculture à son début au pays, les développements qui ont suivi, les progrès accomplis et l'ambition constante de faire toujours davantage.

Les abeilles furent importées en Amérique par les colons espagnols, c'est pourquoi les Indiens les appelaient « les mouches de l'homme blanc ». Je ne saurais dire la date précise où elles s'implantèrent au pays de Québec.

Les ruches de paille furent les premiers abris des abeilles, les caisses ou boîtes suivirent, et aujourd'hui, 95 % des apiculteurs ont adopté la ruche Langstroth à cadres mobiles. La grandeur des ruches varie entre la ruche Langstroth à 8 et 12 cadres ou la ruche Jumbo à 10 cadres, et la Dadant à 11 cadres. Ces deux derniers modèles ont des cadres plus profonds que les cadres Langstroth, mais la longueur n'en diffère pas. Enfin, parmi ces ruches à cadres mobiles ce sont les 9 et 10 cadres Langstroth qui sont les plus répandues. Les ruches fixes n'existent pratiquement plus; on en trouve un peu de moins de 5.000 sur un total de 70.000.

Nos races d'abeilles sont les italiennes ét les noires. Aujourd'hui les italiennes élevées chez nous l'emportent sur les noires. Leur grand avantage pour nous, c'est qu'elles résistent beaucoup plus que les noires à la loque européenne.

Nous avons des éleveurs de reines qui en vendent plusieurs milliers chaque année.

Notre récolte de miel se fait surtout sur le trèfle blanc, le trèfle d'odeur et le sarrasin.

Le miel blanc qui fait plus des 2/3 de la récolte, est pour nous le plus savoureux, aussi le plus recherché et celui qui obtient le prix le plus élevé. Les échantillons que voici vous montrent la couleur de nos différentes sortes de miel. J'aurais aimé vous en faire goûter à tous, malheureusement je n'ai pu en apporter qu'une quantité fort restreinte.

La miellée de trèfle commence vers la fin de juin pour se continuer jusqu'au 20 ou 25 juillet. La miellée de sarrasin vient à son tour au milieu d'août. Au printemps, il y a la dent de lion ; à l'automne, la verge d'or, l'aster, mais ce ne sont que des récoltes minimes, excepté dans certains endroits, au nord de la province. Dans les centres de colonisation, il y a l'épilobe, qui donne des récoltes extraordinaires et produit un miel délicieux. Dans les grands ruchers, autour de Montréal et dans la région du lac St-Jean, la moyenne de récolte est de 150 livres par ruche. Nous voyons cependant des colonies donner jusqu'à 400 et 500 livres. Plus que cela encore, l'an dernier et en 1920, chez MM. Prud'homme et Martineau, des colonies ont donné plus de 700 livres. Dans la région du lac St-Jean, l'an dernier, un bon curé de campagne a récolté avec 6 ruches, 2.000 livres de beau miel blanc. Aux environs de Québec, la moyenne de récolte est de 60 à 70 livres. Dans cette région la miellée est beaucoup plus courte et ne se fait que sur le trèfle blanc.

Les chiffres cités plus haut peuvent paraître un peu exagérés ; cependant, ils ne sont que l'exacte vérité. Nous avons, à travers la province, des ruches sur bascules, placées sous la surveillance du gouvernement et je puis vous dire que, souvent, en pleine miellée, nous avons eu des journées de 15 et 20 livres par ruche ; en 1919, chez M. Prud'homme, un jour, nous avons enregistré 32 livres avec une seule colonie.

Vous direz peut-être que nous avons un pays qui se prête à l'apiculture ; nous avons aussi des apiculteurs qui se donnent à cette culture avec amour et avec intelligence.

Après la récolte, vient la vente. Chez nous, le miel se vend suivant sa couleur. Les prix du gros, cette année, sont les suivants : miel blanc, 18 sous, l'ambré 16, le brun 13 sous.

Nous produisons surtout du miel coulé. Le miel en gâteau trouve aussi un bon marché, mais les prix ne sont pas assez élevés comparativement au miel coulé, pour encourager les apiculteurs qui n'aiment pas l'essaimage, à en faire un grand commerce.

Un mot de notre mode d'hivernement. Nous hivernons les abeilles en cave ou caveau, car notre climat est trop rigoureux pour les laisser dehors, comme ici. La rentrée des ruches en cave se fait au commencement de novembre et la sortie, à la mi-avril.

Malgré tous nos efforts, nous avons, nous aussi, à lutter contre les maladies. Les plus répandues sont la loque européenne et la loque américaine. Nous combattons la première surtout par l'introduction de bonnes reines italiennes, quand les ruches malades ne sont pas trop affaiblies. Mais, si les ruches sont gravement atteintes et faibles en population, nous en réunissons 3 ou 4, puis nous introduisons une reine italienne; et, 99 fois sur 100, la maladie disparaît.

Pour la loque américaine, nous réunissons les ruches faibles dans une ruche neuve et après 3 ou 4 jours, nous faisons un deuxième transvasement et introduisons une jeune reine italienne. Toujours la maladie disparaît avec ce traitement. Il va sans dire que ces traitements se font toujours au temps de la miellée. En d'autres temps, le succès est beaucoup moins certain.

Nous n'avons pratiquement aucune autre maladie sérieuse.

Il vous serait peut-être intéressant de connaître de quelle manière notre gouvernement encourage l'apiculture. L'aide de notre ministère est des plus larges et des plus efficaces, et c'est surtout sous le règne de notre ministre actuel de l'agriculture, l'Hon. J.-E. Cron, aidé de son sous-ministre, que l'apiculture a pris un essor considérable.

Nous avons un service apicole, dont j'ai l'honneur d'être le chef. Je dirige 24 inspecteurs à qui est assigné un district, et ces 24 inspecteurs visitent chaque année tous les ruchers de la province. Ils ont pour mission de renseigner les apiculteurs et de surveiller les ruchers par rapport à la maladie. Si un cas de loque est découvert, aussitôt un rapport est fait au bureau et on pratique les traitements exigés. D'ailleurs, il y a une législation apicole à ce sujet et si un apiculteur refuse de faire les traitements nécessaires, les ruches malades sont détruites.

Les inspecteurs compilent des statistiques sur chaque rucher; alors chaque année nous savons le nombre de ruches possédées par chaque apiculteur, le genre de ruches, la race d'abeilles, etc.

Ces inspecteurs donnent aussi des conférences; ils travaillent en moyenne 100 jours par année..

Au bureau, nous avons deux secrétaires bien occupés à répondre aux demandes de renseignements qui nous arrivent nombreuses chaque jour. L'an dernier, nous avons donné suite à plus de 10.000 lettres.

Nous avons aussi 5 sociétés d'apiculture subventionnées par le gouvernement. Ces sociétés sont fédérées entre elles et forment la Fédération apicole. Cette fédération permet d'avoir, entre chaque société, une entente parfaite et un travail uniforme.

Enfin, nous avons un journal, *L'Abeille*, qui paraît depuis 4 ans et qui est la seule revue apicole française de toute l'Amérique et le seul mensuel du genre, de tout le Canada. Les Anglais ont une revue qui paraît tous les deux mois.

Pour compléter, je pourrais dire, l'organisation apicole, nous avons organisé, cette année, un Comptoir de Vente; tous les membres de ce comptoir ont des seaux lithographiés uniformes.

Voici un court résumé du travail apicole de notre pays. Je serais bien aise de vous en dire davantage, mais je ne veux pas vous retenir plus longtemps. Si quelqu'un désire quelques renseignements, je serai heureux de les lui donner.

Laissez-moi ajouter qu'au Canada l'on fait beaucoup pour la cause agricole et qu'on ne croit jamais assez faire. La science agricole est la question importante, et l'on s'efforce plus que jamais de retenir à la terre notre jeunesse et de la préparer au rôle de demain. L'apiculture est un des moyens d'attacher les jeunes à la terre. La jeune fille surtout se plaît au milieu des abeilles; avec ces travailleuses infatigables elle se forme à la vie active et s'attache davantage au foyer. Il s'agit de former des hommes vigoureux et des femmes fortes pour les luttes de demain.

J'évoque ici, ce mot d'un de vos illustres littérateurs français (Montesquieu) : « Quoi qu'on fasse pour la gloire, jamais ce travail n'est perdu s'il tend à nous rendre dignes ».

Je parlerai d'une façon analogue : Quoi qu'on fasse pour la Terre et le Foyer, jamais ce travail n'est perdu puisqu'il tend sûrement à rendre heureux.

En travaillant ainsi à attacher nos fils au sol, nous suivons les traditions de nos ancêtres. Nous voulons conserver, agrandir et améliorer le patrimoine que nos pères, les valeureux Français, premiers défenseurs du pays, nous ont légué au prix de tant de sacrifices. Nous avons au cœur le culte des aïeux.

Quatrième séance

Mardi 19 septembre à 17 heures (Faculté des Sciences).

Séance plénière de la section économique

Ouverture sous la Présidence de M. A. Mayor.

1o. — Rapport présenté par M. R. Alphandéry, rapporteur, sur l'Etude comparative des prix de vente du miel et de la cire dans les différents pays, etc.

2o. — Rapport présenté par M. Jean Blanc, rapporteur, sur l'écoulement des produits de l'apiculture.

3o. — Communication présentée par M. Grenier sur les Foires aux Miels.

4o — Communication présentée par M. Harold J. Clay (U. S. A.), sur les Comptes-rendus des Marchés des Miels aux Etats-Unis. (Texte anglais et traduction.)

5o. — Communication présentée par M. Etienne Giraud, sur le Transport rapide des Reines et Essaims.

Procès-verbal de la Séance plénière du 19 septembre (après-midi)

B. Section économique

Il est 5 heures 15 quand la séance s'ouvre, sous la présidence de M. A. Mayor, juge, à Novalles (Suisse).

M. le Président présente d'abord quelques observations sur la fraude des miels. Il fait remarquer que si une loi a défini le miel et rendu applicables à ce produit les lois sur les fraudes alimentaires, il reste à prescrire les moyens propres à déjouer la fraude par des analyses scientifiques des produits.

Il est donné lecture de cinq rapports, dont nous donnons la liste précédemment, dans notre tableau synoptique.

M. Sirvent, en faisant remarquer qu'aucun rapport n'a été présenté sur la « législation pour combattre la fraude », fait des propositions à ce sujet.

M. Pol Chevalier, sénateur, intervient en disant qu'en ce qui concerne la France, la promulgation de la récente loi rend inutile la discussion sur la fraude.

M. Sirvent ajoute que, dans son esprit, il ne s'agit pas d'infirmer la valeur de la loi ; mais les méthodes modernes d'investigations sont loin d'être suivies dans les laboratoires.

A l'occasion de la lecture du rapport de M. Giraud, sur le « transport rapide des reines et des essaims », M. Tombu fait observer que, sauf une, toutes les reines envoyées d'Amérique à la Belgique et à la France, par M. Dadant, en vue de la reconstitution des ruchers, sont arrivées mortes à destination. Il signale que des colis ont été ouverts et mal refermés à la douane. En conséquence, il propose que les gouvernements de chaque pays soient invités à prendre des mesures telles que les transports et les visites soient effectuées par des gens compétents.

M. Alphandéry dit qu'il est actuellement regrettable que les Compagnies de chemins de fer ne soient aucunement responsables des retards, lors de la livraison des colis postaux.

M. Mayor remarque que ce serait peut-être un tort de trop compter sur l'efficacité de l'intervention des Gouvernements dans cette question.

M. Alphandéry fait justement observer qu'il se pourrait, qu'à l'avenir, on puisse, plus largement, compter sur le transport par avions.

M. Pol Chevalier met en valeur l'utilité des marchés au miel. Toutes ces organisations ont donné d'excellents résultats, encore que, souvent, la publicité qui s'y rattache soit insuffisante.

M. Robert de Lalieux signale que la transformation du miel en hydromel est très recommandable pour arriver à l'écoulement du produit.

D'accord avec M. Pol Chevalier, M. Sevalle dit qu'on n'insistera jamais assez sur la valeur des foires et des marchés au miel, mettant les producteurs et consommateurs en contact direct. Mais il faut, comme cela vient d'être dit, faire une abondante publicité, sans quoi le public les ignore et ne les visite pas.

M. Mayor dit que la chose n'est pas perdue de vue en Suisse, notamment à Lausanne, où les marchés au miel ont lieu en plein vent, en même temps que le marché aux fleurs de Saint-Louis.

M. Sirvent développe une proposition tendant à voir convertir le miel en alcool, comme carburant national.

Plusieurs membres pensent que ce serait avilissant, pour ce noble et excellent produit, que de le voir transformer en essence pour la locomotion des lourdes machines sur nos routes. C'est particulièrement l'avis de M. le Docteur Rotschild, qui trouve qu'il serait plutôt préférable de l'employer au soulagement des malades et des malheureux. Finalement, M. Chevalier émet l'idée que cette question soit soumise à l'examen d'un prochain Congrès.

M. Mayor résume les observations qui se sont produites, remercie les rapporteurs et les orateurs et déclare close la séance de la section économique.

RAPPORTS ET COMMUNICATIONS

présentés à la quatrième Séance plénière du Congrès

Étude comparative des prix de vente du miel et de la cire dans les différents pays. Des droits de douane destinés à protéger chaque pays sans nuire aux pays voisins.

par M. R. ALPHANDÉRY
Apiculteur, collaborateur de la Gazette Apicole

I. *Régime actuel.* — Les droits de douane qui régissent actuellement les différents pays du monde, en ce qui concerne les miels et cires, sont basés, non pas sur des données scientifiques, mais sur les résultats obtenus par les producteurs indigènes auprès de leur gouvernement. Ces résultats, pour la plupart, ont été acquis par les apiculteurs auprès de leurs délégués politiques, à la suite de protestations et campagnes de presse plus ou moins justifiées.

Vous avez trop le sens de la logique pour que je me croie obligé de souligner pareille iniquité.

Vous comprenez parfaitement que, d'une part, en raison des différences de climats et de flores, un libre échangisme sans restriction serait impossible, et que, d'autre part, un protectionnisme prohibitif nuirait aux intérêts de certains producteurs étrangers, et à la masse des consommateurs.

Vous êtes donc partisans, ainsi que l'indique judicieusement la question de ce Congrès, d'une entente douanière plausible.

II. *Régime nécessaire.* — Dans ce but, il est nécessaire, à notre avis, d'instituer un coefficient pour chaque pays envisagé, coefficient différent pour chacun d'eux, mais établi sur des mêmes bases. Ce coefficient peut être déterminé, soit par le nombre de ruches, soit d'après les cours des miels, soit d'après tout autre indice. Personnellement, nous croyons qu'il peut être évalué par le rapport comparatif de la consommation et de la production.

Des droits justes, en effet, doivent protéger les apiculteurs indigènes en tenant compte : 1o des difficultés de production ; 2o de l'intérêt des apiculteurs et exportateurs étrangers ; 3o des intérêts des consommateurs.

III. *Droits établis d'après le nombre de ruches.* — Des droits basés sur le nombre de ruches, seraient imparfaits ; en effet, nous citerons deux pays voisins : la France qui, possédant 650.000 ruches, produit 7.000 tonnes de miel ; l'Allemagne qui, avec seulement 400.000 ruches, soit un tiers en moins, produit 20.000 tonnes, soit trois fois plus. Nous mentionnons intentionnellement deux pays voisins possédant à peu près même flore et même climat, mais la différence est encore plus sensible avec l'Amérique Centrale.

IV. *Droits établis d'après les mercuriales.* — De même, les cours des miels ne peuvent pas déterminer la valeur d'un coefficient, car, non seulement ils varient continuellement, non seulement des droits seraient nécessaires pour chaque qualité, mais encore les écarts entre les mercuriales du monde entier nous paraissent trop nombreux. Si l'on envisageait seulement deux pays, on pourrait établir avec succès le raisonnement suivant : Les miels suisses indigènes se paient jusqu'à 900 francs les 100 kil., argent français ; les miels de Cuba se cotent 120 francs ; en portant les droits des douanes suisses à 780 francs les 100 kil. (différence entre 900 et 120 fr.) on n'importerait les miels de Cuba que lorsque la production locale serait épuisée, et ce serait parfait.

Mais, le nombre des pays et mercuriales rend impossible cette solution. En effet, l'on constate toute la gamme de prix entre 120 et 900 francs. La Suisse devra-t-elle donc établir des droits en se basant sur les cours de 120 francs ou sur des mercuriales intermédiaires.

En se basant à 120 francs, elle réglemente favorablement son commerce intérieur au profit de ses producteurs, mais ferme complètement son marché aux miels — français ou autres — qui se paient plus de

120 francs à la production. Et, en se basant sur des mercuriales intermédiaires, la Suisse ne se protégerait plus des miels de Cuba.

V. *Droits d'après les statistiques. Solution.* — Il est d'autre part nécessaire que les droits soient plus ou moins importants selon les facilités avec lesquelles le producteur vend son miel, soit dans son pays, soit à l'extérieur ; les statistiques du commerce doivent donc être envisagées.

Il est naturel qu'*une seule* statistique, telle production, importation, exportation *ou* consommation serait insuffisante Il faut, ne l'oublions pas, un coefficient qui tienne compte de l'intérêt de *tous* et qui soit essentiellement logique :

Or, le pourcentage entre l'importation et la consommation nous semble parfait : en voici les raisons :

Nous appellerons consommation, le total de la consommation proprement dite et de l'exportation. La France consomme annuellement 8.200 tonnes. Elle produit 7.000 tonnes. Elle importe 1.200 tonnes. L'importation égale 14 % de la consommation. Nous évaluerons à 14 unités les droits qui lui sont nécessaires (on cherchera par la suite la valeur de l'unité).

Un autre pays, tel Cuba, a une importation nulle en regard d'une consommation-exportation considérable ; nous n'avons pu obtenir les chiffres officiels, mais le pourcentage doit s'élever à peine à 1 %. La logique dicte l'inutilité de droits que confirme le coefficient de 1 unité.

Un autre pays, tel l'Allemagne, protégé par l'effondrement de sa monnaie, ne peut acheter à l'étranger. Son importation est réduite (1490 tonnes par rapport à sa consommation, 21.490 tonnes) ; des droits modérés sont suffisants, les apiculteurs étant déjà protégés par la baisse du mark ; le faible coefficient de 7 unités confirme encore l'inutilité de droits élevés.

VI. *Exceptions.* — Cependant, pour les nations dont la production est reconnue insuffisante par les apiculteurs indigènes eux-mêmes, on peut supprimer complètement les droits (Angleterre, par exemple) ou en appliquer de très réduits (Pays-Bas).

VI. *Nécessité d'une réglementation supplémentaire.* — Mais, nous tenons à insister sur un point. Quand les coefficients seront évalués (et il appartient à chaque pays d'évaluer le sien), il est nécessaire d'exiger le paiement des droits en franc-or ou équivalent. Ainsi la Suisse, dont le coefficient est de 30 unités, soit 2 fois celui de la France, possède, en raison de la plus-value de sa monnaie, des droits trois fois plus élevés. Cette différence s'accentue encore par la coutume du poids « brut pour net » qui exige le paiement sur l'emballage s'élevant jusqu'à 20 % du poids net. Nous devons abolir la routinière habitude du paiement des droits d'après le poids brut pour net.

VII. *Conclusion.* — Afin de mieux documenter les apiculteurs, nous avons demandé les statistiques officielles aux principaux consuls d'Europe. Il serait trop long de les énumérer ici ; elles sont annexées à ce rapport, et paraissent avec des détails complémentaires dans *La Gazette Apicole*.

Vous estimez avec juste raison qu'une question aussi importante requiert une étude approfondie ; il est possible que des données plus simples ou plus exactes permettent d'établir un autre coefficient.

PAYS	DATE STATISTIQUE	NOMBRE DE RUCHES		PRODUCTION		IMPORTATION		EXPORTATION		DROITS DE DOUANE		CONSOMMATION EXPORTATION	COEFFICIENT
		A CADRES	FIXES	MIEL	CIRE	MIEL	CIRE	MIEL	CIRE	MIEL	CIRE		
Allemagne......	1913	400.000		20.000	1.168	4.474	41.189	131	8.192	25 marks.	18,75		
—	1921					1.491						21.491	7
Angleterre......						2.651	1.678						
Belgique........	1920	27.573	34.379			935	600	0,8	321	36 fr.	Néant.		
Danemark......	1914	80.911	16.888										
—	1919			1.200	18	238	64	19	Néant.	1.000 ore.	Néant.	1.438	16
Espagne........	1914	21.500	668.000	2.668	683	0.5	170			300 pesetas.	120 pesetas.	2.6(8	Néant.
France........	1921	202.800	452.485	7.095	1.028	1.182		2.231		80 francs.		8.277	14
Grèce..........		15.009	1.000.000	10.000		Néant.	3	10			20 330drachmes		
Italie..........	1920			2.800		377	165	64	58	30 lires or.	30 lires or.	3.177	11
Pays-Bas......	1921	40.000	60.000	1.000	40	3.037				2,50 florins.	Néant.	4.037	75
Suède.........	1920	31.339	10.073	337,4	5,5	12,7	62	48	4,5	2.350 ore.	1.500 ore.	350	3,6
Suisse.........	1920	186.974	18.960	1.500	20	672	101	1,9		120 fr. suisses.	2 fr. suisses.	2.172	30
Tchéco-Slovaquie		421.261	64.724	1.273	105	Néant.	Néant.	Néant.	Néant.			1.273	

D'autres points de vue sont peut-être à envisager, d'autres intérêts à ménager ; nous serons donc heureux de voir des apiculteurs contribuer à la solution de ce problème et exposer leurs idées, afin de protéger les producteurs et vulgariser toujours davantage l'apiculture, véritable richesse mondiale.

VIII. *Résumé*. — Etablissement pour chaque pays d'un coefficient différent, mais évalué toujours suivant des mêmes bases.

Rapport sur l'écoulement des produits
par M. Jean BLANC

Pour répondre à l'appel du comité d'organisation du Congrès international, je m'étais chargé de vous présenter un rapport sur la partie commerciale de l'apiculture, sans réfléchir un seul instant à la tâche ardue que je m'imposais ; ce n'est qu'après avoir essayé de coordonner quelques renseignements nécessaires que j'ai reconnu toutes les difficultés du problème qui se rattache plutôt à l'économie politique avec plusieurs problèmes complexes, tels que le change et les moyens de transport.

J'ai bien essayé de me dérober auprès de l'estimable M. Sirvent, mais il était trop tard et j'ai dû vous présenter une causerie sur l'écoulement des produits de l'apiculture. Je me vois dans l'obligation de m'excuser de vous présenter quelques idées personnelles qui s'éloignent du cadre international du Congrès. Ces idées peuvent se généraliser et c'est pour cette seule raison que j'ai espoir de captiver quelques instants votre attention avec un certain intérêt.

Le métier d'apiculteur (c'est un axiome) comprend l'élevage des abeilles par des méthodes de plus en plus parfaites pour obtenir de ces insectes si prévoyants et si travailleurs, le maximum de produits principaux qui sont le miel et la cire.

Ces produits obtenus, il est un devoir ou plutôt un souci de l'apiculteur de les introduire dans le commerce avec un maximum de rendement. Conclusion : l'apiculteur doit être doublé d'une deuxième science, celle de commerçant ; il y a vraiment intérêt à devenir apiculteur, qu'autant que l'on est sûr de pouvoir écouler les produits récoltés à des prix rémunérateurs. Quoique ce souci soit le même pour tous les producteurs, il faut aussi péniblement constater que dans cette branche, cet écoulement est très fantaisiste et que parfois même il ne tient pas sur nos marchés la place qu'il devrait occuper. Si l'on considère le principal produit de la ruche, c'est-à-dire le miel, des quantités assez grandes se trouvent parfois invendues ou désappréciées, pour la seule raison que l'acheteur fait parfois défaut. Devant cette pénible constatation, il n'est pas un devoir des apiculteurs de restreindre la production, loin de là est le remède ; au contraire, il faut maintenir en bonne forme le cheptel mondial, mais il faut essayer de rechercher les causes qui font diminuer le nombre des consommateurs de ce délicieux produit.

Il faut constater que chaque peuple possède un coefficient très différent de consommation. Des statistiques sérieusement établies démontrent que l'Angleterre, par exemple, consomme considérablement plus de miel que la France. La raison est connue de vous tous : c'est qu'en France, ce produit si, nécessaire à notre organisme, si sain, si utile à l'enfance est tombé en désuétude. Cette désuétude obstinée à entraîné l'oubli, de sorte que, par négligence, cette exquise liqueur qu'est le miel, détrônée et remplacée, ne trouve plus sa place dans l'usage courant de la vie. Ce que je dis pour la France existe également dans beaucoup de pays où la consommation du miel sain est bannie de l'usage journalier.

Que faut-il faire ? C'est devant ce point d'interrogation que je me permets de vous présenter quelques idées qui ont obtenu des résultats immédiats là où elles ont été appliquées.

La première des conditions qui s'impose à la défense des intérêts des apiculteurs est la coordination des efforts, c'est-à-dire l'union des producteurs en sociétés ou syndicats apicoles, ensuite la réunion de ces groupements en groupements régionaux, ces groupements régionaux doivent se réunir en groupement national. Cette vieille histoire de formation que l'on répète à tous les Congrès, existe à peu près partout ; la preuve en est l'honorable assemblée réunie en Congrès international, Congrès qui sert de base à l'échange mutuelle d'idées et de points de vue.

C'est particulièrement à ce Congrès, où se trouvent réunis beaucoup de délégués de grand nombre de Sociétés, qu'il est important de souligner tout l'intérêt que présente la lutte pour l'écoulement des produits. Les efforts de chaque apiculteur pour vendre dans de bonnes conditions sont très louables, mais c'est aussi aux groupements qu'appartient la tâche d'essayer de rénover, sur des bases solides la consommation du miel.

Certes, les efforts à perfectionner et à améliorer la qualité, à présenter les produits irréprochables sous des formes élégantes, de belles étiquettes, des réclames dans les journaux, sont des facteurs utiles à la vente, mais le public, trop souvent berné, est quelquefois réfractaire à ces présentations. Ce qu'il faut, c'est la dégustation des produits oubliés.

Depuis quelque temps, en France, dans quelques villes, on organise des manifestations qui ont donné de très bons résultats, c'est sur ces manifestations que je tiens à attirer toute votre attention. Etant moi-même organisateur dans une ville de 100.000 habitants, je puis vous en donner quelques renseignements. Dans cette ville il ne se consommait pas 500 kilogs de miel par an. L'apiculture languissait, mourait presque. Cette organisation, je la nomme, c'est la Foire aux miel et cire. En 1920, sous les auspices de la Section d'apiculture du Var, nous organisions une première foire au miel aux côtés d'une exposition locale d'horticulture. Les producteurs de la région, effrayés par la mévente, nous confièrent leurs réserves. Un tantinet de réclame et une dégustation gratuite nous permirent de constater un succès encourageant : en huit jours nous vendîmes, à notre surprise, 2.500 kil. de miel. L'année suivante, en octobre 1921, notre groupement, poursuivant sa tâche, organisa une deuxième foire au miel, où il fût obtenu un succès, cette fois surprenant. Il fut vendu au détail 4.500 kil. de miel, sans compter la vente de nougats et pains d'épice, que d'habiles exposants débitèrent à profusion. Chose encore surprenante à constater : dans le restant de l'année, notre Société a reçu des quantités de demandes émanant de commerçants et représentants cherchant à se procurer de bon miel. Cette année, une troisième manifestation se prépare, que la population attend avec impatience et qui donnera, j'en suis persuadé, un résultat encore bien supérieur.

Cet exemple que je vous présente peut prêter au sourire en songeant à la quantité formidable de transactions en gros qui absorbe une bonne partie de la production mondiale; je pense comme beaucoup, à ce sujet : ma goutte de miel ne révolutionnera pas l'apiculture, mais si ces manifestations se généralisaient, si dans chaque centre on organisait des foires au miel, peut-être bien que l'apiculture, dans les pays où les consommateurs font défaut, trouverait son compte.

Le résultat déjà acquis par les quelques villes qui ont essayé les foires au miel, prouve combien il est utile de généraliser ces manifestations.

Il serait à souhaiter que le groupement national étudie en s'inspirant des précédents, la forme qu'il serait bon de donner à ces organisations. Cette forme, sans s'imposer, servirait de base aux initiatives régionales.

Je ne tiens pas à donner par le détail quel est le programme qui nous a permis de réussir, du premier coup, dans notre ville, mais je crois bon, sans aucun détail, de vous communiquer une partie de notre réglement :

1o Il est bon de placer la foire au miel aux côtés d'une manifestation agricole d'automne de préférence, pour bénéficier de l'affluence des visiteurs.

2o L'entrée doit être facile et essentiellement gratuite.

3o Les exposants récoltants peuvent venir vendre leurs produits, mais il est bon de prévoir un personnel pour aider les producteurs parfois timides et surtout peu commerçants.

4o La dégustation doit être absolument gratuite; cette dégustation, faite assez largement, n'est pas très onéreuse.

5o La publication de tracts célébrant les vertus du miel et différentes méthodes de l'employer doit être faite avec le plus de profusion possible; les frais de cette publication peuvent être couverts avec un peu d'habileté par la publicité.

6o Une partie récréative n'est jamais nuisible pour amener un grand nombre de visiteurs.

Voilà les grandes lignes de notre organisation, qui nous ont donné entière satisfaction; je suis du reste entièrement à la disposition des délégués qui désireraient des renseignements complémentaires.

Cette idée de foire au miel pourrait ne pas se borner à la forme régionale, ce serait avec plaisir que l'on envisagerait une organisation nationale semblable. Il serait très utile qu'une fois par an, l'Union nationale des sociétés ou syndicats centralise les échantillons des produits de toute la nation, ce serait là où pourraient se traiter de très grosses affaires.

Poursuivant mon idée, ces organisations nationales pourraient très bien prendre l'initiative, dans le but de faciliter l'exportation et de faire connaître des produits sélectionnés, de créer des foires dans les grands centres de pays étrangers.

Ce projet de généralisation des foires au miel qui présente, à mon avis, un remède à la mévente, je le confie à votre appréciation; en tout cas, pourrait-il donner naissance à quelques autres idées vraiment intéressantes. Toutefois, ces ventes ne peuvent nuire aux transactions actuelles.

elles ne peuvent qu'apporter un appui. Je me permets de terminer mon rapport en manifestant le vœu que chaque représentant de tout groupement ici présent, emporte avec lui l'idée bien arrêtée de s'occuper activement et faire quelque chose pour la (partie commerciale de l'apiculture. Il ne faut pas perdre de vue que l'écoulement des produits est la base de l'encouragement à l'élevage des abeilles. Généraliser les Foires aux miel et cire, s'il y a lieu, c'est créer un débouché nouveau, c'est pousser le public à comprendre l'intérêt qu'il trouvera à consommer cette liqueur sucrée sécrétée par nos charmantes avettes.

Foires aux Miels

par M. GRENIER
Secrétaire de la Société Charentaise d'Apiculture

La première a eu lieu à Angoulême, en 1910; depuis cette date, elles se tiennent, sans interruption, tous les ans. A partir de 1916, elles ont lieu deux fois par an, la première en octobre, la deuxième en février.

Des tables sont installées sous les péristyles de l'Hôtel de Ville, prêtees par la municipalité qui subventionne la Foire également.

Les exposants, en se faisant inscrire, indiquent les produits qu'ils apporteront et la quantité. En s'inscrivant, ils versent un droit de plaçage de 1 franc par mètre. Seuls, les membres de la société peuvent participer aux Foires.

Avant l'ouverture de la Foire, une commission de contrôle examine les produits exposés. Pendant la durée de la Foire, les membres de la Commission peuvent demander à voir les produits. Le cas échéant, la Commission fait part de ses observations au Bureau de la Société, et c'est lui qui prend les décisions définitives s'il y a lieu.

Le cours des miels et cires est fixé avant l'ouverture, en accord avec les exposants. En 1910, nous avons vendu 2 ou 300 kil. de miel; maintenant, à chaque foire, il se vend 1.500 à 2.000 kil. (octobre), 1.000 à 1.200 kil. (février).

L'an passé, nous avons créé les Foires d'arrondissement à Cognac, Barbezieux, Ruffec et Confolens. Le succès ayant dépassé nos espérances, ces Foires deviennent annuelles, mais ne durent qu'un jour, alors que celles d'Angoulême ont lieu un samedi et un dimanche. D'autre part, les Foires d'arrondissement coïncident avec la Foire de la ville. Elles sont subventionnées par les municipalités, qui prêtent à la Société les salles et tables. La Foire de Cognac, en raison de l'importance de la ville, va durer maintenant 2 jours.

A l'occasion de ces Foires, des conférences ont lieu sur l'apiculture, où les enfants des écoles sont conviés. Les maires président ces conférences. Cette année elles vont être accompagnées de films cinématographiques.

Afin d'étendre son action et faciliter encore davantage la vente des produits de la ruche, la Société va, cette année, créer des Foires dans quelques-uns des principaux cantons du département, sur les mêmes principes.

Afin d'assurer la publicité nécessaire, la Société fait imprimer des affiches qui sont posées dans tout le département; d'autre part, le jour de la Foire, des prospectus sont distribués dans toute la ville.

En dehors de ces Foires, il nous paraît utile de conseiller aux sociétés d'apiculture d'intervenir auprès des comices agricoles pour l'organisation des sections apicoles. C'est ce que nous avons fait en Charente. Nous recevons les adhésions et nous choisissons des membres du jury qui sont adjoints à ceux désignés par le Comice; de la sorte, les exposants sont assurés de voir leurs produits examinés avec compétence. La Société donne, à l'occasion de chaque Comice, des médailles et des diplômes. Les primes en espèces sont fournies par le Comice.

Par expérience, je ne suis pas partisan des expositions payantes; j'estime que pour la propagande et pour la vente, il faut une entrée libre. C'est pour cela que nous n'organisons que des Foires aux miels.

D'autre part, nous ne donnons plus de récompenses, ce qui nous paraît superflu, puisqu'il ne s'agit pas d'une exposition.

Enfin, notre plus grande publicité se fait par la presse locale et régionale qui nous est tout acquise. C'est un point important pour la réussite de ces manifestations.

Nouveau compte-rendu sur le marché des Miels émanant du département américain de l'Apiculture

par M. H. CLAY
Bureau de l'Agriculture économique

Un des plus récents projets de marché du Département Américain de l'Agriculture, quand fut inauguré le travail de marché, en 1915, fut l'organisation d'un service de comptes-rendus, concernant tous les pays, sur les fruits et les légumes. Il fut pressenti qu'une des principales raisons des petits profits que réalisaient de nombreux producteurs, était leur manque d'informations compétentes, concernant les prix et les conditions de marché dans les terrains producteurs concurrents et les centres principaux de consommation. Et, bien que ces hommes moyens, dans la longue chaîne de distribution, aient accès aux mêmes informations que le producteur, la première pensée du Département a toujours été d'aider le fermier. Ces comptes-rendus de marché, sur les fruits et les légumes, rencontrèrent d'instantes approbations et prouvèrent une telle réelle valeur, en assurant au producteur une plus grande proportion du prix payé pour ses marchandises par le consommateur, que, en 1917, et à la requête du Dr Phillips, apiculteur du Département de l'Agriculture, un service de comptes-rendus de marchés fut établi sur le miel et la cire, utilisant un personnel régulier pour les fruits et les légumes. Depuis cette époque, des bulletins ont été mis en pratique et publiés régulièrement. Depuis le premier, celui-ci a été le plus chaudement apprécié de tous les rapports de nouvelles, ainsi que cela est mis en évidence par de nombreuses lettres de cordiales félicitations, et par le fort pourcentage de lettres reçues en réponse à nos circulaires.

Au moment où le service fut créé, l'apiculteur n'avait, en général, aucune idée des prix courants dans les centres de marché, en dehors des cotes, souvent inexactes, émises par des marchands différents, ou publiées dans des journaux d'apiculture.

Plusieurs des principaux journaux de cette catégorie ont cessé, depuis, de publier aucune cotation de vente, et y ont substitué les comptes-rendus du gouvernement.

Les comptes-rendus sur le miel sont publiés les premier et quinze de chaque mois, de deux villes : Washington, qui les envoie dans tout le territoire à l'Est du Mississipi, et Kansas City, Missouri, qui dessert le reste du pays. Environ 6 000 personnes sont actuellement sur la liste d'envoi et de nouvelles demandes pour les comptes-rendus sont constamment reçues. Ces rapports ne comportent aucun frais.

Nouvelles des terrains de production.

La première page de chaque rapport est consacrée entièrement aux nouvelles concernant les terrains importants de production de miel dans la région. Un grand nombre d'apiculteurs et de transporteurs de miel répandus dans le pays, envoyèrent, deux fois par mois, au Département, des listes de prix et de conditions de marché prédominants dans leurs secteurs, avec d'autres articles de nouvelles susceptibles d'intéresser aussi généralement les apiculteurs. Par exemple, l'hiver de 1921-22 fut extraordinairement rude dans quelques-uns des principaux terrains producteurs de miel des Etats-Unis, et anormalement doux dans d'autres régions. Une question intéressante pour tous les apiculteurs, durant ce printemps, fut : « Comment les colonies survivraient-elles, l'hiver, dans les districts concurrents ? » — Ainsi, en avril et en mai, sans essais d'estimations exactes des pertes de l'hiver, le Département était capable, d'après les réponses reçues, de les montrer d'une façon générale pour les différents terrains de production.

Le grand nombre d'apiculteurs et de transporteurs de qui le Département tient des informations sûres, permet une comparaison et un contrôle sérieux, et affirme l'exactitude des informations publiées. Un contrôle ultérieur sur les nouvelles, garanties de ces sources, est remplacé par une information donnée par plusieurs des principaux journaux apicoles et généreusement cédée au Département, pour un usage confidentiel.

L'information provenant des régions productives est limitée surtout aux comptes-rendus sur le miel qui entre dans la circulation commerciale, en caisse de 5 gallons, s'il est extrait, ou en caisses de 24 sections, s'il est en rayons. Les terrains auxquels on se rapporte habituellement dans les relations de nouvelles, sont quelque peu signalés dans ce qui suit :

« *Intermountain Region* », qui prend dans le territoire entier de la partie des Montagnes Rocheuses. Il s'étend depuis la région Est de Washington, Idaho et Montana, à la frontière méridionale du Canada, à travers l'Oregon de l'Est, Névada, Wyoming, Utah et Colorado, jusqu'au nouveau Mexique et à l'Arizona, sur la frontière mexicaine.

Par le terme de « *Pacific Northwest* », on comprend la région ouest de Washington et l'Oregon.

« *East Central and North Central states* », est un terme général, qui enferme la plus grande partie du terrain de White Clover, à l'ouest de New-York. Les Etats compris sont : l'Ohio, Indiana, et des parties de la Virginie de l'Ouest, Kentucky, Illinois, Michigan, Wisconsin et Minnesota.

« *Plains Area* » couvre des Etats tels que le Iowa, Nebraska, Missouri, Kansas, et une grande partie de l'Illinois.

« *Northeastern States* », commence dans New-York, Vermont, et une partie de la Pensylvanie.

« *Southeastern States* » est un terme large, qui s'étend jusque sur les terrains à miel du Nord de la Caroline, Georgia, Alabama, Mississipi et Lousiania.

Les termes « *California Points* » et « *Texas Points* » sont suffisamment explicites.

Des rapports arrivent aussi à l'occasion, de Cuba et de Porto Rico, et sont discutés brièvement sous le titre « *West Indies* ».

Ou verra que plusieurs Etats ne sont pas mentionnés du tout, mais, pour toute règle, ils sont relativement peu importants encore au point de vue de la production commerciale du miel.

Informations des Centres de marchés.

La deuxième page du compte-rendu du miel est attribuée aux nouvelles sur les centres de grosse consommation : Boston, New-York, Philadelphie, Chicago, Kansas City, Saint-Louis, Minneapolis et Saint-Paul sont tous mentionnés. Les données sont garanties par des représentants appointés par le Département, qui visitent les acheteurs et les producteurs principaux, et assurent les cotations auxquelles les confiseurs, les boulangers et les marchands peuvent acheter le miel purifié, et le prix qu'on peut obtenir pour le miel en rayons, lorsqu'il est acheté aux producteurs et revendu aux épiciers. Les prix sont établis pour toutes les diverses qualités qui sont sur le marché en toutes quantités. Dans un grand marché, comme celui de New-York, 20 dépositaires responsables, ou davantage, peuvent être visités par le reporter, avant que celui-ci sente qu'il peut écrire un rapport sur le marché qui soit bien exact. L'édition ensuite, et le contrôle sont faits à Washington, avant qu'aucune cote ou autre état soit publié.

Dans ces grands marchés, les dépositaires sont habituellement entièrement disposés à donner, aux représentants du Département, leurs prix de vente et tous autres détails sur la situation du marché, et c'est rarement qu'un marchand refuse d'entrer en pourparlers avec le reporter du gouvernement.

Compte-rendu sur la cire.

Bien que le premier but du compte-rendu de nouvelles soit de décrire la situation du miel, il établit aussi les prix de la cire, pour les centres principaux de consommation, et parfois, les prix que paient les apiculteurs, pour la cire, dans les différentes parties du pays.

Pendant plusieurs années, le prix de la cire demeura très stable, allant de 40 à 45 cents par livre pour la cire légère. Durant ces dernières années, de grosses fournitures de cire inférieure importée avaient abaissé le prix de l'article domestique, à un tel point que, actuellement, la bonne cire du pays peut être achetée 30 cents la livre, à Chicago. En conséquence, beaucoup d'apiculteurs ont adopté la pratique d'avoir de la cire amassée pour eux, en rayons, préférant payer une certaine taxe par livre, plutôt que de

la vendre sur le champ, et suppléer à leurs besoins par une fonte
postérieure.

Comptes-rendus de la récolte et de la production.

Par la coopération de plusieurs milliers d'apiculteurs, répandus à travers les 48 Etats, l'information est garantie, 4 fois par an, en ce qui
concerne les productions de miel, perspectives et conditions des abeilles
et des plantes.

En mai, un effort est fait pour déterminer les pertes de l'hiver et les
conditions des colonies et plantes à miel au printemps. Les rapports de
juillet et septembre recherchent le surplus de la production à ces dates, la
condition des plantes et des colonies, et les prix moyens de vente, en gros.
Le compte-rendu final de l'année, en novembre, indique, par Etats, la production moyenne de la saison entière, les pourcentages de miel, en rayons,
pur, et tous types de miel, l'importance relative des Etats comme producteurs de miel, et les prix de la vente en gros et en détail.

Les statistiques individuelles, établies par les apiculteurs, sont contrôlées avec des données obtenues indépendamment, par des statisticiens
de l'Agriculture de l'Etat. Après une édition, les résultats sont publiés
comme un supplément, au compte-rendu des nouvelles du marché en cours.
Le très grand nombre de coopérateurs assure que ces statistiques de la
production seront la représentation de toutes les conditions générales de
la contrée.

Travail étranger

Les importations et exportations de miel et de cire sont garanties une
fois par mois, par le Bureau du Commerce étranger et intérieur, et publiées sur les pages 3 et 4 du rapport. Deux fois par an, les importations et exportations, pour les 12 mois précédents, sont mises en tableau
et publiées avec grand détail.

Les informations concernant l'apiculture et le marché pour le miel
américain, dans les pays étrangers sont occasionnellement obtenues par le
bureau du commerce étranger et intérieur et condensées pour le rapport
sur le miel. Un intérêt croissant a été manifesté par les transporteurs de
miel américain en faveur d'une extension de l'exportation, et cet intérêt
s'est spécialement manifesté durant ces derniers mois.

Effets stabilisateurs des rapports sur le miel.

Depuis la création du service des comptes-rendus des marchés de
miel, les prix ont montré une considérable fluctuation et, pendant ces derniers mois, se sont maintenus à un niveau peu élevé. Quelques autres
produits de fermes, toutefois, ont même souffert davantage que le miel,
pendant la période de dépression et de réorganisation qui suivit la guerre,
et on croit que, si les rapports du gouvernement n'avaient agi comme un
stabilisant en dépeignant les conditions existantes actuelles, le marché
du miel aurait même atteint des niveaux inférieurs. A l'heure actuelle,
les perspectives sur le miel sont encourageantes, la demande s'est largement accrue durant l'année dernière, et non seulement on aura disposé, en général, de la récolte de 1921, avant que la production de 1922

soit sur le marché, mais encore des millions de livres gardées sur celle de 1920 ont été vendues récemment.

Un des développements intéressants de l'année dernière a été le grand accroissement de l'usage de petits verres et d'ustensiles de fer-blanc. Dans quelques sections, la vente du miel en seaux de fer-blanc de 3, 5 et 10 livres, de 5 onces, en grands gobelets et dans des vases de verre contenant un quart ou moins, s'est accrue de 50 % et davantage.

Une partie de cet accroissement peut être attribué au fait que, par les rapports du gouvernement, les prix actuels en cours pour le miel en 5 gallons purent être connus d'un grand nombre d'apiculteurs qui furent ainsi en état de présenter avec confiance un juste et raisonnable prix pour leur miel, dans des contenants de plus petite capacité.

Soit qu'un homme soit simplement apiculteur, seulement avec quelques ruches, soit qu'il représente une grande organisation dans la corporation, avec une récolte de plusieurs centaines de chars, les rapports du gouvernement seront pour lui d'une valeur considérable, en l'aidant à disposer de la récolte, suivant les valeurs prévalant sur le marché.

Transport rapide des Reines et Essaims,
par M. Étienne GIRAUD

Le transport des abeilles, que ce soit reines, essaims ou colonies, exige des emballages spéciaux qui donnent la sécurité aux transporteurs.

Emballage et transport des reines. — Les reines étant admises à la poste au tarif des échantillons, demandent de ce fait un emballage assez léger tout en étant assez résistant. Quiconque a remarqué comment sont manipulés les sacs postaux se rend aisément compte que les cages d'expédition des reines doivent être assez robustes. Il est de l'intérêt de l'expéditeur de veiller soigneusement à ce point, car quelques cages défoncées permettant aux abeilles de piquer les agents, pourraient suffire à provoquer de leur part des réclamations; cela pourrait aboutir à une modification désavantageuse des conditions d'envoi des abeilles par la poste.

Les chocs que reçoivent les reines dans le transport peuvent avoir des effets funestes sur leur valeur. Elles ressentent d'autant plus ces chocs qu'il y a moins d'abeilles les accompagnant. Nombre de reines sont expédiées avec moins de dix abeilles, dans des cages assez grandes pour en contenir une vingtaine et plus.

La nourriture importe aussi beaucoup. Le candi doit être assez ferme pour ne pas couler; mes préférences vont au candi fait avec du sucre en poudre impalpable et du miel non cuit. Mais dans ce cas, il faut être certain de la provenance de son miel.

Pour les envois à l'intérieur, la question d'aération a peu d'importance; il n'en est pas de même pour les envois au-delà des mers. Vers 1900-1905 j'importai avec succès de nombreuses reines provenant des Etats-Unis. Le pourcentage de perte était très variable, nul dans certains envois et perte complète dans d'autres, ce dernier cas assez rarement. La perte moyenne pouvait atteindre environ 15 %. Mais, à la longue, le pourcentage devint plus élevé, sans savoir à quoi l'attribuer; je pensai que ces pertes pouvaient provenir de ce que le trafic postal entre les Etats-Unis et l'Europe allait grandissant sans que les services postaux n'augmentassent dans les mêmes proportions leur capacité. Je m'informai dans quelles conditions se trouvaient les envois à bord de paquebots. Voici une réponse datant de juin 1906 : « Les sacs postaux sont fort mal logés. Sur les paquebots ils sont à fond de cale. Les boîtes d'échantillons recommandés ou non, sont enveloppées obligatoirement dans un fort papier gris et sont jetées pêle-mêle dans des sacs qui, eux-mêmes, sont ficelés ». Quand on songe que c'est par centaines que se comptent les sacs postaux à bord d'un paquebot, il n'est donc pas étonnant que les abeilles meurent étouffées faute d'aération. Il est encore une autre cause de perte : les abeilles venant d'Orient sont souvent tuées par la désinfection des courriers qui devient de plus en plus fréquente. C'est pour cette raison seule que certains envois provenant d'Orient arrivent toutes abeilles mortes.

Est-il possible d'espérer qu'une démarche faite près de l'administration des postes par les sociétés apicoles obtienne que les envois d'abeilles vivantes soient traités d'une façon spéciale? Je ne le crois pas. Le moyen le plus efficace serait de grouper les envois qui seraient logés dans des caisses spéciales.

Ces envois seraient confiés à des agences de transport qui se chargeraient de la réexpédition par voie postale, dès l'arrivée au port destinataire. Ces caisses, logées dans un endroit sombre, un peu frais, permettraient aux abeilles d'arriver en bon état. Les envois d'abeilles d'Orient pourraient se faire de la même façon, et à l'arrivée au port on éviterait ainsi la funeste désinfection. C'est, en somme, une organisation à créer entre importateurs et exportateurs. Les envois seraient plus coûteux, mais, par suite de pertes moins élevées il y aurait avantage.

Emballage et transport des essaims. — Pour les mêmes raisons données pour l'emballage des reines, les caissettes de transport doivent donner aux agents chargés du transport toute sécurité. Ce n'est pas toujours le cas, et j'ai souvent vu des envois qui laissaient échapper des abeilles. En France, pour être admises en colis postal, les abeilles doivent être placées dans des boîtes disposées de façon à éviter tout danger pour les agents et permettre la vérification du contenu. Certains pays exigent une double toile métallique. Chaque caissette devrait être munie d'une poignée qui, tout en facilitant la manipulation, empêcherait que la caissette soit empilée sous d'autres colis. Des étiquettes voyantes devront recommander la mise à l'ombre; quant à manipuler doucement ces caissettes le sont généralement, si ce n'est par devoir, c'est tout au moins par prudence. Il m'est arrivé cependant, deux fois, que des essaims soient arrivés la boîte complètement écrasée; ils me furent d'ailleurs remboursés par la Compagnie.

Les envois par colis postaux ont l'inconvénient de ne pas avoir de délai pour la livraison ; de ce fait, les retards ne donnent droit à indemnité que lorsqu'ils sont vraiment trop longs.

Il n'en est pas de même pour les envois en grande vitesse, qui sont le meilleur mode d'envoi pour les expéditions un peu importantes.

Les caissettes doivent être pourvues d'une nourriture suffisante. Le candi, placé dans de petits cadres grillagés, donne de bons résultats. Les cadres garnis de rayons de miel sont aussi bons, à condition toutefois qu'ils ne portent pas de germes de maladies, ce qui peut se produire chez les éleveurs qui achètent leurs rayons de miel pour garnir ces cadres. Certains éleveurs des Etats-Unis emploient des boîtes métalliques remplies de sirop, dont l'orifice, situé à la partie inférieure, est garni de coton hydrophile permettant aux abeilles l'absorption de ce sirop.

Les abeilles à l'état d'essaim fatiguent surtout par un temps orageux et une température très chaude. Il est prudent, à ces moments, de différer les expéditions.

En France, les éleveurs garantissent le plus souvent la bonne arrivée vivante des essaims. Cette garantie pour l'acheteur lui impose le devoir de prendre, sans retard, livraison de la marchandise, et ne doit pas être un motif pour refuser des essaims qui peuvent avoir, parfois, 1/5e d'abeilles mortes en cours de route par des causes difficiles à éviter.

Pour les envois d'essaims et colonies à l'intérieur de chaque pays, il y a lieu d'étudier avec soin les tarifs appliqués par les Compagnies de chemins de fer, et voir s'il n'y aurait pas lieu de demander le classement dans d'autres catégories plus avantageuses. C'est le cas pour la France où les abeilles voyagent en grande vitesse au tarif commun, tandis qu'il serait beaucoup plus avantageux à tout point de vue que leur fut appliqué le tarif commun G. V. 114, appliqué aux denrées périssables, petits animaux vivants, arbres et plantes vivants. Ces questions de tarifs méritent d'être étudiées avec soin, dans chaque Nation, par les Fédérations des Sociétés apicoles.

De l'étude ci-dessus, il résulte :

1o Que les éleveurs feront bien de soigner leurs emballages de reines et essaims afin qu'il n'y aît pas de réclamations de la part des agents chargés du transport.

2o Que dans chaque pays on étudie avec soin les tarifs des chemins de fer les plus avantageux à faire appliquer aux expéditions d'abeilles.

3o Que les formalités en douanes soient effectuées le plus rapidement possible, afin de ne pas retarder les livraisons au destinataire.

4o Que sur les lignes postales où le courrier est soumis à la désinfection, les envois d'abeilles soient mis à part, afin de ne pas subir la désinfection, qui les tuerait.

Cinquième Séance.

Mercredi 20 septembre à 8 heures (Salle des Congrès).

Séance plénière de la Section de prophylaxie apicole.

Ouverture sous la présidence de M. le Professeur Sylvestri, délégué
du Gouvernement Italien.

1º. — Rapport présenté par M. le Dr J. de Rathsamhausen, sur la Lutte
contre les Maladies des Abeilles, etc...

2º. — Communication présentée par M. le Dr O. Morgenthaler sur les Maladies des Abeilles adultes en Suisse.

3º. — Communication présentée par M. Etienne Giraud sur le Contrôle
des Maladies des Abeilles.

4º. — Communication présentée par M. Arnold P. Sturtevant, sur les Maladies du Couvain des Abeilles reconnues aux Etats-Unis. (Texte
anglais).

5º. — Communication présentée par M. Ph.-J. Baldensperger, sur les Maladies des abeilles.

Procès-verbal de la Séance plénière du mercredi 20 septembre

Prophylaxie apicole

La séance est ouverte à 8 heures 1/2 du matin, sous la présidence
de M. Philippo Sylvestri, délégué du Gouvernement italien.

On entend la lecture des rapports de MM. les Docteurs Jean de Rathsamhausen (France), et Morgenthaler (Suisse).

M. Sirvent félicite M. Rathsamhausen de son rapport.

M. Giraud fait la proposition qu'on s'occupe d'une législation internationale, pour enrayer la propagation des maladies des abeilles.

M. Tombu déclare qu'il s'associe à la proposition, mais il demande
que l'on s'efforce, au moins, à ce qu'elle soit suivie d'effet. Aux Congrès de
Bois-le-Duc en 1902, et au Congrès de Turin en 1911, la même proposition fut faite déjà. Il est évident que la question de la loque ne doit
pas revenir à l'étude à chaque Congrès, accaparant ainsi un temps qui
pourrait être utilement affecté à l'examen d'autres questions.

M. Pol Chevalier, Sénateur de la Meuse, reconnaît la justesse de cette
observation, et il s'engage à faire tout son possible pour amener le Gouvernement français à adopter le vœu qui va être émis.

M. Baldensperger, qui a apporté des rayons loqueux, qu'il soumet à
l'examen des congressistes, prétend que, chez un apiculteur expert, une
colonie loqueuse peut être guérie.

M. l'Abbé Eck soutient la même thèse.

M. le Docteur Rothchild dit qu'il a tout essayé, mais qu'il faut en venir
aux moyens radicaux : brûler.

M. Sevalle affirme aussi qu'il n'est pas toujours nécessaire d'en arriver aux moyens extrêmes. Au reste, il faut surtout insister sur la pro-

pagation des moyens préventifs. Il ajoute, avec raison, qu'en certaines régions, la loque s'acclimate difficilement.

M. Philippo Sylvestri s'excuse d'avoir dû faire marcher avec célérité la discussion des rapports de cette importante section, le labeur du Congrès n'étant pas encore terminé. Il remercie les rapporteurs et tous ceux qui y ont pris part, et déclare clos les travaux de la cinquième section.

RAPPORTS ET COMMUNICATIONS

présentés à la cinquième Séance plénière du Congrès

La Lutte contre les Maladies des Abeilles
par M. le Dr J. DE RATHSAMHAUSEN

Au mois de décembre prochain, le monde scientifique va fêter le centenaire de la naissance de Pasteur. Je n'ai pas à vous dire qui fut Pasteur, vous connaissez tous ses travaux sur la fermentation, sur les microbes; vous savez tous qu'il a vaincu la rage. Ce que vous ignorez peut-être plus, c'est que Pasteur a fait une étude particulière de la pébrine, d'une maladie amibienne des vers à soie. Nos abeilles sont souvent atteintes d'une maladie semblable, la nosémentérite. Or, en terminant son étude sur la pébrine, Pasteur conclut qu' « il est au pouvoir de l'homme de faire disparaître, de la surface du globe, les maladies parasitaires ».

Les maladies parasitaires, certainement, nous pouvons les faire disparaître de la surface du globe. Combien de races animales n'avons-nous pas exterminées ? Les parasites périront infailliblement si nous le voulons. Il ne sera pas de même des microbes; on dirait même que ces êtres vivants pullulent de plus en plus. Cependant, dans la lutte contre les maladies microbiennes, nous pouvons conserver toute notre confiance et de grands espoirs : il est dans notre poûvoir de faire disparaître d'une région, voire d'un grand pays, les maladies microbiennes les plus terribles et d'en empêcher le retour.

Forts de nos connaissances acquises, nous devons mener la lutte vigoureusement. Mais pour lutter contre un ennemi, encore faut-il le connaître. Nos connaissances en maladies des abeilles sont encore très rudimentaires; l'étude est pour ainsi dire à peine commencée. Je vais exposer ce que nous savons des maladies des abeilles, ce que nous avons fait jusqu'ici pour lutter contre elles, ce qu'il nous reste à faire pour les enrayer complètement.

Une colonie d'abeilles se compose de plusieurs éléments, à savoir les abeilles adultes, le couvain, la bâtisse en cire, la ruche qui loge l'ensemble. Tous ces éléments peuvent être malades. Quand une ruche est malade, le danger n'est pas bien grand : les abeilles elles-mêmes la soignent aussi longtemps que cela est possible. Nous devons leur venir en aide en remplaçant la vieille demeure par une maison neuve et en livrant au feu la ruche malade. La bâtisse en cire est souvent malade aussi. Je ne veux pas parler d'une bâtisse vieille, mal faite, irrégulière, défectueuse à tous les points de vue; l'apiculteur intelligent la remplace aussitôt. Il en fait de même si les rayons sont attaqués par la fausse-teigne. Il en fait autant encore si des moisissures couvrent le bas des rayons, si des champignons ont poussé sur le pollen emmagasiné. Toutes ces « maladies » ne sont pas dangereuses; elles ne sont surtout pas épidémiques.

Il n'en est plus de même des maladies des abeilles adultes et du couvain. Celles-ci sont à peu près toutes épidémiques, toutes sont dangereuses, elles méritent notre attention au plus haut point. Leur description est relativement facile, car on peut dire que les maladies des abeilles ne frappent pas le couvain, les affections qui tuent le couvain n'infectent pas les abeilles. Je vais donc étudier d'abord tout ce qui est maladie chez l'abeille adulte, pour exposer ensuite les affections du couvain.

I. — AFFECTIONS NON CONTAGIEUSES DE L'ABEILLE ADULTE

Il existe d'abord une affection chez l'abeille adulte qui est tantôt un simple accident, tantôt une réelle maladie : je veux parler de la dysenterie.

1° *La Dysenterie*. — La dysenterie est une affection bénigne de l'abeille adulte, souvent anodine, en tout cas non contagieuse. Il semble qu'il s'agit d'une réaction nerveuse, sous l'influence de phénomènes anormaux et contraires à la vie régulière de l'abeille.

La caractéristique de la dysenterie est l'évacuation anormale des excréments. A l'état normal, l'abeille vide son intestin pendant le vol, en dehors de la ruche; les excréments normaux sont très variables, tantôt liquides, tantôt solides, suivant la température, la saison, l'alimentation. En été, les excréments sont généralement solides; en hiver, ils sont bien plus souvent liquides. Si l'abeille est dysentérique, elle rejette les excréments n'importe où, en dehors de la ruche, sur la planchette de vol, à l'intérieur de la ruche, sur les rayons; les excréments sont généralement liquides, mais pour tout le reste, absolument semblables aux excréments normaux, ils sont simplement augmentés de quantité. Jamais l'abeille ne meurt de dysenterie.

La forme la plus anodine survient à l'occasion de l'orphelinat subit. La dysenterie se produit aussi quand les abeilles sont momentanément dérangées, en hiver, par l'homme ou par des animaux, ou bien, si, en été, elles sont traitées brutalement. Il s'agit bien là d'une réaction nerveuse. Réaction nerveuse encore si la colonie manque d'air en hiver par obstruction du trou de vol, soit extérieurement par la neige, parce que l'apiculteur a trop rétréci l'ouverture, soit intérieurement, par des abeilles mortes. La maladie éclate aussi quand les abeilles sont claustrées pendant un certain temps, pendant de longues journées de pluies, pendant le transport.

La dysenterie revêt un aspect plus grave quand les abeilles séjournent de longs mois, en hiver, dans leur ruche, sans pouvoir la quitter. L'intestin se remplit alors à l'extrême, la fermentation s'y mêle, les bactéries envahissent quelquefois l'intestin moyen. A l'état normal, l'intestin moyen et surtout le jabot sont absolument vides de microbes; l'intestin terminal en renferme toujours, dont le nombre se tient dans les mêmes limites. Dans la dysenterie nerveuse, ce nombre reste sensiblement le même; par contre, dans la dysenterie grave, leur nombre augmente considérablement et les bactéries remontent le long du tractus intestinal. L'abeille malade quitte la colonie, mais comme l'extrême tension de l'intestin paralyse sa musculature, l'évacuation n'a pas lieu immédiatement et l'abeille meurt de froid sans se vider. D'autres malades salissent la ruche et les rayons. L'affection se développe longtemps avant qu'elle ne se manifeste brutalement. Des semaines se passent quelquefois sans que l'apiculteur non prévenu ne s'en aperçoive par de nombreuses abeilles mortes, par de l'inquiétude dans la ruche, par la soif, reconnaissable à l'existence de nombreux cristaux de sucre près du trou de vol. La colonie dysentérique ne meurt pas, elle s'affaiblit et reste toujours en arrière dans son développement.

Nombreuses sont les théories émises pour expliquer l'origine de la dysenterie. On est à peu près d'accord pour incriminer, à juste titre, des influences extérieures à la ruche; on ne pense plus de même quand il s'agit de s'entendre sur l'hivernage chaud ou froid, sur la valeur du sucre de nourrissage et les différents miels. Le miel de bruyère, de sapin, de colza, le miellat, sont très souvent accusés de provoquer la dysenterie. Il faut savoir que les miels trop pauvres en eau sont néfastes, que le sucre est dangereux s'il n'est pas pur et qu'il est sage de nourrir les ruches avant l'hiver afin de leur donner l'eau indispensable à leur bien-être.

La dysenterie des abeilles se manifeste par de grosses évacuations d'excréments; la constipation est son opposé. Dans une description antérieure des maladies des abeilles, j'ai dit que la constipation de l'abeille est accompagnée de symptômes particuliers qui ont valu à l'affection cet autre nom de vertige, désignation sous laquelle elle était connue jadis; puis j'ajoutai que j'étais persuadé qu'au fur et à mesure des progrès de nos connaissances pathologiques, le vertige sera décrit comme un symptôme à plusieurs affections. La chose s'est réalisée : Le Dr Morgenthaler, de la station de Lebefeld, près de Berne en Suisse, divise les maladies des abeilles adultes en affections paralysantes et non paralysantes. Les affections paralysantes sont accompagnées de vertige.

Le vertige est un symptôme de maladie et non une maladie. Les abeilles atteintes du vertige sont incapables de voler, se traînent péniblement hors de la ruche, tournoyent quelques instants par terre et meurent dans des convulsions. Cet état est généralement accompagné de constipation, mais elle ne l'accompagne pas nécessairement.

A mon avis, la constipation est le résultat d'une paralysie des muscles intestinaux par intoxication générale. Je crois aussi que la constipation est fort douloureuse pour l'abeille qui cherche à s'aider, à se soulager en frottant son abdomen avec ses pattes et ne réussit qu'à s'enlever les poils. De cette façon, son corps devient noir, luisant, comme lustré.

Au point de vue descriptif, la classification en affections paralysantes et non paralysantes est parfaite. Mais le Dr Morgenthaler ne se sert pas du terme « non paralysantes », il parle de phtisie. Or, c'est la colonie qui est phtisique et non l'abeille; la perte continuelle d'ouvrières fait fondre la ruche comme neige et souvent, malheureusement, elle disparaît complètement comme celle-ci. Le terme de phtisie est donc une appellation très imagée et très frappante. De plus, en faisant usage des appellations suisses, on réunit dans la classe des maladies paralysantes, des intoxications, des infections et du parasitisme, alors que d'autres affections parasitaires sont séparées de leurs congénères et rangées dans la classe des phtisies. La description réellement scientifique doit s'inspirer d'autres principes; je pense qu'il est préférable de classer les maladies des abeilles adultes en intoxications, en infections microbiennes et en affections parasitaires.

2º *Les intoxications intestinales*. — Sous le nom de *Mal de Mai*, depuis longtemps les auteurs décrivent une affection paralysante de l'abeille. Au printemps, habituellement au mois de mai, il arrive qu'on voit sortir des ruches quantité d'abeilles atteintes de vertige et de constipation. Il est d'observation que ces abeilles malades sont exclusivement de toutes jeunes abeilles qui n'ont jamais quitté la ruche. Leur abdomen est gros, sans présenter de changement extérieur, leur intestin est rempli d'excréments, le rectum quelquefois tendu jusqu'à l'extrême limite, sans qu'on puisse déceler le moindre micro-organisme dans ces masses composées presque exclusivement de pollen.

L'origine de la maladie est inconnue. Les suppositions pour l'expliquer sont nombreuses. Généralement on incrimine le pollen et les recherches scientifiques sont orientées dans ce sens. Le Suédois Turesson fut le premier qui fournit une explication plausible. Cet auteur n'accuse pas le pollen lui-même; d'après lui, le pollen est infecté d'une moisissure dont la toxine est néfaste à l'abeille. Et de fait, Turesson isola des toxines de moisissures connues et provoqua la constipation et le vertige avec cette nourriture, chez l'abeille qui en absorbe. Le Mal de Mai, si les recherches se confirment, serait donc une intoxication alimentaire.

Les abeilles que Turesson finit par intoxiquer mouraient 3 à 8 jours après, avec un gros ventre, avec de la paralysie des ailes, avec du vertige, avec un abdomen tout noir par suite du frottement qu'elles pratiquaient avec leurs pattes. Or, l'abdomen noir est l'indice de la *maladie de la forêt*. Cette affection est très fréquemment observée en Suisse. Le Dr Morgenthaler, dans son rapport sur les travaux de l'Institut de Lebefeld, en 1921, nous apprend qu'« au cours de l'année, il ne fut, en général, pas possible de séparer les deux maladies, mal de mai et maladie de la forêt. Dès le printemps et pendant tout l'été, on a vu, dans de nombreux ruchers, quantité d'abeilles qui semblaient être affectées parfois plus par le mal de mai, parfois plus par la maladie de la forêt. On avait l'impression que la maladie de la forêt était encore restée dans les ruches depuis 1920. La tuméfaction de l'abdomen est un signe peu sûr, et se voit souvent aussi dans la maladie de la forêt. Que le rectum soit gorgé de pollen, ou seulement de liquide, cela dépend avant tout si l'abeille malade est une abeille nourricière ou une butineuse, car, comme des observateurs anglais l'ont signalé, l'accumulation de détritus nutritifs dans le rectum est la suite et non la cause de l'incapacité de voler, étant donné que l'abeille vide normalement son intestin pendant le vol. Il n'est pas probable qu'une constipation soit la cause primitive de ces maladies ».

La maladie de la forêt se caractérise par la phtisie de la ruche sous l'influence de la perte de ses butineuses. A date fixe, généralement vers le 10 juin en Suisse, le mal fait son apparition pour disparaître fin juillet. Ce qui étonne le plus, c'est que la maladie se montre isolément; souvent, dans une région très peuplée d'abeilles, un seul rucher est atteint;

sur certains apiers, une seule colonie, habituellement même, la plus belle et la plus forte. L'affection frappe principalement les butineuses; souvent, en rentrant, elles sont paralysées, et les gardiennes ne les acceptent plus. A mesure que la maladie s'installe, le sol devant les ruches est jonché d'abeilles mortes et d'autres qui, misérablement, se traînent par terre, sautillant, essayant de s'envoler, battant lamentablement des ailes et périssant finalement. La maladie disparaît dès qu'il y a de la picorée. Aussi peut-on conseiller de donner aux colonies malades de l'eau et du bon miel printanier. Dans tous les cas, la maladie de la forêt n'est pas épidémique et jamais aucune ruche n'en a péri.

Les apiculteurs suisses ont eu le désagrément de connaître une *autre intoxication*. Dans le canton de Berne, pour combattre la fièvre aphteuse, l'administration fit arroser les alentours des fermes et les routes communales avec une solution de 3 à 5 % de crésapol et de la chaux. Les journées étant fort chaudes, puis un violent orage laissant de grandes flaques d'eau, les abeilles puisèrent du liquide toxique et elles en moururent en masse. Si ma mémoire est bonne, je crois qu'ailleurs on a signalé l'intoxication des abeilles par ces solutions arsénicales. La cause de la mortalité anormale des abeilles étant facilement trouvable, dans ces cas, il suffit de supprimer le poison pour empêcher le mal.

II. — AFFECTIONS CONTAGIEUSES DES ABEILLES ADULTES

1o *Affections intestinales*. — A côté des affections paralysantes non contagieuses, et dues à l'intoxication, il existe une *entérite bacillaire* contagieuse, le paratyphus de l'abeille. Observé à plusieurs reprises dans différents pays de l'Europe, il fut réellement étudié et décrit par Bahr, de Copenhague, au Danemark, dont les recherches ont été contrôlées par Maassen, directeur de l'Institut biologique de Dahlem, près Berlin, et récemment, par le professeur Raebiger, de Halle, en Allemagne.

Le paratyphus de l'abeille fit des ravages sérieux en 1919 au Danemark, et Bahr put isoler le *bacillus paratyphi alvei*. Il s'agit d'un bacille paratyphique, petit, mobile, ovalaire, ne formant pas de spores. Ce bacille existe en grande quantité, souvent en culture pure, dans les excréments de l'abeille malade; chez l'abeille saine, il est rare. On le trouve quelquefois aussi dans le sang de l'abeille. Le bacille se cultive facilement sur lactose-agar; il fragmente les glucose, maltose, arabinose, xylose, rhamnose et mannite avec formation de gaz et d'acide, mais ne change pas les lactose, saccharose, dulcite et adonite; il ne coagule pas le lait. Sur pomme de terre, il forme des colonies humides jaunes brunâtres; dans le pepton-bouillon de Vitte, il donne des traces d'indol. Le bacille se colore facilement, mais il ne prend pas le Gram. Il n'agglutine pas avec du sérum de paratyphus A et B, ni avec la peste porcine, ni avec le paracolique; par contre, il agglutine fortement avec du sérum de paratyphus alvei provenant du cobaye. Une culture pure mélangée à du sucre en solution à 5 % rend les abeilles malades; elle infecte aussi les guêpes, mais ne touche pas les souris, les rats et les cobayes. Le bacille paratyphique de l'abeille ne correspond donc pas au bacille paratyphique de l'homme et des mammifères.

Le paratyphus de l'abeille est une maladie paralysante caractérisée par l'affaiblissement, l'incapacité de voler, souvent de la dysenterie et mort en 1 à 5 jours. Dans l'espace de 15 jours, les ruches atteintes ont diminué de la moitié. On observe d'abord une perte notable d'abeilles; à tout moment il faut enlever les cadavres qui obstruent le trou de vol. Il semble que la colonie soit dysentérique, la paroi intérieure et la planchette de vol sont salies par des excréments liquides abondants.

Quoique nous ne connaissions le paratyphus de l'abeille que fort peu, nous devons le considérer comme dangereux, capable d'engendrer des épidémies et lui accorder toute notre attention.

Le paratyphus est une entérite microbienne; nous connaissons aussi une *entérite parasitaire* contagieuse, mais non paralysante, la nosémentérite. Elle est habituellement désignée sous le nom propre de l'agent qui la cause, j'ai préféré lui donner le nom de nosémentérite qui indique le siège de la lésion avec son agent causal.

2º *Parasites intestinaux.* — La *Nosémentérite* est provoquée par le *noséma apis* Zander, découvert en 1909 par le professeur allemand Enoch Zander, d'Erlangen. Le noséma, proche parent du noséma bombycis, de la pébrine du ver à soie est un parasite intra-cellulaire, qui végète dans les cellules de la muqueuse intestinale de l'intestin grêle et dans les canalicules de Malpighi de l'abeille. Il ne peut vivre qu'à l'intérieur des cellules; en dehors d'elles, il survit comme spore. C'est la spore qu'on observe communément.

Les spores du noséma présentent un aspect variable suivant leur âge. Tantôt cette formation ovulaire renferme à la pointe une vacuole et la masse parasitaire, le reste étant une grande vacuole; tantôt il existe une vacuole aux deux pôles, et la masse parasitaire siège entre les deux vacuoles On n'est pas encore fixé sur la durée de résistance d'une spore : Witte indique quatre mois, le *British Bee Journal*, plus de deux ans, Zander lui-même cinq ans. La résistance à la chaleur est petite, la spore meurt en dix minutes à 60º.

Dès qu'une spore pénètre dans l'intestin de l'abeille, irritée par le suc intestinal, elle fait percer sa coque par un filament spiral et la masse parasitaire s'échappe par le trou produit. La masse parasitaire, le corpuscule uniboïde, s'amasse en un seul organisme ou se divise en plusieurs petits, les plénontes qui pénètrent dans les cellules intestinales pour y former des éléments sphériques ou ovulaires, les mérontes qui se multiplient à l'intérieur des cellules. En quarante-huit heures, depuis l'absorption de la spore, les mérontes forment dans la paroi intestinale de véritables nids parasitaires. Aux dépens des dernières divisions des mérontes, se forment les spores qui, arrivées à maturité sortent de la cellule pour recommencer le cycle.

La maladie évolue rapidement. Bientôt les parois de l'intestin moyen sont farcies de parasites et de spores. Les spores brillantes existent par millions, transforment l'intestin en un boyau complètement blanc, indice certain de la nosémentérite.

La nosémentérite se caractérise uniquement par la mort rapide des ouvrières, mortalité étonnante malgré la présence d'une bonne reine et l'abondance de miel, mortalité plus ou moins rapide, suivant le caractère aigu ou chronique de la maladie. L'affection sévit surtout au printemps et ressemble alors au mal de mai. Dans les cas chroniques les colonies restent faibles, et malgré tous les soins, elles ne se développent pas. Vers le mois de juillet, les ruchées infectées sont presque guéries. Puis, en automne, la maladie reprend de plus belle.

L'abeille malade présente une allure particulière. L'infection de son intestin lui fait certainement mal, l'abeille est excessivement inquiète; en plus, elle a toujours faim et soif et elle éprouve le besoin continuel de se vider. De sorte que la ruchée malade consomme énormément; alors que les autres sont calmes, celle-ci même par un temps abominable est en mouvement, mais aucune des abeilles sorties ne revient.

En hiver, quand les mouches ne peuvent pas sortir, la nosémentérite se complique de dysenterie abondante. Les excréments sont clairs et liquides; frais, ils dégagent une odeur acide; desséchés, de même que l'abeille morte de nosémentérite, ils sentent le tabac à priser. Si l'on dissout les excréments, on obtient un liquide blanc-laiteux contenant des milliers de spores.

On avait admis jusqu'ici que les jeunes abeilles et le couvain n'étaient jamais infestés par le noséma. Or, il n'en est rien. Récemment, dans des cas graves, Maassen a pu montrer les nids parasitaires dans le corps des nymphes et des jeunes abeilles encore operculées.

Nos connaissances de la nosémentérite semblent vouloir prendre de l'ampleur. Voici que Fanthann et Annie Porter ont trouvé une nosémentérite de l'abeille, dont l'agent pathogène n'est pas le noséma apis, mais le noséma bombi. La nouvelle nosémentérite atteint surtout les bourdons et les guêpes : elle paraît avoir fait, parmi les bourdons, tant de ravages en Angleterre qu'on a constaté une diminution notable de la fructification du trèfle rouge. Enfin, Maassen, décrivit un nouveau parasite chez l'abeille. Une première fois, Maassen le vit enkysté dans les canalicules de Malpighi; depuis, il l'a vu en état de développement. Il s'agit d'un parasite semblable à une amibe qui se loge sur les cils des cellules excrétrices des canaux de Malpighi; elle émet, pour se nourrir, des pseudopodes entre les cils, et absorbe non pas une nourriture solide, comme une amibe, mais une nourriture liquide. En outre, elle détruit progressivement les cellules excrétrices.

Pour mon compte personnel, j'ai quelquefois rencontré ces formations kystiques dans les canalicules de Malpighi. La découverte de Maassen est encore confirmée par Morgenthaler qui, l'an passé, les a rencontrées souvent à côté du noséma. Mais nos connaissances à ce sujet sont encore très rudimentaires et il reste beaucoup à étudier.

Quand le professeur Zander étudiait la nosémentérite, il insistait surtout sur sa gravité et sa contagiosité. Il ne fut pas cru, et la maladie fut négligée. Dans le monde scientifique où l'on étudie les maladies des abeilles, on revient à de meilleures idées. Morgenthaler, dans son dernier rapport avoue qu'au cours de ses études il a dû reconnaître que les relations entre la phtisie d'une ruche et la nosémentérite, sont beaucoup plus plus étroites qu'il ne le pensait auparavant. Je rappellerai que c'est précisément à propos de la pébrine que Pasteur a dit qu'il était dans le pouvoir de l'homme de faire disparaître du globe toutes les maladies parasitaires.

Pour arriver à exterminer le noséma, il faut savoir comment il se propage. La propagation du parasite d'une abeille à l'autre, d'un apier à l'autre, se fait uniquement par des spores, car elles seules peuvent vivre en dehors du corps de l'abeille. Les spores sont évacuées par les excréments. Malgré leur grande propreté, les abeilles d'une ruche malade ne peuvent pas éviter que les rayons, le pollen et le miel ne soient contaminés. En dehors de la ruche, les abeilles malades déversent les spores sur la terre, sur des plantes, sur les abreuvoirs. Les abeilles mortes, en se décomposant, libèrent certainement aussi de nombreuses spores virulentes.

L'infection du tube digestif de l'abeille saine se fait de différentes façons. Le plus souvent les abeilles s'infectent elles-mêmes en prenant les spores aux abreuvoirs, plus rarement sur les plantes visitées par les abeilles malades. Souvent les pillardes et les abeilles perdues apportent les germes dans la ruche saine. L'infection d'une ruche est très rapide : Maassen a placé 12 abeilles malades dans une ruche saine ; 8 jours après, il y en avait 40 %, 15 jours plus tard, toute la colonie était malade. On peut facilement se rendre compte de la marche envahissante de la maladie : les porteuses de germes sont très irritables, au moindre attouchement elles rejettent une gouttelette d'excréments qui est immédiatement absorbée par les abeilles. La transmission des germes se fait donc uniquement de l'anus à la bouche et non pas par l'alimentation directe de langue à langue. Tous les individus d'une ruche, mère, abeillauds et abeilles sont accessibles à la maladie ; mais en général, les ouvrières seules sont atteintes précisément parce que les mères et les abeillauds sont nourris directement. Nous ne savons pas encore d'une façon sûre si la transmission des germes peut se faire de la mère aux larves par les œufs ; c'est fort probable et mérite notre attention.

Le fait que les larves et les jeunes abeilles sont rarement malades, que les reines ne souffrent de nosémentérite qu'à un certain âge, que seul l'intestin moyen des mères et des abeillauds est atteint semble donner raison à Zander de conseiller le traitement curatif qui consiste à transformer la colonie en essaim nu. Je ne suis nullement de son avis : Si nous voulons nous débarrasser radicalement de la nosémentérite, nous devons suivre la méthode de Pasteur. Toutes les colonies infestées par le noséma doivent être détruites sans pitié, tout rucher contaminé doit être dénoncé et surveillé rigoureusement.

La nosémentérite est une affection parasitaire de l'intestin. Comme nous l'avons vu, on trouve aussi des parasites amibiens dans les canalicules de Malpighi, l'appareil urinaire. Nous allons passer maintenant à l'étude d'autres affections parasitaires où les parasites vivent dans l'appareil respiratoires de l'abeille.

3° *Parasites de l'appareil respiratoire.* — Depuis que le professeur Rennie et ses assistants White et Miss Harvey de l'Université d'Aberdeen, en Ecosse, ont découvert l'agent de la maladie de l'île de Wight, les recherches des savants ont permis d'ajouter un nouveau chapitre à nos connaissances sur les maladies des abeilles. Cette fois, il s'agit de parasites acariens, plus ou moins dangereux pour les apiaires en général et les abeilles en particulier. Pour cette raison, je vais appeler ce genre d'affection : des acarioses.

Les Acarioses sont connues depuis fort longtemps. Aristotélès déjà parle d'un acarien, d'une mite, probablement un *glycyphagus* rencontré sur de vieux rayons de miel. La petite note n'attira jamais aucune attention. Une première étude sérieuse d'un acarien de l'abeille fut faite par le français Duchemin. Emile Duchemin avait assisté, en 1864, à la perte de 30 ruches ; il essaya de trouver la cause de ce désastre, et il crut le trouver dans la présence, sur l'abeille, d'un acarus, mite dont une semblable fut découverte sur du miel en rayons. Les renseignements que nous possédons sont fort confus ; autant qu'on peut s'en rendre compte, Duchemin a découvert un acarien sur l'héliantus anuus capable (?) de tuer l'abeille, un autre sur le miel, qu'il pense être le même que l'acarus du sucre décrit en 1865 par Cameron, professeur à Dublin. En 1884, Trapp, vétérinaire à Strasbourg, signale un acarien dont il a trouvé 50 à 60 spécimens sur la tête d'une abeille. L'endroit où les mites se logeaient était rouge et visible à l'œil nu, comme une tache grise : la détermination exacte de l'espèce n'a pas été faite. En 1912, le professeur allemand von Buttel-Reepen constata la présence d'une mite, la parroa jacobsoni, dans les cellules de mâles de l'apis indica, affection visible par l'existence d'un trou dans l'opercule de la cellule. Cette même année 1912, un autre allemand, le comte Vitzthum publie une étude très sérieuse sur les acariens des apiaires. Vitzthum montre qu'au printemps et pendant les premiers jours de l'été — donc précisément où sévissent les affections des abeilles — on peut trouver des bourdons morts et mourants dont le corps est parsemé de milliers de mites. Un examen plus sérieux montre que ces mites vivent sur le bourdon, et finissent par le tuer. Le genre rencontré est le plus souvent un parasitus (P. coleoptratorum L., crassipes L., bomborum Oudemans, et Hypoaspis fuscicotens Oudemans), toujours visible à l'œil nu. Le microscope fit découvrir d'autres genres, parmi lesquels des tarsomémides et des tyroglyphides. Vitzthum ne décrit qu'un seul tarsonémide, le Disparipes bombi Michael, de la façon suivante : la mite est généralement membraneuse et légèrement segmentée. Sa bouche est transformée en organe de succion. Les tarses de la première paire de pattes portent une griffe, celles des autres généralement deux avec une membrane. Les pattes de derrière sont largement séparées des quatre pattes d'avant. Ces tarsonémides respirent à l'aide de trachées s'ouvrant sur la paroi ventrale près du rostre. Le sexe féminin se distingue par un petit organe en forme de massue, situé sur la partie ventrale, entre les deux paires de pattes antérieures, dont on ignore la signification et la valeur. C'est la femelle seule qui vit sur le bourdon, les mâles et les larves vivent sur toutes espèces de plantes. Les femelles rencontrées sur les bourdons sont toujours fécondées. Leurs organes buccaux sont si rudimentaires qu'il n'est guère probable qu'ils puissent servir à sucer l'hôte et nous ignorons totalement la manière de vivre de ce parasite. Les recherches des savants écossais ont enfin montré l'existence de nombreuses mites dans les ruches et sur les abeilles. Nous connaissons aujourd'hui, grâce au professeur Rennie et ses collaborateurs, des glyciphages et des carpophages se nourrissant de matières organiques, des cheylètes, des gamases, parasites d'autres mites, enfin les tarsonémides, dont le tarsonémus woodi, agent causal de la maladie de l'île de Wight.

Il pourrait sembler fastidieux d'énumérer toutes ces espèces acariennes et de raconter l'histoire de leur découverte; mais d'une part, l'histoire montre le chemin parcouru et le champ d'études ouvert, d'autre part les découvertes d'espèces parasites des mites nuisibles à nos abeilles permet d'espérer, puisque nous ne pouvons trouver de traitement chimique ou autre, de pouvoir cultiver un remède biologique en élevant des parasites qui dévorent les mites nuisibles.

En 1904, les colonies d'abeilles de l'île de Wight furent détruites par une maladie nouvelle, tout à fait inconnue jusqu'ici. Cette maladie fut considérée par les Anglais, dès son début, comme une calamité nationale et les événements confirmèrent la crainte : en peu de temps, toute l'Angleterre et l'Ecosse étaient infestées par la maladie dite « de l'île de Wight ».

La maladie se montre surtout au printemps et atteint son maximum aux mois de mai et juillet. En 15 jours, un mois au plus, les plus belles colonies sont mortes. Au début de l'affection on voit quelques abeilles sortir du trou de vol. Leur abdomen est gonflé, d'un noir brillant, absolument comme dans la maladie de la forêt. Concluons qu'ici encore deux maladies différentes se montrent avec les mêmes symptômes. Les abeilles normales évacuent généralement leurs congénères malades, elles traînent ces êtres affaiblis, las, battant misérablement des ailes, hors de la ruche et les jettent par terre où elles périssent infailliblement. Le battement des ailes, les mouvements tremblants de l'insecte malade sont un autre symptôme. Le rectum des malades est rempli d'excréments. Le professeur Rennie a enfin montré que la maladie était due à la présence dans les trachées pectorales d'une mite à laquelle il donna le nom de tarsonemus woodi.

Si l'on dissèque les trachées thoraciques d'une abeille atteinte d'acariose et qu'on les rende translucides au moyen du xylol, on voit au microscope que leur lumière est obstruée par des masses de corpuscules ovalaires qu'un fort grossissement montre être des mites. Le tarsonemus adulte mesure 0,1 ᵐᵐ de longueur et 0,01 ᵐᵐ de largeur. A la face ventrale on remarque six paires de pattes dont 4 paires portent 2 longs poils rigides, la paire antérieure, une griffe au milieu d'un bouquet de de poils courts. La tête est allongée comme un bec et garnie de poils en forme de pinceau. Le parasite n'a pas de stigmates. A côté d'êtres adultes, on trouve, dans les trachées, tous les stades de développement.

Le tarsonemus se développe toute l'année. Dès que la femelle est fécondée, elle gagne les poils qui recouvrent le corps de l'abeille. En contact avec d'autres abeilles, la malade les infeste et la maladie se propage avec une grande rapidité. La colonie atteinte s'affaiblit, elle est pillée par les voisines, qui se contaminent ainsi à leur tour. De cette façon, le rucher entier se décime en peu de temps, et la maladie de l'île de Wight détruisit les ruchers d'Angleterre et d'Ecosse. Elle fut constatée récemment sur le continent. Mais, pour ma part, je ne crois pas au danger réel, je pense que l'acariose a toujours existé chez nous et existera toujours, sans avoir les conséquences néfastes qu'elle a sur les   Iles britanniques.

Les savants écossais prétendent que le tarsonemus se nourrit du sang de l'abeille; le fait reste encore à prouver. S'il est confirmé, il s'agit d'une adaptation du parasite à un nouveau genre de vie, ce qui n'est pas pour nous surprendre extraordinairement. Car nous savons aujourd'hui par d'autres travaux, que les acariens peuvent changer d'hôte et de vie.

Quoi qu'il en soit, et bien que la maladie de l'île de Wight ne paraisse pas très dangereuse, sur le continent, il est certain que le tarsonemus tue l'abeille par obstruction complète ou partielle des trachées entraînant la paralysie et la mort. Nous devons donc inscrire l'acariose parmi les maladies dangereuses et épidémiques. Les ruches malades doivent être livrées au feu et les ruchers assainis et surveillés aussi rigoureusement que possible.

Pendant longtemps, on a accusé les larves de méloé de vivre en parasites sur l'abeille et de la tuer. Ce serait un autre parasite de l'appareil respiratoire. Dans une première description des maladies des abeilles, je disais ceci :

Le triongulin est la larve du méloé, un coléoptère cantharidien. M. Hommell cite deux espèces de méloés nuisibles aux abeilles : le bigarré, méloé variegatus, et le proscarabé, méloé proscarabeus; je ne connais que le bigarré, dont les triongulins ont été réellement trouvés sur l'abeille.

Le triongulin possède des mandibules pointues en forme de pince dont il se sert pour s'accrocher à la peau mince entre les arceaux du corps des butineuses. Les ouvrières, qui récoltent les triongulins sur les plantes visitées, deviennent incapables de voler et meurent avec les symptômes du vertige. Le triongulin, cependant, n'occasionne aucune lésion décelable à l'abeille, il se pourrait donc que l'affection mortelle ait une autre origine ».

Si je ne me trompe, c'est le Dʳ Asmus, savant allemand, qui décrivit, en 1861, les triongulins comme parasites capables de tuer les butineuses. La description de l'affection, telle que la fournit Asmus, est absolument celle de la maladie de la forêt. Récemment encore, Maassen crut devoir incriminer, dans un cas de « Mal de juin », les triongulins qui couvraient le corps des abeilles. Il y a quelque temps déjà que, pour ma part, je doutais fort de la nocivité des triongulins et j'ai fait des recherches à ce sujet. J'ai examiné plusieurs colonies atteintes de la maladie de la forêt, et j'ai trouvé des abeilles porteuses de triongulins parmi des masses d'autres qui en étaient indemnes. Jusqu'à plus ample informé, je raye donc les triongulins du nombre des parasites dangereux.

Telles sont les affections des abeilles adultes. Voyons maintenant les maladies du couvain.

Chez l'abeille adulte, nous ne pouvons que supposer que les moisissures ou leurs toxines produisent du mal; chez le couvain, nous en avons la certitude. Nous connaissons aujourd'hui deux affections mycosiques, la péricystose et l'aspergillose du couvain de l'abeille.

III. — Mycoses du couvain

1º *La Péricystose.* — On rencontre dans les ruches deux champignons du genre péricystis, le péricystis alvei Betts, qui ne se développe que sur le pollen, et le péricystis apis Maassen, qui ne s'attaque qu'au couvain.

Les péricystis, agents de la péricystose, sont des moisissures de la famille des Entomophthorineae. On peut facilement les cultiver entre 22º et 37º; ils y forment un mycellium blanc, sur lequel se développent des produits tout à fait particuliers, des sphères verdâtres ou gris noirâtre. Ces sphères, oospores ou hystes, ont valu le nom à la péricystose. En effet, une sphère forme un péricyste renfermant à son tour un grand nombre de sphérules remplis de petites spores brillantes. Les spores en se développant, donnent naissance au mycellium qui montre des images définies de forme et de sexe, phénomène appelé hétérothallie; les produits de fécondation donnent naissance à des fruits relativement gros et sombres, fruits que l'on voit sur les momies sous forme de taches noires ou gris foncé. Les fruits s'ouvrent en libérant des sphères, lesquelles sphères s'ouvrent à leur tour pour libérer les spores. La même sphère renferme des spores mi-mâles, mi-femelles sans qu'extérieurement on puisse les distinguer.

La péricystose apis Maassen ne s'attaque qu'au couvain, et particulièrement au couvain mâle. Sur les rayons qu'on vient de retirer d'une ruche infestée de péricystose, les cellules sont complètement remplies par un mycellium blanc, duquel émerge les têtes des larves. En vieillissant, le contenu cellulaire se rétracte, la larve se dessèche, flotte librement dans la cellule et présente une coloration blanc sale, à la partie postérieure perforée par les moisissures sporifères, des taches gris-foncé plus ou moins grandes.

La péricystose n'est pas une maladie grave. On la reconnaît à ce que les abeilles rejettent des larves malades, des momies, etc...; la visite de la ruche montre les momies couvertes d'un mycellium blanc, dont les taches noires des fruits sont caractéristiques. Pour guérir la ruche, il suffit de supprimer les rayons atteints. La maladie ne semble pas être contagieuse.

2° *L'Aspergillose.* — Si la péricystose est une affection bénigne, l'aspergillose du couvain est une maladie sérieuse, sinon grave.

L'aspergillose du couvain est provoquée par un champignon de la famille des périspooriacéae; par l'aspergillus-flavus Link. Contrairement aux autres aspergillées, la flavus ne porte pas d'asques, mais des scléroties, formées par un réseau serré d'épaisses hyphes. Les hyphes mesurent jusqu'à $1/2$ m/m et se terminent en boule; les basides sont simples ou bifurquées, les conidies d'abord jaunes, puis jaune verdâtre. L'aspergillus-flavus pousse facilement sur milieu acide et sucré, à la température de 15° - 37°.

Les larves atteintes d'aspergillose sont d'abord blanchâtres, puis jaunâtres. Elles se couvrent, surtout à la tête, d'amas de spores verdâtres, brunissant plus tard. Quelquefois, la formation de ces spores est si intense et elles garnissent si bien la cellule, qu'on la croirait remplie de pollen. Généralement, la larve morte et desséchée est complètement fixée, murée en quelque sorte, à la cellule, la tête couronnée par les masses vert-olive des hyphes. Les abeilles essaient de ronger les hyphes : dans ce cas, la cellule reste remplie d'un bouchon jaunâtre; dans d'autres cas, les abeilles embaument la larve sous de la propolis. Les taches jaune-or allant au vert-olive, sont caractéristiques de la maladie.

Les abeilles adultes elles-mêmes peuvent être atteintes de l'aspergillose, elles en meurent. Dans ce cas, le cadavre garde sa forme, et, souvent, il est pétrifié, du fait du champignon. La moisissure produit des spores, particulièrement entre le thorax et l'abdomen.

L'aspergillose du couvain peut infecter l'homme lui-même chez lequel elle provoque une mycose grave des muqueuses.

Enfin, Maassen a trouvé récemment l'aspergillose chez les guêpés, la vespa media. Il put déceler une moisissure encore indéterminée, l'aspergillus glanus et le penicillium brovicaule, qui avaient momifié le couvain de la guêpe.

Il est rare que l'aspergillose guérisse d'elle-même. On en a constaté l'invasion inopinée et, de même, la disparition spontanée. Je ne connais aucun traitement. Je crois qu'il est prudent, une fois la maladie dûment constatée et confirmée par un savant compétent, de brûler la ruche sans y toucher.

IV. — BACILLOSES DU COUVAIN

Les maladies microbiennes, les bacilloses du couvain, sont connues depuis fort longtemps. Sous le nom de loque du couvain, tous les apiculteurs les connaissent et les craignent. Mais, jusqu'ici, le terme de loque est employé au singulier, on y confond plusieurs affections bacillaires. On devrait donc dire « les loques ». Pour plus de clarté, je vais conserver le terme consacré « la loque » à l'une des affections bacillaires du couvain et donner d'autres noms aux maladies semblables, mais nettement à séparer.

1o *La loque*. — La loque est une affection relativement bénigne du couvain des abeilles. Elle est provoquée par le bacillus pluton White. Quand on examine bactériologiquement du couvain atteint de loque, on ne le trouve pas toujours ; on constate la présence du bacillus alvei Cheshire, le bacillus dolichsporus Winkler, le streptococcus apis Maassen, le bacillus lanceolatus Maassen, le bacillus mésentericus, le bacterium enrydice, le bacillus orpheus, etc..., etc....

Un grand nombre de ces micro-organismes ne jouent aucun rôle actif dans la loque. Aujourd'hui, nous ne considérons guère plus que trois bacilles comme importants : ce sont le bacillus pluton, le bacillus alvei, et le streptococcus apis.

Le bacillus pluton, le véritable agent de la loque, fut découvert en 1908, par White. Il s'agit d'un bâtonnet dont l'un ou les deux bouts sont pointus : les microbes sont isolés ou bien accouplés par deux, et ne forment pas de spores. Le bacillus pluton est peu résistant : en chauffant des larves mortes pendant 10 minutes, à 63o, le résidu est stérile. La culture artificielle du microbe n'est pas encore possible. Son peu de résistance est certainement la cause de sa disparition rapide et de son remplacement par les autres bacilles, et qu'on ne le retrouve que difficilement à l'examen de produits pourris depuis quelque temps. Récemment, Morgenthaler a pu ajouter quelques renseignements complémentaires : de larves fraîchement infectées, il a réussi à cultiver une bactérie exclusivement anaérobie, et prenant le Gram, dont la forme est très variable, mais qui semble identique au bacille pluton, et qui paraît rentrer dans le groupe des bacilles que les Allemands appellent corynebacterium, caractérisé par la présence de granulations intraprotoplasmiques, le renflement en massue des extrémités et la propriété de donner des formes ramifiées dans les vieilles cultures. Dans ce groupe entrent le bacille diphtérique, le bacille pseudo-diphtérique, le bacille de xérosis et le bacille de la morve.

Le bacillus alvei Cheshire fut décrit en 1884-1885, par Cheshire et Cheyne et longtemps considéré comme l'agent pathogène de la loque. On a réussi quelquefois à produire l'affection en le mélangeant à la nourriture des abeilles; mais les constatations faites à ce sujet sont très contradictoires et semblent devoir être rejetées. Le bacillus alvei Cheshire est un petit bacille allongé, à bouts non arrondis, présentant des mouvements lents et flexueux qu'il exécute à l'aide des cils vibratiles dont tout son corps est couvert. Il se colore facilement et prend le Gram conditionnellement. Il se cultive facilement à la température de 15°-39°, est aérobie et anaérobie. Il cesse de pousser à 45° et meurt à 65°. Les cultures dégagent une odeur désagréable (odeur des pieds), un peu semblable à l'odeur de la loque.

. Le bacille alvei développe rapidement de grandes spores ovales quelquefois très allongées, si bien que Winkler en fit un autre genre et leur donna le nom de dolichospores. Les spores se développent au centre du bacille, dont les restes persistent longtemps sous forme de petites pointes. Dans les préparations, les spores s'accolent souvent en longues chaînettes faciles à colorer. Leur résistance est très faible ; chauffées 5 minutes à 100°, elles sont tuées.

Le streptococcus apis Maassen fut découvert en 1908 par Maassen. Il s'agit d'un tout petit microbe, pointu comme une lancette des deux bouts, semblable à la flamme d'une bougie, facile à colorer et prenant le gram. Facultativement aérobie et anaérobie, il pousse facilement entre 12° et 39°, cesse à 49° et meurt entre 60° et 70°. Les cultures développent beaucoup d'acide et dégagent une odeur de colle aigre. Il résiste bien à la dessication et reste longtemps vivant dans les débris de larves.

L'aspect de la loque est éminemment variable. Si la maladie débute sur une larve de quelques heures, sa belle couleur blanche jaunit légèrement, son aspect nettement annelé s'efface et les mouvements respiratoires deviennent visibles à l'œil nu, alors que chez la larve saine on ne peut les voir. Plus tard quand la larve s'allonge et fait voir son intestin sous forme d'une ligne jaune foncée due à l'absorption de pollen, chez une larve malade cette ligne est blanche. A cette époque, le bacille pluton se trouve en grande quantité dans l'intestin; il en disparaît avec la mort de la larve et est remplacé par le bacille alvei ou par le streptocoque apis.

Dans le cas où le bacille pluton est noyé par le streptocoque apis, du fait de la sécrétion acide de ce dernier, la loque dégage une odeur aigre. Les larves atteintes de la loque aigre sont mortes avant d'être operculées; elles collent au fond de la cellule sous forme d'un petit sac jaunâtre, sale, et peuvent facilement être retirées en entier à l'aide d'une allumette. Le contenu du sac est un liquide granuleux. Plus tard, la larve se dessèche, se colore en brun plus ou moins foncé, son contenu devient épais et finalement l'ensemble se transforme en une écaille au fond de la cellule dont elle se détache facilement.

Si le bacille pluton est étouffé par le bacille alvei, la loque dégage une odeur nauséabonde, jadis uniquement connue. On peut y trouver des larves mortes avant d'être operculées, mais habituellement la mort ne vient qu'après. Aussi, la larve perd-elle complètement sa forme larvaire pour se transformer en une masse informe, de couleur café au lait, collée non au fond de la cellule, mais sur la face longitudinale inférieure, d'aspect gélatineux plus ou moins épais, d'odeur pourrie, nauséabonde. Finalement, la masse loqueuse se dessèche en une pellicule lisse, brillante, brune, et difficile à détacher de la paroi cellulaire.

Il est évident que les deux formes, aigre et nauséabonde de la loque, ne sont pas toujours aussi nettement distinctes et on peut rencontrer toutes les formes intermédiaires suivant la plus ou moins grande abondance de l'un des deux microbes succédant simultanément au bacille pluton. La forme aigre se rencontre plutôt au printemps, car le streptocoque peut se développer malgré la température encore basse; mais cette forme est plus rare. Généralement, on a affaire à la forme nauséabonde de la loque.

L'infection d'une ruche par la loque se fait de la façon suivante : Par des circonstances extérieures, manque de picorée, soins défectueux, refroidissement du couvain, les larves sont mises en état de moindre résistance. Il est alors possible au bacille pluton, qui probablement se trouve dans toute ruche saine, car il est très répandu dans la nature, de se multiplier dans l'intestin des larves affaiblies, de les rendre malades et de les tuer. Le séjour dans le corps animal augmente la virulence du bacille qui attaque maintenant des larves normales non affaiblies et la maladie gagne du terrain. A la suite du premier ennemi, d'autres espèces se disputent la proie, et généralement débordent et refoulent le bacille pluton.

Les études qu'on a pu faire dans ces dernières années ont montré que la loque naît sur place, qu'elle n'a pas besoin d'être apportée par une infection venue de l'extérieur et qu'en général elle ne cause pas de grands ravages. Malgré tout ce qu'on a pu dire et faire, je continue à penser que la loque est une affection grave, épidémique, dangereuse, que nous ne devons combattre qu'avec des moyens radicaux.

2° *La peste du couvain.* — Autrefois, on ne connaissait qu'une seule et unique loque. En 1904, Burri, en Suisse, White en Amérique, trouvèrent simultanément deux formes; Burri les appela la loque nauséabonde à laquelle il ajouta plus tard la loque aigre, et la loque inodore. White parlait de la loque européenne, étudiée d'abord en Europe, et de loque américaine examinée particulièrement en Amérique. Les professeurs allemands, Maassen et Zander compliquèrent enfin la terminologie en donnant les mêmes noms aux maladies différentes et des noms différents aux mêmes maladies, de sorte qu'il est presque impossible de se reconnaître. Pour cette raison, j'ai conservé à l'affection, bénigne si l'on veut, le nom de « loque » et tous sauront que la maladie est mauvaise, et j'ai donné le nom de « peste du couvain » à la maladie la plus néfaste que nous connaissions aux abeilles.

La peste du couvain est produite par le bacillus larvae White; Burri appela ce bacille « difficilement cultivable »; Cowan lui donna le nom de bacillus Burrii; Maasen le baptisa bacillus brandeburgiensis; il fut réservé à White de lui donner son nom définitif de bacillus larvae. C'est un bâtonnet arrondi des deux bouts, couvert de cils vibratiles sur tout son corps doué de mouvements lents. Ce bacille possède la propriété de s'unir en chaînettes rapidement immobiles, d'éliminer ses cils vibratiles qui forment alors des cils géants et des réseaux de cils; de produire des spores terminales, ovalaires, très nombreuses difficilement colorables. Le bacille lui-même se colore facilement et prend le Gram. Sa culture est très difficile; sur les milieux convenables, il pousse à partir de 20°, le mieux entre 37°, 39°, plus du tout au-dessus de 45°; il meurt à 65° et ses spores à 98° en dix minutes, à 100° en cinq minutes. La résis‑ tance de la spore est pour ainsi dire indéfinie, comme Morgenthaler vient de le montrer. Un inspecteur apicole lui remit un rayon loqueux enfermé sous verre depuis de nombreuses années pour démonstration, complètement désséché et datant de plus de vingt ans. Morgenthaler ense‑ mença un bouillon de culture et 24 heures après les spores germaient et le bacille croissait énergiquement.

Comme le bacillus larvae exige une certaine température pour se dé‑ velopper, la peste du couvain ne s'observe qu'en été. Voici ce que l'on trouve dans une colonie malade. Les larves sont toujours mortes quand on les observe; les bacilles venus dans l'intestin avec la nourriture ne se développent pas aussitôt, ils attendent que la larve file son cocon. A ce moment le corps de la larve subit d'importantes transformations qui leur permettent de quitter l'intestin pour se loger dans le corps et surtout dans la graisse péri-intestinale : là, ils se développent surabondamment. Le couvain meurt donc à l'état de pronymphes et de nymphes; leurs cadavres se transforment en une masse couleur café au lait de plus en plus foncée. Cette masse se dépose généralement sur la paroi inférieure de la cellule. Elle se distingue toujours de la loque nauséabonde du fait qu'elle se laisse étirer en longs filaments semblables à de la glu. Dans le cas où la larve n'est morte qu'après être operculée, l'opercule brunit et s'enfonce dans la cellule quelquefois jusqu'à moitié et prend un éclat soyeux. Souvent l'opercule affaissé présente en son centre un trou irrégu‑ lier, probablement fait par les abeilles. Les rayons pesteux retirés de la ruche répandent une odeur pourrie très fugace. Le couvain pesteux se déssèche finalement en une croûte noire déposée sur la paroi infé‑ rieure de la cellule; cette croûte est irrégulière, contrairement à celle de la loque qui est lisse; elle se détache difficilement.

Tel est le tableau de la peste simple du couvain. Dans bien des cas cependant, le bacillus larvae est accompagné du bacillus alvei et nous avons l'image de la peste mêlée de loque nauséabonde. Cette association est assez fréquente; elle est la raison pour laquelle longtemps et aujour‑ d'hui, souvent encore, la peste est confondue avec la loque.

La propagation et l'extension de la peste du couvain se font par les masses filamenteuses gluantes des cadavres remplis de spores très résis‑ tantes. Jamais la peste guérit spontanément; au contraire, elle s'étend de plus en plus et entraîne infailliblement la perte de la colonie. On a vu des cas chroniques qui restaient longtemps ignorés, mais le mal ne tardait pas à s'aggraver. On a vu aussi des cas aigus; il semble même que la virulence des bacilles puisse augmenter. Tout cet ensemble fait que la peste du couvain porte bien son nom, et que le seul remède qu'il faut lui appliquer est le feu et toujours le feu!

V. — AFFECTIONS INDÉTERMINÉES

Les Américains décrivent deux affections qui, à ma connaissance, n'ont pas encore été observées en France. En Suisse, l'une d'elles se montre tous les ans, plus ou moins fréquente. Pour mon propre compte, je m'ai pas eu l'occasion de les étudier, je ne leur connais pas encore de noms français, et je ne fais que les signaler. Il importerait cependant de leur prêter, même chez nous, une certaine attention.

1º *Le pickled-brood* a été brièvement décrit par White et Phillips. Il se pourrait que la maladie soit finalement identifiée avec l'aspergillose ou la péricystose. Howard prétend que l'affection est due à l'aspergillose pollinis, moisissure du pollen, et nous aurions une seconde aspergillose; mais l'hypothèse d'Howard est réfutée par Phillips et White et il faudra d'autres recherches.

2º *Le sacbrood* fut décrit en 1913 par White. L'agent pathogène semble être un microbe filtrant. En nourrissant des colonies avec du filtrat de sacbrood, White a pu inoculer la maladie; le filtrat chauffé à 58º reste stérile.

Dans son ensemble, le sacbrood ressemble un peu à la loque, mais il ne dégage aucune odeur. Les larves mortes du sacbrood peuvent être retirées des cellules et ressemblent à un petit sac fermé. Les larves ne meurent qu'après avoir été operculées, au moment où elles ont étalé leur dos sur la face inférieure de la cellule. On rencontre des cellules de sacbrood ouvertes, mais réouvertes par les abeilles. Les cadavres des larves sont jaunes, bruns, même gris, à contenu liquide et ils dessèchent en une pellicule facile à détacher.

Le sacbrood est une affection bénigne qui disparaît spontanément; quelquefois elle affaiblit les colonies et mérite l'attention.

En résumé, au point de vue de la lutte contre les maladies des abeilles, nous retenons de la longue description des affections si diverses et encore si peu connues, que cinq sont contagieuses et épidémiques, dont trois pour les abeilles adultes : la nosémentérite, le paratyphus et les acarioses; deux pour le couvain : la loque et la peste.

Une première question très importante se pose : existe-t-il un traitement curatif des maladies des abeilles, soit pour chacune d'elles, soit pour une affection seule? Malheureusement, mais fermement, je dois répondre, non! De nombreuses méthodes empiriques ont été prônées, des antiseptiques variables ont été proposés, des sérums et des vaccins ont été offerts: l'oubli dans lequel toutes ces méthodes sont tombées permet de juger de leur valeur passée et à venir. Tout en admettant qu'il soit possible un jour de trouver un remède qui détruise microbe ou parasite sans tuer l'abeille ou sa larve — ce que je ne pense pas, car tous les êtres vivants sont semblables et égaux devant la nature — tout en admettant qu'on puisse nettoyer dans une ruche ses habitants vivants, jamais il ne sera possible de stériliser les objets matériels et principalement la bâtisse en cire. Et précisément, ce sont les rayons en cire qui propagent l'infection, qui rallument encore et toujours le foyer prêt à s'éteindre. La colonie apiaire est un organisme dont les rayons font partie intégrante. Dès qu'une abeille apporte un germe du dehors, elle infecte la bâtisse, souvent même avant de contaminer ses semblables, la larve malade et morte reste, foyer néfaste, un dépôt dans la cellule. Il faut donc savoir et proclamer partout que les rayons de cire d'une ruche malade sont des objets dangereux, néfastes au plus haut point, les agents de contamination qu'il faut détruire à tout prix. Même fondus, transformés en cire brute, après avoir plongé longtemps dans de l'eau bouillante, les spores de la peste du couvain par exemple ne sont pas mortes, la cire reste contaminée et septique; elle ne peut pas servir à la confection de fondation gaufrée.

Devant des résultats aussi déplorables, que doit faire l'apiculteur dont le rucher est malade, que doit faire celui dont les ruches n'ont pas connu l'atteinte du mal? L'apiculteur qui constate quelque chose d'anormal sur son rucher doit immédiatement demander conseil, soit directement, soit par l'intermédiaire d'un expert, aux laboratoires scientifiques, aux instituts biologiques, aux stations entomologiques capables de le renseigner. Pour ce faire, il enverra le produit douteux au laboratoire en y ajoutant les éclaircissements nécessaires et très circonstanciés. Suivant le cas, le savant chargé de l'analyse répondra bon ou mauvais et donnera les conseils nécessaires que l'apiculteur devra suivre strictement. S'il s'agit d'une affection contagieuse, il répondra certainement que tous les produits rejetés et accumulés devant la ruche doivent être ramassés, que la colonie doit être tuée à l'aide du soufre et qu'ensuite ramassis, abeilles mortes, cire, cadres, et objets souillés doivent être détruits par le feu. Aucune exception n'est permise qu'en présence d'un expert qui en prend toute la responsabilité. La ruche elle-même, si elle possède encore sa valeur, doit être flambée à l'aide d'une lampe à souder sans aller jusqu'à calciner le bois. Le rucher lui-même doit être déclaré contaminé et rester plusieurs années sous surveillance. Car ce n'est qu'avec des moyens aussi rigoureux et indispensables que nous arriverons à supprimer radicalement toutes les maladies.

L'apiculteur ne doit jamais essayer de guérir une affection contagieuse, car d'une part, il n'y a pas seulement son intérêt personnel en cause, mais aussi l'intérêt général de tous les apiculteurs; un foyer de maladie est une menace d'infection pour le voisin; d'autre part, l'apiculteur pour la plus grande majorité, n'est pas qualifié pour entreprendre un traitement curatif; ce soin et la recherche des procédés nouveaux doivent être laissés aux établissements scientifiques. Je le répète, notre but doit tendre à faire disparaître de la surface du globe toutes les maladies épidémiques.

L'apiculteur dont le rucher n'a jamais été visité par la maladie et dont la contrée est restée vierge de toute contamination, doit veiller jalousement à cette pureté. Pour y arriver, il doit d'abord se familiariser avec quelques règles d'hygiène générale applicables à son rucher. Il ne doit y avoir aucun rucher sur lesquels on ne trouve pas de l'eau en abondance, une cuvette, du savon et un essuie-mains pour se laver à volonté. Il ne faut jamais ouvrir aucune ruche sans s'être, au préalable, soigneusement lavé les mains au savon. On répète cette opération dès que le travail de la ruche est terminé et avant d'en ouvrir une autre. Les outils et ustensiles indispensables à la manipulation des ruches et des abeilles doivent toujours être d'une rigoureuse propreté; ceux faits de métal sont avantageusement flambés à la flamme d'une lampe à alcool; les autres nettoyés dans une lessive de soude, lessive que l'on prépare en mettant un morceau de cristaux gros comme un œuf dans un litre d'eau. Les ruches, les paniers, les cadres doivent être propres à l'excès, aucun débris de cire, de propolis, etc... ne doit traîner sur les ruches, ni sur le rucher, ni aux alentours. Le sol devant les ruches, doit être tenu vide de tout cadavre d'abeille.

A côté de ces soins hygiéniques généraux, l'apiculteur doit s'astreindre à traiter ses ruches avec méthode. Il faut d'abord considérer chaque ruche comme un organisme individuel auquel aucune partie provenant d'une autre ruche ne doit être incorporée. Cette règle est en contradiction formelle avec les pratiques courantes en usage sur tous les ruchers; réunions de colonies pour en faire une forte, renforcement des ruches faibles avec des cadres de couvain d'autres ruches, renforcement avec des abeilles seules, formation d'essaim à l'aide d'abeilles brossées ou bien au moyen de la réunion de cadres provenant de plusieurs colonies. Ces pratiques ne sont admissibles que si l'apiculteur est absolument sûr que toutes ses colonies sont saines; qu'autant qu'il est certain que l'opération exécutée n'est pas suivie de refroidissement du couvain, affaiblissement des souches, erreurs néfastes qui peuvent engendrer la loque.

L'essaim doit être considéré comme un individu jeune qui a besoin de grandir, de travailler, de construire sa maison; lui seul, sans aide, ni assistance, doit bâtir ses rayons, et ne jamais occuper que sa propre bâtisse. Pour arriver à ce résultat, l'apiculteur doit faire usage de ruches numérotées ou marquées d'une façon quelconque, numéro ou marque, qui est reproduit sur tous les cadres de la ruche; ainsi, on connaît et reconnaît toujours la bâtisse appartenant à la même colonie. Le cadre porte en outre la date de l'année pendant laquelle la bâtisse a été faite; ainsi, on sait l'âge de la cire et son renouvellement se fait sans hésitation.

Le renouvellement de la cire est le plus sûr moyen d'éviter les maladies. Le renouvellement de la cire implique la suppression de la vieille bâtisse noire, vilaine, bouillon de culture idéal pour tous les microbes des affections contagieuses de l'abeille et surtout de son couvain. Le renouvellement de la cire oblige les abeilles à bâtir. Or, la sécrétion cirière est une nécessité vitale pour l'abeille dont la satisfaction lui est agréable et la purifie.

La bâtisse d'une colonie doit être renouvelée régulièrement par tiers, dans les grandes ruches, par moitié dans les petites. Certains rayons peuvent encore trouver leur emploi dans les hausses pendant deux ans; tous les autres, et ceux-ci la cinquième année, doivent être fondus. Si les cadres portent la marque de l'année de leur construction, il est facile de savoir quelles bâtisses doivent être supprimées.

Le renouvellement de la cire, n'est pas suffisant; il faut encore que chaque année la provision de cadres bâtis soit désinfectée. Le meilleur moyen pour désinfecter la réserve de rayons consiste à les exposer aux vapeurs de formol; les vapeurs de soufre ne sont pas suffisantes, elles ne tuent même pas les œufs de la fausse-teigne. Les Allemands ont mis dans le commerce, un excellent produit de formaline, c'est « l'Autane » de Bayer et Cie, d'Elberfeld. C'est une poudre blanche, qui, dissoute dans de l'eau, dégage d'épaisses vapeurs de formol. Pour procéder à la désinfection, on place les cadres dans une caisse fermant bien, dont on connaît la capacité; on verse la quantité de poudre d'autane nécessaire à l'opération dans un vase haut, on la délaie avec un peu d'eau et on la place sous les cadres, en fermant la caisse. Il faut se servir d'un bocal assez haut, car la poudre d'autane fermente beaucoup au contact de l'eau. La durée de la désinfection est de 3-4 heures; l'odeur du formol disparaît rapidement.

Le traitement individuel de chaque ruche exige encore que chaque colonie possède son nourrisseur propre et même, autant que possible, son balai propre. Il est facile de se procurer une série de plumes d'oies ou d'autres grands oiseaux pour pourvoir chaque ruche de son propre balai qu'on brûle chaque fois qu'il est usé ou sali.

Ayant ainsi sur son propre rucher tout fait ce qui dépend de lui pour le préserver d'une atteinte toujours possible, l'apiculteur doit prendre une série de précautions dans son commerce, avec les collègues. Il ne faut jamais acheter des ruches d'occasion, ni du matériel usagé. Les exemples les plus typiques d'achat de maladies pourraient être cités pour montrer combien il est dangereux d'acheter ce que d'autres ne trouvent pas assez bon pour eux. Dans ce même ordre d'idées, il serait toujours intéressant de savoir pourquoi le collègue vend ses ruches ou ses outils, car aucun rucher n'est à vendre si le maître est vivant et s'en occupe bien; aucun apiculteur n'a rien à vendre que du miel et des essaims.

Même dans l'achat d'un essaim, il faut être prudent. Il serait toujours bon d'exiger du vendeur la garantie absolue que son rucher est sain; il serait bon de supprimer à l'essaim acheté les provisions qu'on a pu lui donner et le faire travailler et élever sa bâtisse à neuf. Il est contraire à toute règle de prudence et d'hygiène d'acheter des colonies entières logées sur leurs bâtisses. Si le vendeur d'une colonie ne donne pas toutes garanties, quant à l'état sanitaire de la colonie cédée, il ne faut pas acheter; quand on a conclu et réglé le marché sans précaution, il faut supprimer la bâtisse entière, sans pitié, et faire construire de nouveaux rayons.

Il ne faut jamais donner à manger à ses abeilles, du miel qu'on ne connaît pas. Le miel brut est un aliment on ne peut plus dangereux, car ce mélange infect de miel, de pollen, de cire, d'abeilles mortes et de débris de ruches renferme généralement les germes les plus virulents de la loque, de la peste, sinon des autres affections contagieuses.

Il va sans dire qu'il ne faut jamais emprunter à son voisin ses outils de praticien. Il est vrai que cela ne se fait pas d'habitude, exception faite pour l'extracteur. Dans ce cas, il faut absolument stériliser l'extracteur autant que cela peut se faire en le nettoyant, lavant et brossant avec de l'eau bouillante à laquelle on ajoute un kilo de cristaux de soude pour 10 à 20 litres de liquide. Si pour une raison ou pour une autre, on achète ou l'on emprunte une ruche usagée, il faut la stériliser au moyen du flambage à l'aide de la lampe à souder.

Enfin, pour lutter efficacement contre les affections contagieuses, tous les apiculteurs devraient connaître les maladies des abeilles et s'associer aux autres apiculteurs pour la lutte en commun. Car c'est du travail en commun que nous pouvons attendre les meilleurs résultats.

L'union fait la force! Malheureusement, l'union est un caractère qui fait complètement défaut au Français. Non seulement, chacun fait ce que bon lui semble, mais encore il fait tout son possible pour empêcher le voisin de mieux faire. L'apiculture française a perdu tout le prestige qu'elle avait jadis; les tentatives faites pour la relever sont bien timides. Les organisations apicoles végètent lamentablement; par ci, par là, à peine, on voit s'ébaucher des essais de donner du souffle puissant à un organisme vivace. Mais, si l'on regarde du côté de la lutte contre les maladies, en France, c'est le néant, il n'y a rien, et personne n'est chargé d'appliquer des dispositions qui n'existent pas.

Pour savoir ce que l'on peut faire pour lutter efficacement contre les maladies des abeilles, nous devons prendre modèle à l'étranger. Il n'est guère plus consolant pour nous autres Français, d'apprendre qu'ailleurs aussi les apiculteurs sont en retard; le malheur des autres ne guérit pas le nôtre. Deux pays seulement ont entrepris la lutte contre les affections contagieuses qui déciment les ruches : ce sont l'Amérique et la Suisse. Le principe sur lequel repose l'entreprise est le travail d'inspection des ruches exécuté par des experts, des inspecteurs apicoles.

Aux Etats-Unis, les inspecteurs apicoles, si je crois les renseignements que notre distingué collègue C. P. Dadant a bien voulu nous fournir, sont nommés selon les lois qui régissent chaque Etat de l'Union, par l'Entomologiste officiel, par le Gouverneur, par la Société apicole, par la commission choisie par le Secrétaire d'Agriculture de l'Etat. Ils sont choisis par une sélection suivant un concours du service civil. Dans l'Etat d'Illinois, c'est à C. P. Dadant qu'est confiée la mission de soumettre un certain nombre de questions aux candidats. Les méthodes d'agir sont variables dans les différents Etats, car chaque Etat passe des lois locales, comme les différents cantons suisses. Ces lois doivent, bien entendu, ne pas être en conflit avec celles de l'Union. La rétribution de chaque Inspecteur dépend aussi des lois de chaque Etat. C'est là qu'est la plus grande difficulté, car certains Etats sont très étendus et les frais de voyages sont énormes. Dans un grand nombre d'Etats on nomme des inspecteurs surnuméraires. En Californie, il y en a un pour chaque Comté, ce qui équivaut à peu près au département en France. Les inspecteurs ont le droit de pénétrer partout, mais en général ils ne se rendent que là où ils sont appelés, soit par l'apiculteur dont le rucher souffre, soit par quelque voisin. Dans une localité où la maladie existe sur une échelle sérieuse, la seule méthode pratique pour eux est de parcourir le pays pied à pied, en prenant des informations à mesure qu'ils voyagent. Les inspecteurs ont le droit de détruire les colonies malades si, après avoir donné des instructions au propriétaire, elles ne sont pas suivies en temps raisonnable. Généralement, ils réussissent mieux avec des conseils qu'avec des ordres. Mais, il est quelquefois nécessaire de menacer un propriétaire récalcitrant qui ne comprend pas son propre intérêt. Les punitions pour contraventions varient d'un Etat à l'autre. Ce sont généralement des amendes en plus de la destruction des ruches contaminées. Le propriétaire est rarement indemnisé. Habituellement, il est trop heureux d'avoir les conseils et l'aide d'un expert pour se plaindre.

Si je suis bien renseigné, la lutte contre les maladies des abeilles est entreprise aux Etats-Unis depuis une dizaine d'années; elle est basée, com-

me on le voit, sur une législation officielle qui prévoit la visite des ruchers par des inspecteurs rémunérés par l'Etat; l'apiculteur qui a perdu
des ruches n'est ni dédommagé, ni secouru. Je ne possède malheureusement aucun renseignement certain, ni statistique d'ensemble pour connaître
les résultats obtenus en Amérique dans la lutte entreprise contre les
maladies des abeilles. Elle ne comporte d'ailleurs que des mesures des-
tructives ou curatives contre la loque et la peste, les autres affections
contagieuses ne semblent pas inquiéter nos collègues d'outre-mer. Autant
que je peux voir dans les publications, les résultats obtenus ne sont nullement encourageants, la destruction des foyers par le feu semble donner
les meilleurs résultats, et comme par hasard on préconise aujourd'hui
plutôt les méthodes curatives.

Frank C. Pellet, qui s'occupe là-bas beaucoup de la lutte, cite la lettre
d'un apiculteur de British Colomba : « En 1917, la loque fit des ravages
dans un grand nombre de ruchers et en des points éloignés. Comme le
traitement du mal à cette époque était la destruction des colonies malades,
les inspecteurs ne faisaient que brûler rayons et abeilles. Le mal s'étendit
en dépit du feu jusqu'à ce que tout le bas pays fut gravement infecté. En
1919, une taxe fut levée sur tous les apiculteurs qui réclamaient le paye-
ment d'un droit d'enregistrement d'un dollar et demi, soit 10 à 30 fr.
pour les ruchers de 1 à 5 ruches, et 25 cents ou 1 à 5 fr. par colonie
au-dessus de 5 ruches avec un maximum de 5 dollars. Cinq nouveaux
inspecteurs furent inscrits, de sorte qu'il y en avait 8 en tout. Ceux-ci
furent jugés insuffisants pour faire une parfaite besogne dans le travail
de l'inspection. La loque fit encore des siennes à l'ancienne place, avec
de nouveaux convertis. On finit par abandonner l'inspection, changer la
taxe et établir des ruches de démonstration ! »

C'est qu'en effet, les Américains ont rencontré plus d'obstacles du
côté des apiculteurs que du côté des abeilles. Ils ont pu constater à satiété
que la lutte se heurtait, non pas à de la mauvaise volonté, mais à de l'i-
gnorance et de la négligence des apiculteurs. E. J. Phillips, le directeur
de la station entomologique de Washington s'exprime ainsi en matière de
conclusion : que pour surmonter les calamités de la loque, le pays a besoin
de bons apiculteurs. Une bonne apiculture ne peut être faite par l'exercice
du pouvoir de la police. On a vu clairement que l'inspection sévère, les
précautions et les lois ne sont pas de la plus légère valeur dans la lutte
contre la loque. La formation de bons apiculteurs est si évidemment une
affaire d'éducation qu'il semble fou de continuer plus longtemps d'empêcher le mal en décrétant des lois et en appliquant les sanctions des lois.

En Suisse, la lutte contre les maladies a été menée vigoureusement et a
obtenu des résultats favorables. Je voudrais ici rendre un hommage mérité
aux apiculteurs suisses pour l'estime que j'ai de leurs méthodes et de
leurs résultats, non seulement en ce qui concerne la lutte contre les maladies des abeilles, mais pour leurs pratiques apicoles en général.

En Suisse, la lutte contre les maladies des abeilles est menée par les
Amis de l'Abeille, la société centrale de la Suisse allémanique qui, en 1921
groupait 123 sociétés régionales avec 16.000 membres possédant 173.000
ruches et disposant d'un budget de 160.000 fr., dont 93.000 fr. de fonds

de dotation; 24.000 fr. pour lutter contre les maladies et 16.000 fr. pour venir en aide aux apiculteurs sinistrés.

En Suisse, la lutte contre les maladies contagieuses de l'abeille fut entreprise vers 1895 par quelques vaillants apiculteurs convaincus qu'il était dans leur pouvoir de nettoyer leur pays d'un fléau demandant trop de victimes. Et de fait, ils réussirent à assainir définitivement le canton de Thurgovie. Forte de ce premier résultat, la société suisse entreprit un long travail patient. L'Etat ne lui conférait aucun pouvoir. Pour pouvoir lutter efficacement, elle acheta le droit de détruire les ruches malades. Ainsi naquit en 1907, l'assurance contre les maladies des abeilles obligatoire pour tous les membres de la société. En 10 ans, la société nettoya 900 ruchers infectés, elle paya 32.000 fr. de dommages et créa un fonds de réserve de 18.000 fr.; le nombre des cas de peste — car, en Suisse, 95 % des cas de maladie concerne la peste — constatés annuellement baissa de 130 à 50, soit de 14 % à 4 %. Je crois que ce résultat est vraiment merveilleux. Il fut reconnu par l'Etat Suisse, qui vint en aide à la société en appliquant aux abeilles les dispositions de la loi sur les épidémies animales.

Donc, tout apiculteur suisse qui est sociétaire des Amis des Abeilles, est obligé de s'assurer contre les maladies. Les statuts l'obligent d'abord à faire partie d'une section régionale — les membres de la section centrale ne peuvent pas être assurés — puis, de déclarer le nombre de ruches qu'il possède et de payer, depuis 1922, la somme de 10 centimes par colonie. Le dernier rapport ajoute que la prime de 10 centimes est de beaucoup inférieure à la prime perçue par les compagnies d'assurances et de la prime triple à quintuple que les Suisses français payent à la caisse d'assurance de l'Etat. Malgré cette prime minime de deux sous, la société Suisse dédommage tout sociétaire éprouvé par la maladie, sans qu'il y ait de sa faute, 100 % de la perte; elle estime que la perte réelle est toujours assez grande, car la société ne peut pas dédommager la perte des rayons, du miel, du pollen, du couvain et des ennuis dans la conduite du rucher. Pour arriver à ses fins, la société suisse dédommage non seulement ses membres assurés, mais aussi tous les apiculteurs suisses dont les ruches visitées présentent des maladies.

La visite des ruchers est faite par des inspecteurs cantonaux auxquels s'adjoignent des délégués nommés par la société. A propos des inspecteurs et de leurs délégués, je lis dans un rapport du chef de l'assurance que ces inspecteurs doivent remplir une mission grandiose. Ce n'est pas un petit travail que de découvrir un foyer d'infection et de constater son étendue. Rarement il est possible, à son aspect extérieur, de dire qu'une ruche est malade ou non; il faut visiter colonie par colonie, cadre par cadre pour voir s'il n'y a pas de larves touchées. Dans les gros ruchers, c'est un travail fatigant accompagné de nombreuses piqûres inévitables. Il faut que l'inspecteur soit doué d'une nature calme et dévouée, car la tâche n'est pas finie avec la visite des ruches. Il faut imposer à l'apiculteur, quelquefois récalcitrant, trop souvent indolent, négligent et surtout ignorant, les décisions nécessaires. Il faudrait que ce travail noble soit rétribué d'une façon noble; or, toutes les autorités cantonales ne savent pas reconnaître la valeur d'un pareil labeur et elles offrent à l'inspecteur un traitement dont un simple manœuvre ne se contenterait plus. Les inspecteurs cantonaux sont généralement des professeurs mobiles d'agriculture et chargés de cours de perfectionnement. Une journée d'inspection apicole est aussi fatigante qu'une journée d'enseignement agricole. Je déduis de cette plaidoirie en faveur des inspecteurs apicoles, qu'en Suisse les professeurs d'agriculture sont chargés de l'inspection des ruchers malades et que ce travail supplémentaire leur est payé par une rémunération particulière trop souvent insuffisante.

Les Suisses, comme les Américains, se plaignent de ce que les apiculteurs ne possèdent pas une connaissance suffisante des maladies des abeilles et des précautions à prendre pour lutter efficacement contre leurs ravages. J'estime donc qu'en France, nous devons nous inspirer de ces résultats acquis, et, dans la lutte que nous devons entreprendre sans tarder, nous devons commencer par instruire les apiculteurs. Ce devrait être le devoir le plus sacré des sociétés d'apiculture, leur travail le plus pressé et le plus persévérant que d'instituer un cours d'apiculture nosologique : tous les ans, ce cours devrait être répété, repris avec de nouveaux documents, rendu vivace et fructueux par des démonstrations pratiques.

Sans tarder, les sociétés d'apiculture de France devraient rendre effective cette union invoquée, mais restée lettre morte jusqu'ici, se grouper en une Union nationale des Apiculteurs de France, union qui exigerait tout comme la société centrale de Suisse l'a fait, que tout membre d'une société départementale soit assuré contre les maladies des abeilles. Cette union, dans son sein, trouverait certainement, j'en suis convaincu, des inspecteurs volontaires qui visiteraient consciencieusement tous les ruchers. De plus, je sais que tous les apiculteurs français faciliteraient aux inspecteurs la visite de leur rucher ; ils seraient fiers de la visite et ils exécuteraient les conseils donnés. Néanmoins, il faut absolument que l'assainissement des foyers soit entrepris par les inspecteurs eux-mêmes, ils doivent procéder eux-mêmes, à la destruction des ruches et de tous les objets souillés. L'apiculteur éprouvé n'y mettrait aucun obstacle, s'il était dédommagé et si la sanction contre tout manquement était la perte de la réparation.

Quand, une fois, nous aurons accompli ce travail préliminaire, nous pourrons demander à l'Etat de nous aider, d'alimenter notre caisse d'assurances par des subventions trop précieuses, de rétribuer le travail des inspecteurs par une rémunération honnête et de sanctionner leurs prescriptions par des dispositions légales.

Pour arriver à mener à bien la lutte contre les maladies des abeilles, nous avons, en France, besoin d'organismes dont certains pays sont richement dotés : je veux parler *des laboratoires d'études*. Je ne puis pas dire que la France ne possède aucun établissement de ce genre ; les laboratoires du Musée d'Histoire naturelle font de la bonne besogne ; l'Etat a prévu l'ouverture, à Pithiviers, d'une station entomologique exclusivement destinée à l'étude de l'abeille ; la station entomologique de Bordeaux prochainement transportée dans de nouveaux locaux aura son annexe apicole ; enfin, nous avons en France quelques savants qui, à titre privé, s'occupent d'apiculture normale et nosologique. Mais, tout cela est à l'état de projet et manque de cohésion et de vie; en tout cas, cela peut être comparé à ce qui existe ailleurs.

En France, les apiculteurs connaissent surtout l'Office entomologique des Etats-Unis. Il y a plus de vingt ans que cet office possède une station entomologique des recherches apicoles dont E. F. Phillips est, aujourd'hui, le savant directeur. Cette station est située à Somerset, faubourg de Washington; elle possède un rucher d'étude de 60 colonies. Dix personnes sont attachées à la station qui est installée avec un luxe tout à fait américain; il est vrai qu'elle dispose d'un budget de 8.000 dollars par an, soit actuellement 100.000 fr. Je ne connais pas le fonctionnement ni le rendement de la station, n'ayant jamais eu le plaisir de lire un rapport annuel. M. Etienne Giraud fait l'éloge de ce vaste établissement scientifique dans *l'Apiculteur,* mai 1922; il nous décrit le travail intérieur, l'organisation générale, et affirme que la station a fait 6.800 analyses pendant l'année 1920.

Je ne sais pas si l'Angleterre possède un institut qui s'occupe spécialement de l'abeille; je ne le pense pas. Mais, à défaut, elle possède en la personne du professeur Rennie, de l'Université d'Aberdeen, un savant émérite qui s'est particulièrement attaché à la recherche de l'agent causal de la maladie de l'île de Wight.

Je n'avais pas de renseignements, non plus, sur l'Italie. M. Silvestri, président de la section, a bien voulu nous communiquer les précisions suivantes : l'Italie possède une station d'apiculture au Laboratoire de Zoologie de Bologne. Cette station ne possède pas de rucher, mais elle dispose de tous les apiers du voisinage. A côté de cette station centrale, toutes les écoles supérieures d'agriculture sont dotées d'un laboratoire d'études apicoles.

A côté de quelques laboratoires de moindre importance et des instituts zoologiques de toutes les universités, l'Allemagne possède deux établissements importants pour les recherches apicoles. Dans le Nord, c'est la section apicole de l'institut biologique du Reich, à Dahlem près Berlin, dont le professeur Maassen est le chef. La section apicole possède aujourd'hui un directeur très actif, le Dr Armbruster, qui semble vouloir concentrer sur l'étude de l'abeille, et son savoir et son pouvoir. Les travaux de Maassen sont connus de tous et sont d'autant plus admirables qu'il n'a reçu en trois ans de temps que 160 demandes de renseignements. Dans le sud de l'Allemagne, le professeur Zander dirige à Erlangen — maintenant à Munich — l'Institut national bavarois pour l'étude de l'apiculture. Il s'agit d'un établissement uniquement destiné à l'étude de l'abeille et de sa culture. En 1920, cet établissement a fourni 2.600 renseignements, et cependant il n'y a qu'un chef, un assistant et quelques étudiants peu stables. Si je ne me trompe, le rucher d'Erlangen possède 40 colonies et il représente la seule ressource régulière de l'établissement qui ne dispose d'aucun budget fixe. En 1920, l'institut perçut 5.000 marks de subsides exclusivement destinés à l'élevage de reines; l'argent servit en grande partie à l'établissement d'un rucher de fécondation. L'institut national bavarois fonctionne admirablement et le professeur Zander mérite tous les éloges. Lui-même remplit le rôle ingrat de professeur mobile; il dirigea chez lui, en 1920, plusieurs cours, à savoir : un cours de trois jours sur les maladies des abeilles, un cours de 5 jours sur l'apiculture moderne, un cours de 3 jours sur l'élevage des reines, un cours supérieur d'apiculture de 5 jours. Le côté pratique est surtout soigné. Pour que les élèves puissent venir nombreux, un subside de 1.500 marks fut accordé à 30 élèves sur les deux cents qui sont venus. Erlangen est la station d'observation la plus importante de l'Allemagne.

La Suisse allemande possède un magnifique établissement à Liebefeld, près de Berne, l'Institut suisse d'expériences et de recherches apicoles. Sur la demande de l'instituteur Kramer, célèbre apiculteur et président des Amis des Abeilles, en 1903, le professeur Burri, alors directeur de l'établissement, créa le rucher national suisse et s'adonna à l'étude de l'abeille et particulièrement de la loque. Le rucher suisse n'a que dix colonies, l'établissement ne fournit que des renseignements de laboratoire, il reçoit environ 150 demandes par an; tous les autres documents sont donnés aux apiculteurs par la société centrale d'apiculture.

En France, que devons-nous faire pour créer des centres d'études et de renseignements? Je pense que nous devons nous inspirer de l'établissement d'Erlangen et de toutes les créations que les suisses ont su faire si magistralement. Ce qui manque le plus à l'apiculteur français, c'est un établissement scientifique capable de lui fournir tous les renseignements pratiques dont il peut avoir besoin. Dans ces conditions, le centre d'études doit posséder un professeur d'apiculture pratique et un rucher d'études. Sur ce rucher, le professeur doit faire des cours d'apiculture pratique, élémentaires et supérieurs; il doit enseigner l'élevage des reines et des abeillauds et les principes de la sélection; il doit mettre les praticiens à même de reconnaître les maladies contagieuses. Le centre d'études doit entreprendre les recherches utiles à l'apiculture au point de vue de la flore mellifère, de la géographie botanique qui s'y rattache; il doit entreprendre l'étude pratique des différentes ruches et des différentes méthodes apicoles; il doit pouvoir renseigner sur les meilleures méthodes applicables à une contrée donnée, région à picorée printanière, à picorée automnale, à picorée estivale continuelle; il doit pouvoir fournir tous les détails nécessaires à l'apiculture pastorale, aux déplacements possibles, aux époques favorables. En un mot, le centre d'études doit posséder les documents contrôlés, officiels pour ainsi dire, sur l'apiculture pratique dans toute son étendue et pouvoir les fournir à tous les apiculteurs.

En second lieu, mais non de moindre importance, le centre apicole doit entreprendre l'étude des maladies des abeilles; il doit rechercher, et lui seul, les méthodes possibles d'un traitement; il doit dresser la carte des foyers d'infection de la France et diriger la lutte contre les maladies.

A lui seul, le centre d'études n'est pas capable de mener à bien toute cette vaste entreprise. Il doit nécessairement être aidé par des organismes qui portent le nom de *ruchers d'observation*. Ces organismes sont complètement inconnus en France, leur utilité est cependant incontestable. Plusieurs pays en sont couverts; l'Allemagne en possède quelques-uns, dont Erlangen est le principal; l'Autriche en a plusieurs; la Tchéco-Slovaquie même, les connaît déjà; mais, c'est en Suisse allémanique, leur pays d'origine, qu'ils ont trouvé le développement le plus admirable.

C'est en 1883 que le maître apiculteur Kramer fit naître les premières stations d'observation; il n'y en avait d'abord que quatre; aujourd'hui, la Suisse en compte 45, dont 11 doubles. Le but des stations d'observation est de prouver par des faits indiscutables : 1o quelles conditions climatériques et florales régissent l'apiculture d'un pays; 2o quelles sont les influences du temps et des cultures sur le développement d'une ruche; 3o quelle est la picorée des différentes régions; 4o quelle est la capacité de bonnes colonies de choix et quelle est la sélection qu'il faut pratiquer. Il est incroyable quelle foule de renseignements précieux et de documents indiscutables les stations d'observation ont fournie depuis leur existence et continuent à fournir.

Aujourd'hui, les Suisses connaissent la richesse mellifère de toutes les contrées de leur pays; ils savent par quelles influences climatériques l'évolution de leurs abeilles est favorisée ou bien entravée; ils mesurent tous les phénomènes de la vie des abeilles. A côté de renseignements d'une réelle valeur pratique, les chefs des stations d'observation ont résolu quantité de problèmes théoriques; je ne ferai que citer les merveilleuses mensurations de la température dans les ruches faites jadis par Kramer, ses études de ce que fait l'abeille pendant l'hiver; les expériences pour savoir comment il faut exposer les ruches; les observations sur la sécrétion cirière; la comparaison des différents modèles de ruches; enfin, les admirables résultats que la sélection et l'élevage ont fini par obtenir.

L'installation d'une station d'observation est fort simple. Il faut d'abord trouver un véritable ami des abeilles qui dispose du temps nécessaire. L'observateur place une ruche sur bascule, il note les variations matin et soir; il inscrit journellement la température maxima et minima; il note soigneusement la quantité de soleil ou de pluie par jour; la qualité générale du temps, les vents, les nuages, les changements brusques et l'attitude des abeilles. Il observe le début, la marche générale et la fin de tout travail, première ponte, premier pollen, floraisons successives; la bascule lui indique la valeur de la picorée de nectar ou de miellée; en hiver, tous les quinze jours, il visite les cartons d'hivernage et il enregistre le nombre des morts, l'aspect général des débris et les corps étrangers qu'il y découvre. Enfin, il rend compte de tout phénomène important et surtout anormal qu'il constate dans toutes les ruches, mais en particulier dans la ruche placée sur bascule. Tous les mois, le chef de la station fait un compte-rendu au centre de renseignements. Là, tous les rapports sont étudiés soigneusement, comparés les uns aux autres; les conclusions sont tirées des documents indiscutables, des demandes de renseignements lancées si les rapports contiennent des données fausses, douteuses, ou bien encore inconnues. Dans ce dernier cas, le centre impose à tous les chefs de station la recherche, l'étude particulière, l'observation soignée du fait nouveau.

A titre d'exemple, j'indiquerai que le centre demanda certain jour de le renseigner sur la consistance des excréments des abeilles; si oiseuse que la question puisse paraître, elle a conduit à la découverte, en partie, de la vie de la fausse-teigne. Et cependant, voici 40 ans que les stations d'observation existent et bien des problèmes de la vie de l'abeille attendent encore leur solution.

Les stations d'observation nous dévoilerons le mystère de la vie des abeilles; les centres de renseignements feront connaître aux apiculteurs praticiens les faits acquis; les laboratoires étudieront les maladies des abeilles. En attendant qu'ils aient trouvé le remède qui permet à chacun de les juguler immédiatement, l'Union nationale des Apiculteurs de France devra grouper tous les Amis de l'Abeille; elle devra exiger l'assurance obligatoire pour tous ses membres afin qu'elle puisse dédommager intégralement les pertes. Les sociétés départementales d'apiculture devront instituer un enseignement pratique et surtout nosologique où le praticien viendra puiser le savoir dont il manque. Elles devront nommer des professeurs et des inspecteurs mobiles qui porteront l'enseignement au fond des campagnes et qui visiteront les foyers contaminés par une maladie contagieuse. Enfin, l'Etat viendra, et par une loi saine et pratique, il sanctionnera toutes les dispositions nées de l'initiative privée et entrées dans les habitudes de chacun. A ce moment-là, la France aura repris le premier rang dans l'apiculture mondiale; elle pourra dire qu'elle aussi aura contribué à faire disparaître du globe terrestre le fléau des maladies contagieuses de l'abeille.

Quelques observations
sur les maladies des abeilles adultes en Suisse.

Par O. MORGENTHALER, Dr. Sc.

de l'Établissement fédéral de Bactériologie, au Liebefeld, près Berne
(Directeur : Prof. Dr. R. Burri).

Pendant que nous sommes assez bien armés pour la lutte contre la loque, grâce à la loi fédérale et aux caisses d'assurance, rien n'a été fait pour combattre les maladies des abeilles adultes. Pourtant ces maladies commencent à se répandre d'une manière alarmante et les pertes qui en résultent surpassent de beaucoup celles provoquées par la loque.

Sommes-nous vraiment impuissants vis-à-vis de ce fléau? Il existe toute une série de maladies des abeilles adultes et nous devons avouer que pour quelques-unes d'entre elles nous ne connaissons aucun moyen défensif, parce qu'elles sont encore insuffisamment étudiées. Je compte parmi cette catégorie le « mal noir » ou « maladie de la miellée des forêts », une espèce de paralysie qui a fait de grands ravages cet été, (voir notre description de cette maladie dans le « Bulletin de la Société Romande d'Apiculture, avril 1921). J'y compte encore le mal de mai et la dysenterie. Toutes ces maladies ne sont pas assez nettement définies, ni dans leur apparence ni dans leurs causes, pour que nous puissions penser à les combattre avec succès. Il faut d'abord des observations minutieuses et des expériences exactes des savants et des praticiens. D'autres maladies, cependant, ont pu être mieux éclairées ces dernières années, de manière à permettre une lutte plus efficace.

Je m'occuperai dans cette étude, d'un phénomène bien connu par tous les apiculteurs, la *faiblesse chronique* de certaines colonies. Chaque apiculteur a déjà entendu ces plaintes sur des colonies qui ne veulent pas se développer ou qui diminuent même de jour en jour, sans qu'on puisse dire ce que deviennent les abeilles. Dans le couvain, on ne voit absolument rien de suspect. Ces colonies faibles ne donnent aucune récolte et elles sont une cause importante de la modicité du rendement moyen de nos ruches (7 kilogrammes seulement en moyenne dans les 10 dernières années).

D'où vient ce déclin des colonies? On dirait d'abord que c'est la suite de soins insuffisants. Cela peut être la cause dans beaucoup de ruchers, mais pour d'autres, nous ne pouvons-pas accepter cette explication, parce que ce sont précisément ceux de vieux praticiens et de maîtres dans l'apiculture, qui sont, depuis quelques années, frappés de ce mal. Puis, on soupçonnait que c'est le manque de pollen qui affaiblissait toutes ces colonies. Mais cette hypothèse ne s'accorde pas avec le fait qu'on trouve souvent dans ces ruches une surabondance de pollen. Enfin, on a pensé à une sorte de « dégénération » provoquée par le nourrissement au sucre ou bien par la reproduction suivie de la même souche, sans introduction de sang nouveau. Cependant, on peut rencontrer bien des ruchers où l'on a nourri au sucre et où jamais un renouvellement de sang n'eût lieu, sans que les colonies montrent des signes de dégénération. C'est ainsi qu'on n'a pas pu trouver pendant longtemps une explication satisfaisante. Le jour où l'on croyait avoir trouvé la cause, on tombait sur des faits qui renversaient de nouveau toutes les théories.

Cependant des recherches nouvelles nous ont montré que dans la plupart des cas, c'est une *infection* qui joue le rôle principal. Des parasites s'introduisent dans la ruche et provoquent la mort prématurée de beaucoup d'abeilles. Ces microorganismes passent d'une abeille à l'autre et deviennent ainsi la cause d'une maladie chronique et contagieuse de la ruche. Or, on ne saurait pas s'imaginer un milieu plus favorable pour la propagation d'un parasite qu'une colonie d'insectes, où des milliers d'individus vivent dans la communauté la plus intime.

A l'heure actuelle, on connaît assez bien deux de ces parasites des abeilles. D'abord, le *Noséma apis*, (découvert en 1909 par Zander). Il fait partie de la classe des protozoaires-sporozoaires. La maladie de Noséma est en premier lieu une maladie de l'intestin de l'abeille. Le siège du parasite est la paroi de l'intestin moyen, lequel prend une couleur blanche quand il est infecté, pendant qu'il est brun-rougeâtre, à l'état normal. Les intestins de l'abeille peuvent facilement être sortis du corps en étirant l'extrémité postérieure de l'abdomen, et chaque apiculteur peut donc, en observant la couleur de l'intestin moyen, se rendre compte de la présence ou de l'absence de la maladie de Noséma chez ses abeilles. Cependant un diagnostic sûr n'est possible qu'à l'aide du microscope, qui nous montre les cellules épithéliales de l'intestin moyen remplies de petits corpuscules brillants de forme ellipsoïde (spores) (0,005 × 0,003 mm). La maladie de Noséma fait ses plus grands ravages au printemps, ce qui est prouvé, par exemple, par les analyses faites à l'établissement de bactériologie au Liebefeld : ici, 88 sur 105 cas de Noséma, dans les deux dernières années, ont été enregistrés dans les mois de mars à juin. La maladie se manifeste par une disparition continuelle et incompréhensible des abeilles au printemps. Vers l'automne, les colonies se remettent un peu, mais le mal revient plus violemment le printemps suivant et les ruches périssent souvent après peu d'années. La maladie dans sa forme la plus maligne semble préférer nos ruchers des montagnes et nous connaissons, dans l'Oberland Bernois par exemple, plus d'un apiculteur qui a perdu quelques milliers de francs par le Noséma, ces dernières années. Mais aussi dans la plaine, le Noséma prend part à l'affaiblissement chronique des colonies.

Le second parasite assez bien connu est l'acarien *Tarsonemus Woodi* (découvert en 1920 par Rennie, White et Harvey). La nombreuse famille des acariens se compose de très petits animaux qui, par leurs huit pattes, se distinguent des insectes ou héxapodes et sont plus proches des araignées. La maladie acarienne est une maladie des organes respiratoires. L'abeille a, comme on le sait, sur ses flancs une série d'ouvertures, les ouvertures respiratoires, ou stigmates, d'où prennent naissance les trachées ou tubes respiratoires, qui se ramifient et parcourent tout le corps de l'insecte afin de le pourvoir d'oxygène. Les stigmates sont extrêmement petits, excepté le premier, situé au thorax au-dessous de l'articulation des ailes. Celui-ci a un diamètre plus grand et voilà notre acarien qui en profite pour entrer dans les trachées de la poitrine de l'abeille. Les Tarsonemi pondent leurs œufs dans ces trachées et tout le cycle évolutif de ces acariens s'y déroule. La circulation de l'air dans les voies respiratoires infectées est empêchée par les corps et les excréments des parasites, et comme c'est justement l'endroit où se trouvent les grands muscles moteurs des ailes, ceux-ci sont bientôt paralysés à cause du manque d'oxygène. Voilà pourquoi le symptôme le plus connu de la maladie acarienne est la présence d'une grande masse d'abeilles paralysées. Cependant, il faut dire que ce n'est que la dernière phase de la maladie qui se manifeste ainsi et que d'abord l'acarien — comme le Noséma — poursuit son œuvre néfaste, l'affaiblissement des colonies, d'une manière moins évidente et moins explosive, mais non moins pernicieuse. La maladie acarienne, connue par ses ravages inouïs en Angleterre, a été constatée en Suisse dans 5 ruchers, et cela dans les cantons de Genève, de Vaud, et du Valais. Les colonies atteintes ont péri. Un apiculteur valaisan a perdu 26 de ses 32 ruches par cette maladie.

Il est probable que le Noséma et le Tarsonémus ne sont pas les seuls parasites des abeilles adultes, et que par des recherches ultérieures on en trouvera encore d'autres. En principe, cela ne changera en rien et nous devons envisager dès maintenant d'une façon plus sérieuse que l'on ne l'a fait jusqu'à présent la possibilité d'une *infection* comme étant la cause de nos colonies faibles. En cherchant à remédier à cette faiblesse, nous devons appliquer toutes les mesures et toutes les précautions usuelles dans la lutte contre les maladies contagieuses.

Avant de parler de ces mesures nous devons encore nous occuper d'un phénomène qui a déjà causé une grande confusion et qui pourrait faire croire que ces parasites ne sont pas aussi dangereux que nous venons de l'expliquer. J'entends le fait que le Noséma, aussi bien que l'acarien, se rencontrent assez souvent dans des colonies apparemment saines. On peut trouver les spores de Noséma au printemps dans une grande partie de nos ruches; et le Tarsonémus était présent dans 17 sur 35 ruchers que nous avons examinés cette année, sans que ces colonies montrent les symptômes typiques de la maladie acarienne, (voir « Bulletin » avril 1922). A notre avis, on a eu tort de conclure de ces faits que ces parasites sont innocents. Car, d'abord, en examinant de près ces colonies apparemment saines et hébergeant les microorganismes, on les trouverait probablement moins fortes que l'on ne pouvait l'exiger en voyant leur beau couvain. Peut-être le manque d'essaims dont se plaignent nos apiculteurs depuis quelques années, est-il la suite d'une infection latente. Et puis, il ne faut pas oublier que la ruche a toute une série de moyens de défense contre ses ennemis. Le principal de ces moyens est le changement perpétuel des habitants de la ruche pendant l'été : les vieilles abeilles infectées meurent hors de la colonie et avec elles périssent leurs parasites, pendant que chaque jour des centaines de jeunes abeilles saines éclosent. De cette manière, le parasite a de la peine à s'installer dans la ruche.

Quelles sont les mesures à prendre contre ces petits ennemis de nos abeilles? Nous avons déjà dit que même une excellente conduite du rucher à elle seule ne suffit pas. La meilleure solution du problème serait l'élevage d'une race d'abeilles réfractaires à l'infection. Si nous avions des abeilles qui ne se laissent pas infecter par les différents parasites, toutes les difficultés disparaîtraient immédiatement. Malheureusement, nous sommes encore bien loin de là. Pas même les premiers travaux préparatoires pour ces études sont faits.

Un autre moyen, dont on a beaucoup parlé, est l'emploi de remèdes chimiques. Mais, ici aussi, nous devons avouer que nous ne connaissons encore aucun remède efficace. Il est vrai qu'un très grand nombre de drogues ont été préconisées. Ceux qui les ont recommandées de bonne foi se sont laissés tromper par le cours naturel de ces épidémies. Or, le Noséma aussi bien que la maladie acarienne montrent une certaine périodicité dans leur apparition, c'est-à-dire un éclat violent est suivi d'une période plus tranquille. C'est comme si une sorte d'auto-stérilisation de la ruche avait lieu, justement par cette crise violente.

Il faut alors quelque temps, jusqu'à ce que le parasite se soit de nouveau multiplié suffisamment, pour provoquer un désordre évident dans la ruche .Cette diminution spontanée de la maladie a amené, à tort, à la conclusion d'un résultat favorable lors d'essais avec différents remèdes chimiques.

Ainsi, d'après notre opinion, la seule mesure efficace serait *l'éloignement et l'anéantissement direct* du foyer de contamination. Ce serait donc le même moyen que dans la lutte contre la loque, le même et seul moyen aussi — comme Pasteur nous l'a montré — que contre la maladie de Noséma des vers-à-soie (Pébrine). Il est vrai que l'emploi de ce remède chez les abeilles adultes semble un peu difficile. Toutefois, il n'est pas impossible, car nous savons à présent que *seule l'abeille vivante* peut propager les germes contagieux. Dans l'abeille morte ou à l'extérieur du corps de l'abeille, les deux parasites périssent en peu de temps. Ces maladies ne peuvent donc pas naître spontanément, mais s'engendrent exclusivement par contact avec des abeilles vivantes infectées.

L'essentiel dans la lutte serait l'anéantissement des colonies *gravement infectées*, qui servent de point d'appui aux parasites et qui permettent une infection forte et réitérée de toutes les ruches du voisinage. Ce n'est point nécessaire de tomber dans une « parasitophobie » exagérée et de vouloir faire la chasse au dernier spore de Noséma ou au dernier acarien. Cela serait même une chose impossible vu la propagation générale de ces parasites. Une fois les colonies gravement malades avec leurs sources inépuisables de parasites détruites, nous pouvons confier le reste aux forces de résistance naturelle de la ruche. Contre un plus petit nombre d'ennemis, la colonie bien soignée pourra se maintenir et les parasites disparaîtront bientôt complètement. On fait cette même observation chez la loque : ici, la chose la plus importante est la destruction des rayons avec leurs millions de spores du bacille de la loque; les abeilles peuvent être sauvées, au moins dans la bonne saison, malgré qu'elles portent sur elles probablement encore un certain nombre de bacilles. Nous les croyons capables de se débarrasser d'elles-mêmes de ce petit nombre de parasites, et les bons résultats obtenus avec la méthode des essaims artificiels chez la loque, nous confirment que notre confiance en les forces défensives naturelles des abeilles n'était pas sans fondement.

Après tout cela, je crois qu'il ne serait pas prématuré de s'occuper sérieusement de la lutte contre ces maladies. Les travaux à entreprendre seraient pour le moment :

1º Une statistique de la propagation des deux maladies. Ces chiffres, nous montreraient probablement d'une façon évidente les grandes pertes causées par ces parasites. La statistique est le premier travail à faire pour intéresser les gouvernements et pour obtenir éventuellement des mesures législatives et des assurances.

2º L'exécution d'essais en grand, par l'anéantissement des abeilles dans des ruchers gravement infectés, et la réoccupation des places vides par des colonies dans lesquelles l'absence des parasites a été prouvée par l'analyse microscopique.

Nous ne méconnaissons pas les grandes difficultés qui s'opposent encore à nos propositions. Mais une bonne organisation des apiculteurs peut surmonter des obstacles considérables, comme nous l'avons vu en Suisse dans la lutte contre la loque. Et chez les maladies des abeilles adultes, la situation est telle qu'il faut agir, si nous ne voulons pas voir l'apiculture s'éteindre dans beaucoup de ces districts gravement atteints.

Contrôle des maladies des abeilles
par M. Eienne GIRAUD

Les différentes maladies qui attaquent les abeilles sont plus ou moins graves. Ces maladies sont surtout : la dysenterie ou diarrhée, la paralysie, le mal de mai, le mal de l'île de Wight et la loque.

La dysenterie ou diarrhée est surtout causée par une réclusion trop prolongée ou par une nourriture défectueuse, fermentée, trop aqueuse ou miellat. La cause étant connue, le remède préventif consiste à fournir une nourriture saine, des ruches assez épaisses et placées dans un rucher bien abrité pour éviter les transitions trop brusques de température.

La paralysie et le mal de mai ont jusqu'à ce jour des causes inconnues. Quant au mal de l'île de Wight, les récentes découvertes faites à Aberdeen, en Ecosse, par le Dr John Rennie, attribuent la cause à un acarien qui se développe dans l'appareil respiratoire de l'abeille et la condamne à l'asphyxie. Les symptômes du mal de l'île de Wight étant à peu près les mêmes que pour la paralysie et le mal de mai, il serait possible que ces maladies aient toutes une même cause. Jusqu'à ce jour, on ne peut rien affirmer à ce sujet, mais il faut espérer que sous peu nous serons fixés.

Connaissant la cause du mal, il est généralement plus facile de trouver le remède. Dans le mal de l'île de Wight, la lutte est difficile. Les maladies acariennes sont, dans le règne animal, combattues par des gaz ou des bains sulfureux.

Mais, pour l'abeille, ces moyens ne peuvent être employés ; l'abeille ne résisterait peut-être pas au gaz sulfureux capable de tuer les parasites. En un mot, l'abeille pourra-t-elle résister dans un milieu où les acariens ne pourraient vivre ? Je ne le crois pas.

Il est un moyen assez souvent employé pour lutter contre les insectes nuisibles ; il consiste à chercher les ennemis : maladies ou insectes nuisibles à celui contre qui la lutte est entreprise. La découverte de la cause du mal est encore bien récente pour qu'on ait pu trouver quelque chose dans cette voie. Il est permis d'espérer cependant que là serait le remède pour lutter contre cette maladie qui a causé de grands ravages en Angleterre. Peut-être aussi arriverait-on à trouver une race d'abeilles réfractaire à cet acarien.

Jusqu'à ce jour, le remède consiste à n'avoir que de fortes colonies.

De toutes les maladies des abeilles, celle qui est la plus répandue et dont les ravages sont énormes, est la loque. Les auteurs les plus anciens en font mention, mais ce n'est qu'à la suite des travaux de l'immortel Pasteur qu'il fut possible d'en définir la véritable cause. On a cru pendant longtemps que la loque était causée par le bacillus alvei, dénommé ainsi par Cheshire en 1883, et découvert en 1874 par le Dr Cohn, qui l'avait appelé bacillus alvéolaris. Mais, les travaux entrepris au laboratoire de la Station entomologique de Washington ont démontré que le bacillus alvei trouvé dans le couvain malade n'est pas la cause de cette maladie. Des cultures de ce bacille, données en nourrissement à des colonies saines, n'ont pas donné la maladie. Ce bacille est un bacille putréfactif et n'entre en jeu que lorsque le couvain est malade des causes d'un autre bacille.

Les recherches du Dr G.-F. White, bactériologiste à la Station, l'amenèrent à trouver deux sortes de loque dues à deux bacilles différents : le bacillus pluton et le bacillus larvae. Cette découverte créa le besoin de donner un nom à chacune d'elles. Après avoir consulté différentes personnalités, il fut décidé que la maladie causée par le bacillus larvae s'appellerait : loque américaine et celle causée par le bacillus pluton : loque européenne. De ces appellations, il ne faut pas conclure que ces maladies sont originaires d'Amérique ou d'Europe ; ces noms furent donnés parce que la loque américaine causée par le bacillus larvae avait surtout été étudiée en Amérique et que la loque européenne, causée par le bacillus pluton avait été étudiée en Europe. Ces appellations étant susceptibles d'induire en erreur, il serait utile de trouver d'autres termes ne prêtant pas à une erreur d'origine.

Il était nécessaire de la nommer de façon différente, car ces deux maladies ont des traitements très différents, comme nous le verrons par la suite.

En Europe, certains apiculteurs reconnaissent depuis longtemps deux sortes de loque : loque bénigne et loque maligne ; à ces deux maladies, le même traitement était appliqué. Il consistait surtout en traitements médicamenteux : acide formique, vapeurs de formol, acide salicylique, essence d'eucalyptus, etc...

En Amérique, les traitements employés sont tout autres. Le traitement employé contre la loque américaine consiste dans la destruction des bactéries, cause de cette maladie. Cette méthode demande beaucoup de soins de la part de l'apiculteur, pour éviter de répandre, au contraire, les germes de maladie. Les abeilles sont secouées seules dans une ruche propre dont les cadres ne sont qu'amorcés ; elles sont ainsi obligées de bâtir des rayons, ce qui les oblige à employer le miel absorbé qui contenait le bacillus larvae. Certains opérateurs enlèvent les rayons ébauchés au bout de 48 heures et les remplacent par des fondations pour obtenir de beaux rayons. En faisant cette opération, grand soin doit être pris d'éviter le pillage ; pour cela, il est bon d'opérer rapidement et par temps de miellée. Les rayons contenant le couvain sont mis à la fonte après en avoir retiré le miel. Il serait imprudent de donner ce miel en nourrissement, même après avoir été bouilli. Il peut être consommé par l'homme, sans danger, et peut entrer dans la fabrication de l'hydromel. Dans certains états d'Amérique, il est formellement interdit de mettre sur le marché, le miel provenant de ruches loqueuses, et il serait bon que cette mesure se généralisât partout. Tous les instruments ayant servi à l'extraction du miel et de la cire devront être soigneusement désinfectés à la vapeur. Les déchets de fonte de la cire devront être brûlés. La cire de rayons loqueux sera réservée pour d'autres usages que la fabrication de la cire gaufrée, bien qu'il reste à prouver que la cire gaufrée puisse être un véhicule de la loque.

Les ruches devront être soigneusement désinfectées à la lampe à souder. Quant aux cadres, il est avantageux de les brûler et de les remplacer par des cadres neufs. Toutefois, si on voulait les conserver, il serait nécessaire de les passer à l'ébullition pendant une demi-heure, ou mieux de les tremper dans une solution bouillante de potasse.

Le traitement de la loque européenne causée par le bacillus pluton est très différent. Cette maladie qui fit de grands ravages dans l'Etat de New-York, vers 1904, fut étudiée avec soin au laboratoire d'entomologie de Washington. Elle pourrait être ce qu'en Europe on appelle la loque bénigne. Les larves sont surtout atteintes avant qu'elles aient filé leurs cocons et très peu meurent après que la cellule est operculée, d'où moins d'opercules perforés que dans la loque américaine. Le couvain operculé est très irrégulier du fait des larves mortes avant ce stade. Les larves atteintes perdent leur belle couleur nacrée et deviennent jaunâtres et translucides. Leur position dans la cellule devient anormale ; elles sont tantôt couchées sur un côté, tantôt sur l'autre, même parfois à la partie supérieure, tandis que, dans la loque américaine, la larve est toujours allongée à la partie inférieure de la cellule. Finalement il ne reste plus de la larve qu'une pellicule gris brun à la base de la cellule ou une masse informe sur l'une des parois si la larve n'a pu retenir sa position normale avant de mourir. Ces dépôts adhèrent beaucoup moins dans la cellule que dans la loque américaine et de ce fait peuvent être déplacés par les abeilles. La viscosité est beaucoup moins grande et ne peut filer comme dans l'autre loque; elle ressemble plutôt à un vieux caoutchouc ayant perdu de son élasticité, ce qui le fait se rompre plus rapidement. La loque européenne a peu d'odeur, c'est une odeur aigrelette qui semble venir de la matière en décomposition, causée par d'autres organismes que le bacillus pluton.

Il est important de noter que cette maladie s'attaque aussi bien aux larves de mâles et de reines qu'à celles d'ouvrières.

Dans les régions atteintes par cette maladie, le nombre de colonies malades est plus grand que dans le cas de loque américaine, il périt néanmoins beaucoup moins de colonies. La perte des colonies est surtout due à leur affaiblissement qui rend leur hivernage difficile. Cette maladie se répand avec une beaucoup plus grande rapidité que la loque américaine.

Les symptômes de cette maladie varient quelque peu, mais la couleur des larves malades est peut-être celui qui varie le moins. Cette maladie atteint surtout les colonies faibles, d'abeilles dégénérées, peu vigoureuses. Les colonies vigoureuses arrivent facilement à nettoyer les cellules des larves mortes et la miellée aidant, la maladie disparaît. Il n'en est pas de même dans les colonies affaiblies qui n'arrivent pas à surmonter le mal, ne pouvant nettoyer les cellules. Cette maladie fait peu de ravages dans les régions à miellée de printemps. La miellée donne un tel essor à toutes les colonies qu'elles arrivent à surmonter le mal. Il n'en est pas de même dans les régions à miellée tardive où les colonies sont trop affaiblies, sinon anéanties, lorsqu'arrive la miellée. Dans ces régions la maladie cause d'énormes ravages.

Certains apiculteurs ont cru que la loque européenne pouvait se changer en loque américaine; il n'en est rien. Des études bactériologiques entreprises à ce sujet ont démontré le néant de cette croyance.

Les moyens de diffusion de la loque européenne ne sont pas encore bien connus. Ce peut être par le miel, mais il faut cependant que le bacille trouve un milieu propice à son développement. Ainsi du miel provenant de colonies atteintes de la loque européenne, donné en nourrissement à des colonies saines et vigoureuses, n'a pu provoquer la maladie. Il n'en est pas de même si ce miel est donné à des colonies affaiblies n'ayant qu'une faible force de résistance.

On n'a pas trouvé nécessaire de désinfecter le matériel; et les rayons n'ont pas besoin d'être détruits, ce qui n'indique pas que les bactéries n'existent pas dans le matériel, mais que donnés à des colonies fortes et saines, ils ne feront aucun dommage.

La différence qui existe entre la loque américaine permet une lutte plus facile; il est même facile d'agir préventivement de façon à éviter cette maladie.

On le peut en ne possédant que de fortes colonies ayant à leur tête des reines prolifiques et dont la progéniture est douée d'une force de résistance à cette maladie. La race italienne est, paraît-il, plus résistante que la race noire.

En maintenant nos colonies fortes et vigoureuses, d'une race résistant à ce mal, on peut donc presque sûrement éviter cette maladie.

Le traitement de la loque européenne est assez simple. Il suffit de rendre la ruche orpheline et de laisser son couvain éclore après avoir détruit les cellules royales ; 25 jours après l'orphelinage on introduit une reine fécondée provenant d'une colonie résistant à ce mal. On peut encore introduire du 16e au 20e jour une cellule royale prête à éclore, cellule qui devra provenir de colonies de choix. Dans ce traitement il faut, et c'est un des points essentiels, que lorsque la reine commence sa ponte, toutes les cellules soient nettoyées par les abeilles. Les descendants de la reine introduite étant plus vigoureux ne contractent pas le mal. Si, à ce moment, la miellée ne donnait pas, il serait utile de nourrir, et je crois que du sirop additionné d'un antiseptique pourrait être donné avantageusement. Les colonies réduites en population devront être réunies deux par deux avant d'employer ce traitement.

Nous avons envisagé jusqu'ici les moyens de lutte individuelle, mais il en est d'autres et non des moindres, qui incombent à la collectivité. Supposons un apiculteur émérite, soigneux, qui fait de l'apiculture son gagne-pain ? Tout est conduit pour éviter autant que possible ces maladies. Près de lui existe un autre apiculteur, honnête aussi, mais plus insouciant ; par des manœuvres maladroites il introduit dans son rucher, dans sa région, une de ces maladies. Voilà donc l'industrie de notre apiculteur émérite en danger ; il en résulte pour lui de fortes pertes. Et pourtant, dans la plupart des pays, il ne peut rien contre le maladroit qui lui a causé des dommages et qui peut continuer à maintenir près de lui ce foyer d'infection qui ira toujours en augmentant. Il est libre, diront les partisans de la liberté à outrance ! Mais ceux qui considèrent que la liberté de l'individu s'arrête au point où l'usage de cette liberté entrave celle d'autrui, diront que cet apiculteur n'a pas le droit de maintenir ce foyer d'infection, qu'il est de l'intérêt de la collectivité de supprimer.

Comment lutter contre ces foyers d'infection ? Il est des États qui ont des lois appropriées à cette lutte, mais ils sont peu nombreux.

Tout récemment, à la suite de la découverte du Dr Rennie quant à la cause du mal de l'île de Wight, le gouvernement américain a pris une mesure radicale : il a interdit l'importation des abeilles aux États-Unis. Cette mesure n'est pas sans créer une entrave au développement de l'apiculture. Les américains qui importaient beaucoup d'abeilles d'Italie, comme reproducteurs, ne peuvent continuer à le faire. Cette mesure, quoique radicale, est très logique pour empêcher l'introduction de maladies nouvelles dans ce pays. Mais ne pourrait-il pas être employé d'autres moyens ? Pourquoi tous les établissements apicoles qui font la vente d'abeilles, que ce soit pour l'intérieur ou l'exportation, ne seraient-ils pas contrôlés par des inspecteurs spéciaux qualifiés pour délivrer un certificat sanitaire. Nous sommes tous à la merci d'éleveurs plus ou moins scrupuleux qui peuvent expédier des abeilles atteintes de maladies infectieuses. Ce contrôle est organisé dans certains États d'Amérique où les éleveurs ne peuvent expédier reines et essaims qu'après autorisation d'inspecteurs spéciaux. En Europe rien n'existe à ce sujet. Par contre, il existe une organisation internationale pour l'inspection des produits de l'horticulture. Cette organisation a été sanctionnée à la conférence internationale qui a tenu ses séances à l'Institut international de Rome, du 24 février au 4 mars 1914. Tous les envois de produits horticoles destinés à l'exportation doivent être accompagnés d'un certificat phytopathologique établi suivant cer-

6..

taines règles et délivré par l'agent officiel compétent du pays exporta-
teur, ce certificat attestant que lesdits produits ont été inspectés et reconnus exempts de toute maladie dangereuse et de tout insecte nuisible.
Ces services fonctionnent admirablement en France.

Dès 1914, 170 établissements horticoles, comprenant 86 exportateurs
étaient sous le contrôle de la station. Suivant les rapports des agents du
service phytopathologique, des décrets sont pris prohibant pour un temps
donné l'importation de tels végétaux provenant de tels pays contaminés.
Les pays qui ont adhéré à cette organisation contrôlent les envois à l'arrivée et vérifient s'ils sont bien indemnes de maladie. Dans certains
pays le contrôle est fait de telle façon que toutes les constatations faites
sont centralisées, reportées sur des fiches, et classées de sorte que l'on
peut immédiatement savoir qu'un insecte donné a été trouvé dans tel envoi, de tel horticulteur, de tel pays.

En apiculture, le nombre des ennemis est beaucoup plus réduit qu'en
horticulture et une organisation de ce genre ne pourrait qu'empêcher la
diffusion des maladies des abeilles. Cette organisation nécessiterait d'a-
bord l'organisation d'un contrôle dans chaque pays. Tout apiculteur ayant
des maladies infectieuses dans ses ruchers serait tenu de les soigner; s'il
ne voulait pas le faire, la destruction par le feu des colonies malades pourrait être ordonnée. La vente des abeilles serait soumise à un contrôle sévère pour empêcher que soient vendues des abeilles atteintes de maladies
infectieuses. Les abeilles importées devraient, sur l'étiquette d'envoi, mentionner la date du dernier certificat sanitaire délivré, certificat dont un
duplicata aurait été, au préalable, envoyé au service de contrôle de l'Etat
importateur afin de permettre aux importateurs d'en vérifier l'exactitude.

Ces services de contrôle nécessiteraient dans chaque Etat une ou plusieurs stations d'études où les moyens de lutte à employer par les apiculteurs pourraient être mis à point et dont la diffusion aurait lieu sous
forme de pamphlets. En France, des stations de ce genre sont en voie de
formation, mais il serait à souhaiter que comme aux Etats-Unis, elles
prennent plus étroitement contact avec les apiculteurs, par les relations
de leurs recherches dans les revues apicoles, ce qui créerait un lien étroit
entre l'apiculture scientifique et l'apiculture pratique, pour le plus grand
bien de tous.

Les Maladies du Couvain d'Abeilles
telles qu'on les connaît aux États-Unis

par Arnold P. STURTEVANT
Assistant Apiculteur, Bureau d'Entomologie, Ministère de l'Agriculture, Etats-Unis
(Pour les recherches sur les maladies des Abeilles

Les divers auteurs européens ayant étudié les maladies des abeilles,
semblent avoir l'opinion unanime que certains types de loque, rencontrés
par eux au cours de leurs recherches, n'existent pas aux Etats-Unis. Il est
difficile d'avoir une description claire et complète de ces types, parce que
chaque auteur européen, ou presque, emploie une série de termes descriptifs et d'explications qui lui sont propres. Certains de ces termes ont

trait, sans distinction, à plusieurs maladies. Tout cela tend à apporter de la confusion depuis qu'aux Etats-Unis, particulièrement, on a reconnu trois types de loque, chacun étant désigné par un nom bien déterminé. Ce sont: la loque américaine, qui doit son nom à ce que la cause de cette maladie fut d'abord décrite par un auteur américain; la loque européenne, ainsi appelée probablement parce que ce fut le type auquel eurent d'abord affaire Cheshire et Cheyne, en Angleterre; et enfin le couvain sacciforme (1) ou Sacbrood, le moins important des trois, nom purement descriptif donné par White à cette maladie (circulaire 169 du Bureau d'entomologie), parce que son principal symptôme est la forme en sac de la plupart des larves mortes de cette maladie. Dans la circulaire 79 du Bureau d'entomologie, Phillips ne donna pas de noms descriptifs aux deux premières loques, afin d'empêcher toute confusion, particulièrement dans les mesures prises en vue de la lutte contre la maladie.

Grâce au diagnostic de plus de 4 000 échantillons de loque, au laboratoire d'apiculture du Bureau d'entomologie des Etats-Unis, l'auteur possède une vue très nette de ces maladies dans toutes leurs variations. L'objet de ce rapport est de décrire les symptômes et la bactériologie des loques telles qu'elles sont reconnues aux Etats-Unis, de façon à les mettre, si cela est possible, en correspondance avec ceux décrits en Europe. Burri, du point de vue européen, a entrepris ce travail dans un intéressant rapport paru dans la *Schweizerische Bienen Zeitung* de 1921. D'autres auteurs ont donné des descriptions des symptômes et des noms avec plus ou moins de clarté, mais il y a encore des divergences qu'il peut être bon d'élucider. Comme le dit Burri, le lecteur doit décider de quelle maladie on parle, plutôt par le contexte que par le nom descriptif de cette maladie.

Les avis sont plus concordants en ce qui concerne la classification de la loque américaine que dans le cas de la loque européenne, du moins quant à la cause. Il n'y a cependant aucune uniformité quant au nom. En Suisse, on l'appelle « Bösartige » ou « Nichtstinkende Faulbrut »; en Autriche, « Faulbrut » simplement; en Allemagne, « Nymphenseuche », « Brutpest », « Brutseuche » et « Faulbrut »; au Danemark, « Bipest »; en Angleterre, « Foulbrood » et « beepest »; et en France, « la loque ». Cependant, il est bien établi que la maladie qui attaque uniformément le couvain après son operculation, est due à une spore constituant un organisme qu'il est difficile de cultiver et qu'on trouve toujours associé à la maladie. C'est ce même organisme qui est appelé *Bacillus larvae* par White, *Bacillus Brandenburgiensis* par Maassen, et est décrit par d'autres comme difficile à cultiver.

Les symptômes caractéristiques de la loque américaine ne varient pas sensiblement, même dans des conditions extérieures variées, de sorte que son diagnostic grossier est comparativement facile.

Dans cette maladie, la plupart des larves meurent après que leurs cellules aient été operculées et, d'après White, presque toujours, soit pendant les deux derniers jours de la période prénymphale de quatre jours, soit pendant les deux premiers jours de la période nymphale. Elles ont alors

---

(1) « Sacciforme » est la traduction que le Dr Morgenthaler de Berne a donné au « Sacbrood » de White. (Note du traducteur).

cessé de se remuer dans les cellules ayant terminé de filer leur cocon. Il en résulte que presque toutes les cellules malades contiennent des larves couchées dans la même position, étendues à plat sur la paroi inférieure, leur extrémité postérieure contre la base de la cellule. Les premiers stades de la décomposition après la mort ne se remarquent presque jamais, jusqu'à ce qu'une quantité suffisante de couvain soit morte, pour attirer l'attention. Les premiers symptômes de la maladie sont une légère décoloration des opercules et un changement de couleur de la larve, de blanc perlé en une délicate couleur crème. Jusqu'au moment de la mort, les organismes se trouvent seulement dans la région intestinale, mais ils envahissent bientôt les autres tissus du corps. Ensuite la larve meurt et la décomposition apporte des changements dans sa couleur : de légèrement jaunâtre, elle prend des teintes brunes de plus en plus foncées; la consistance, d'aqueuse, devient visqueuse comme de la glu épaisse. Cette matière se dessèche finalement sous forme d'écailles d'un type uniforme. De fait, les produits de décomposition ont tout à fait les caractères de la glu, ce qui fait que la masse morte desséchée adhère fortement aux parois de la cellule. Les écailles desséchées sont fragiles et, bien que leur partie antérieure puisse se détacher, la partie postérieure reste régulièrement fixée à la base de la cellule.

La plupart des opercules sont généralement entièrement enlevés par les abeilles, mais ceux qui restent s'affaissent le plus souvent, ou bien sont perforés par les abeilles. Les cellules non operculées contiennent les écailles larvales desséchées, étendues à plat sur la paroi inférieure.

Comme le couvain sain fait saillie, les rayons laissent voir les opercules couvrant les larves malades, éparpillés, affaissés et perforés, donnant à ces rayons l'apparence caractéristique de boîte à poivre.

L'uniformité remarquable des symptômes dans la loque américaine est expliquée par ce fait que, pratiquement, on ne trouve là, associé à la maladie, aucun autre microorganisme que le *Bacillus larvae*. Il n'y a pas de bacilles envahisseurs secondaires. Les quelques organismes secondaires qui ont pu, de temps à autre, être isolés dans la loque américaine, n'ont aucune espèce d'effet sur les symptômes. Le *Bacillus larvae*, cause de la maladie, est un organisme pathogène qui, non seulement tue les larves, mais a encore le pouvoir d'entraîner la décomposition de leurs restes. De plus, et ceci a une grande importance, les produits de croissance de ces bacilles et de décomposition des tissus de la larve, semblent empêcher le développement de tout autre organisme. Ce même fait est la cause que les filaments végétatifs du bacille forment bientôt des spores résistantes. Avec le temps, les larves mortes sont devenues perceptibles dans le rayon, la consistance visqueuse s'est développée et, pratiquement, tous les filaments du bacille sont en voie de formation de spores.

Les quelques variantes notées dans la loque américaine sont dues aux différences existant dans l'âge de la larve à l'époque de sa mort. Le *Bacillus larvae* pénètre dans la larve généralement sous forme de spores dans la nourriture larvale. Ceci se produit alors que la larve est encore couchée en rond dans sa cellule. Ce n'est que rarement qu'on trouve des larves dans cet état, mortes au fond des cellules. Cela est dû apparemment à ce que les spores demandent un certain temps pour germer et se transformer en filaments végétatifs actifs. La conséquence de ce fait est que la mort de la larve se produit régulièrement dans les stades plus avancés de sa vie, comme il a été dit plus haut.

Dans les cas virulents de longue durée, on a cependant remarqué que, parfois, quelques larves encore enroulées étaient mortes avant d'avoir pu s'allonger dans leurs cellules pour la nymphose, ce qui leur donne souvent un tant soit peu l'apparence de larves enroulées atteintes de la loque européenne. La raison probable de leur mort prématurée est qu'elles ont pu ingérer fortuitement les filaments végétatifs du *Bacillus larvae*, au lieu de spores germant lentement. Les filaments sont capables d'entrer immédiatement en activité et, par suite, de causer une mort plus prompte des larves. Sous le microscope, les larves enroulées atteintes de la loque américaine montrent soit un nombre considérable de bâtonnets végétatifs ou peu s'il y a des spores, soit aucun organisme, ce qui indique une mort de faim. Ce dernier cas résulte de ce fait que les abeilles ont déserté le couvain infecté. La position enroulée de la larve et sa couleur brun jaunâtre peuvent suggérer qu'on est en présence de la loque européenne, mais un examen plus approfondi montre que sa consistance est tout à fait différente de celle d'une larve atteinte de cette maladie. Elle est visqueuse, avec une tendance à filer, comme dans le cas typique d'une larve atteinte de loque américaine. Cette variante est plus ou moins rare, mais ne causera aucun embarras dans le diagnostic grossier de la loque américaine, puisque les rayons seront toujours bien garnis des formes typiques de la maladie.

Il y a un symptôme, dans la loque américaine, duquel on peut déduire un diagnostic positif quand on le rencontre, généralement dans les derniers stades de la maladie. Parfois, l'action du *Bacillus larvae* chez quelques larves infectées est, pour quelque raison, plus lente que chez d'autres et, par suite, certaines atteignent le stade de la nymphose, prenant même avant leur mort, une forme très voisine de celle de l'abeille adulte. Ceci peut être dû à une inoculation initiale plus faible ou à une plus lente germination des spores. Ce cas ne se produit pas souvent, mais on le reconnaît à l'aspect filiforme de la langue, qui fut évidemment allongée au moment de la mort. Elle reste habituellement fixée à la paroi supérieure de la cellule, obliquant légèrement en dedans depuis la tête de la nymphe. On trouve toujours des spores de *Bacillus larvae* dans les restes de ces larves.

Il y a une divergence d'opinions au sujet de l'odeur répandue par le couvain mort. Le terme de Burri, « nichtstinkende Faulbrut », signifie loque sans odeur. Un échantillon, envoyé par Burri aux États-Unis, fut trouvé être le même, au point de vue bactériologique, que la loque américaine. Telle qu'on la trouve aux États-Unis, cette maladie, durant certains de ces stades, produit une odeur piquante, pénétrante, décrite souvent comme analogue à celle de la colle de poisson chauffée. On ne la décèle jamais dans les premiers stades de la maladie et, si on se trouve seulement en présence de cellules malades éparses, elle est rarement observée. Cependant, quand la colonie s'infecte davantage, cette odeur se remarque et peut même devenir désagréable, notamment la première fois qu'on ouvre une ruche, et dans ces conditions, elle existe universellement. Le principe de cette odeur doit être tout à fait volatil, puisque les rayons de couvain malade, après qu'ils se sont complètement desséchés, ont peu ou pas d'odeur. Les boîtes contenant des échantillons, quand on les ouvre, répandent généralement une odeur appréciable, mais qui disparaît bientôt. Cette odeur de pot de colle ,quand elle existe, est caractéristique, mais elle ne peut être considérée comme un caractère constant et bien défini du diagnostic.

Aux États-Unis, on a l'habitude de faire reposer le diagnostic de laboratoire, principalement sur l'examen microscopique de l'échantillon, excepté dans les cas douteux, quand on peut faire des cultures. Les caractères microscopiques de la maladie sont parfaitement définis par les dimensions et les formes caractéristiques des spores. De plus, dans une préparation colorée examinée dans une gouttelette d'eau, on voit la plupart des spores s'échapper de la masse colorée et présenter un mouvement Brownien accentué dans la pellicule d'eau entre la lame et la lamelle.

Le *Bacillus larvae* ne se développe pas en milieu de culture nutritif ordinaire, de sorte que les cultures sur plaques, faites à partir de matériaux malades sur agar nutritif ordinaire, sont pratiquement toujours négatives. D'après White, les spores germeraient et se développeraient sur un milieu de culture constitué par de l'agar additionné de bouillon non chauffé de larves d'abeilles, ou mieux dans un milieu nutritif d'agar auquel on ajoute une suspension non chauffée de jaune d'œuf ; on obtient, dans ces conditions, le développement caractéristique que White a décrit dans son rapport (Bulletin 809 du Ministère de l'Agriculture des États-Unis). L'auteur a trouvé que le *Bacillus larvae* se développe aussi sur l'extrait de levure gelosé d'Ayers et Rupp, décrit dans le volume V (1920) du *Journal of Bacteriology*. Mais dans ce cas, son développement n'est pas aussi vigoureux qu'en milieu de jaune d'œuf.

Comme il a été mentionné plus haut, et comme le montre le résultat négatif des cultures sur plaques en milieu nutritif ordinaire d'agar, il n'y a pratiquement pas d'organismes envahisseurs secondaires associés au *Bacillus larvae* ; tout développement qui se produit de temps à autre étant dû à une contamination accidentelle. La force de la colonie, l'époque et le caractère de la miellée ou la race particulière d'abeilles, semblent n'avoir aucun effet sur les véritables manifestations caractéristiques des symptômes, excepté pour enrayer temporairement le développement de la maladie. Une miellée abondante semble parfois arrêter la maladie, cela tient probablement à ce que les larves mortes sont recouvertes de miel nouveau, mais invariablement, elle éclate à nouveau plus tard, dans le cours de la saison.

Le problème est plus complexe dans le cas de loque européenne. Les termes employés par différents auteurs européens varient encore, et on prétend même qu'il existe deux formes de la maladie qui, aux États-Unis, est désignée sous le simple nom de loque européenne. Burri semble être d'avis que la loque européenne, telle que l'a décrite White, est celle qu'il reconnaît comme « Sauerbrut », tandis que celle appelée « stinkenden Faulbrut » ne fut pas rencontrée par White. Cependant, sa description de la loque puante (Stinkenden Faulbrut) est plutôt vague, excepté en ce qui concerne l'odeur infecte et le fait que le *Bacillus alvéi* se trouve étroitement associé à cette forme. Maassen différencie la maladie en loque aigre et en loque douce, suivant que le *Bacillus alvéi* se trouve seul ou associé à d'autres organismes.

Aux États-Unis, il a été bien établi que la loque européenne n'est qu'une simple maladie qui peut varier dans ses manifestations suivant les variations des conditions extérieures, ainsi que l'a décrit Phillips dans le *Farmer's Bulletin 975*. La loque européenne est, avant tout, une maladie des colonies faibles; elle est répandue au début de l'été, au moment où les colonies possèdent le moins de jeunes abeilles. La maladie disparaît un peu plus tard, au cours de la saison, seulement la colonie est tellement affaiblie qu'elle ne peut plus se débarrasser de ses larves mortes. Cette disparition de la maladie se produit généralement au début de la miellée. A ce moment, à moins que la colonie ait presque atteint sa force maximum, il y a un accroissement rapide du nombre des jeunes abeilles nourrices et du couvain; la colonie devient plus forte, condition défavorable au développement de la maladie. Ce sont les jeunes abeilles qui font le nettoyage complet. Comme le dit Phillips, c'est la colonie qui ne se développe pas au printemps qui est la plus sérieusement atteinte. Si la miellée vient à manquer, la maladie peut persister, et, dans de telles conditions, elle atteint son plus mauvais degré. Il est particulièrement remarquable que c'est dans les régions où la miellée de printemps est incertaine, ou manque habituellement, que la loque européenne fait le plus de ravages, car dans les années où elle fait défaut, la maladie s'étend avec une telle rapidité que la région est bientôt entièrement infectée. La loque européenne s'observe rarement dans les régions où la miellée de printemps est assurée ou, tout au plus, elle ne se montre que dans sa forme la moins violente. On a aussi observé que les abeilles italiennes semblent mieux résister à la maladie que la plupart des autres races, les hybrides, particulièrement d'abeilles communes, étant plus sujets à l'infection. Il semble probable, comme l'auteur l'a démontré dans un rapport précédent (*United States Department of Agriculture, Bulletin 804*), que cela ne tient pas tant à une question d'immunité réelle qu'à la plus grande faculté caractéristique qu'ont les abeilles italiennes de nettoyer vigoureusement et de rejeter le couvain mort.

L'agent spécifique de la maladie, d'après White (*United States Department of Agriculture, Bulletin 810*), est le *Bacillus pluton*, petit bacille en forme de bâtonnet lancéolé, que Burri considère comme étant le même que sa forme Güntherie, et reconnu par d'autres comme incapable d'être cultivé. Les organismes causant la maladie sont probablement pris, dans leur nourriture, par les jeunes larves encore enroulées. Ils commencent immédiatement à se développer dans l'intestin de la larve, augmentant rapidement en nombre. Cette rapide prolifération, ou courte période d'incubation, est possible, parce que le *Bacillus pluton* est toujours dans son stade végétatif. En conséquence, il est prêt à se développer de suite sans passer par le laps de temps nécessaire à la germination des spores. Il en résulte que dans le cas de la loque européenne, particulièrement dans ses premiers stades, la plupart des larves meurent avant d'être operculées, alors qu'elles sont encore enroulées au fond des cellules, le *Bacillus Pluton* les ayant tuées grâce à son activité. On trouve, associés au *Bacillus pluton*, d'autres organismes variés, connus comme bacilles envahisseurs secondaires. Aucun d'entre eux n'a été reconnu capable de causer la mort des larves, ce qui les distingue de l'organisme pathogène principal. On les trouve en petit nombre, ou bien ils pénètrent dans la larve peu après sa mort et s'y développent rapidement. Dans les premiers stades de la maladie, ou dans les localités où elle ne peut jamais prendre une grande extension, d'autres organismes putréfiants peu actifs, tels que le *Streptococcus apis*, qu'on trouve surtout à l'intérieur de l'intestin des larves, deviennent prépondérants. On trouve alors seulement le type de la larve enroulée, humide et jaunâtre, ou des écailles d'un brun jaunâtre se détachant facilement. Généralement, la matière morte répand une odeur aigre de fermentation, si toutefois elle a une odeur. Sans aucun doute, cette phase de la maladie est celle que les auteurs européens désignent sous le nom de « Sauerbrut ».

Quand les conditions extérieures sont telles que la maladie peut se développer sans arrêt pendant quelque temps, comme dans les pays où la miellée est tardive ou bien fait défaut, et que les abeilles ne sont pas incitées à faire du nettoyage, alors, d'autres envahisseurs se développent plus rapidement et prennent la place prépondérante. Dans ces conditions, des organismes purement putréfiants commencent à envahir les tissus du corps entier de la larve, ce qui amène souvent des variations dans les symptômes de la maladie, variations pouvant apporter de la confusion. Les bacilles secondaires variant de caractère et d'importance, les symptômes diffèrent plus ou moins des aspects caractéristiques de la maladie, et le tout varie suivant les conditions extérieures, et cela pour une simple maladie.

Le plus actif et le plus pernicieux des bacilles secondaires de la loque européenne est le *Bacillus alvéi*. Dans les premiers temps des études bactériologiques de la loque, on pensait que ce bacille était un organisme pathogène, car on le trouvait souvent en grande quantité dans les larves mortes. On a montré depuis qu'il n'en était rien et il est maintenant bien établi que le *Bacillus alvéi* ne cause pas la mort de la larve. Le *Bacillus alvéi* appartient au groupe des bactéries putréfiantes et, pratiquement, sa seule fonction dans la loque européenne, sous des conditions favorables, est de décomposer les larves mortes. Le *Bacillus alvéi* se rencontre souvent, mais toujours en petite quantité, dans les larves mortes enroulées, dans les premiers stades de la maladie ; il est alors en quantité insuffisante, comparé au *Bacillus pluton*, pour avoir beaucoup d'action sur l'aspect de la maladie à ce moment. Il résulte de l'action putréfiante vigoureuse du *Bacillus alvéi*, que lorsque ce dernier se trouve dans des conditions favorables, il se développe largement et apporte dans l'aspect de la larve morte des changements tels, que ceux-ci amènent une grande confusion.

Dans de pareils cas, comme il a été mentionné plus haut, il est à remarquer qu'à mesure que la maladie se développe dans la colonie, une quantité de plus en plus grande de larves semblent affectées peu de temps après avoir été operculées et non plus au moment où elles sont encore enroulées au fond des cellules ouvertes. C'est-à-dire que la mort se produit à l'époque où les larves, normalement operculées, sont en état de se mouvoir pour filer leurs cocons en vue de la nymphose. Cela explique les positions irrégulières des larves mortes dans ces conditions. On trouve un grand nombre de bâtonnets végétatifs et particulièrement de spores de *Bacillus alvéi* dans les larves mourant à cet âge, à l'exclusion de tous les autres organismes, y compris le *Bacillus pluton*. Cependant, en cherchant bien, on peut trouver des vestiges de ces organismes. Les restes des larves ont une couleur brun sombre, absolument différente de celle des larves enroulées, caractéristiques de la loque européenne, ils sont visqueux et granuleux, et cette viscosité est quelquefois prise, à tort, pour celle de la loque américaine. Les écailles desséchées de ces restes peuvent demeurer complètement à plat contre la face latérale inférieure de la cellule, mais le plus souvent, elles sont irrégulièrement repliées sur les parois. En règle générale, on peut les décoller entièrement; elles ont la consistance du vieux caoutchouc desséché et ne sont pas fragiles et adhérentes comme les écailles de la loque américaine. En outre, il y a une odeur caractéristique due à l'activité putréfiante du *Bacillus alvéi*. Cette odeur est notablement différente de celle de pot de colle de la loque américaine. On l'a décrite comme très désagréable et semblable à celle de la viande pourrie. C'est, sans aucun doute, ce qu'en Europe on a considéré comme une autre loque et désigné sous le nom de « stinkenden Faulbrut ». Mais il y a là, simplement, une manifestation secondaire de la même maladie. L'auteur a montré (Bulletin 804 mentionné ci-dessus) que si quelques-unes de ces écailles à consistance de vieux caoutchouc, qui apparemment ne contiennent pas autre chose que le *Bacillus alvéi*, sont données à une colonie saine, mais pas assez fortes pour combattre la maladie, les premiers stades typiques de la loque européenne, dans lesquels prédomine le *Bacillus pluton*, sont les premiers à se développer. Cependant, on a trouvé que la maladie se développe beaucoup plus lentement avec ce mode d'inoculation que lorsqu'on emploie des larves nouvellement malades; cela montre que le développement du *Bacillus alvéi* a probablement pour effet de tuer la plupart des *Bacillus pluton* présents. Cette action retardatrice peut aussi expliquer pourquoi, dans les derniers stades de la maladie, beaucoup de larves ne meurent pas avant que leurs cellules soient operculées. En outre, l'auteur a réussi à reproduire cette odeur fétide et la consistance visqueuse en tuant artificiellement des larves saines en leur piquant le corps avec une aiguille qui leur inoculait en même temps des cultures pures de *Bacillus alvéi*. Le résultat fut absolument le même que dans les cas, décrits ci-dessus, des derniers stades de la maladie, sauf que le *Bacillus pluton* ne fut pas la cause de la mort des larves. Cela prouve, d'une manière tout à fait concluante, que le *Bacillus alvéi* a simplement des fonctions secondaires de putréfaction. Aussi le *Bacillus alvéi* est probablement communément répandu dans la plupart des ruches, puisque White a réussi à l'isoler des masses de pollen et de la surface des rayons; on l'a trouvé aussi dans des larves mortes de faim. Parfois même, quoique rarement, on a trouvé le *Bacillus alvéi* associé en petite quantité à la loque américaine.

Quelques auteurs européens parlent d'infection mixte quand des organismes, tels que *Bacillus pluton*, *Streptococcus apis* et *Bacillus alvéi*, se trouvent ensemble dans la même larve. Aux Etats-Unis, on trouve parfois un cas connu comme infection mixte, qui ne semble pas avoir été mentionné dans les ouvrages européens. Cette infection mixte, telle qu'elle a été décrite dans le *Journal of Economic Entomology*, 1921, est une infection où les deux loques, européenne et américaine, se rencontrent à la fois dans la même colonie. Là, du reste, on doit considérer la colonie dans son ensemble et non pas les larves individuellement. Ces dernières, dans la même colonie, sont affectées soit par la loque européenne contenant le

Bacillus pluton, associé à des bacilles secondaires, soit par la loque américaine, avec le seul *Bacillus larvae*. Dans les cinquante ou soixante cas de cette infection mixte, trouvés parmi les quelques milliers d'échantillons de loque examinés par l'auteur, on n'a jamais trouvé aucun indice de la présence simultanée des deux organismes dans la même larve. Les cas d'infection mixte se rencontrent le plus vraisemblablement dans les localités où les deux maladies existent d'une manière étendue.

Par suite des variations décrites ci-dessus, un diagnostic de laboratoire est indispensable dans beaucoup de cas où l'on suspecte la présence de la loque européenne, soit seule, soit associée à la loque américaine dans les cas d'infection mixte. A cause de ce fait qu'on a encore trouvé aucun milieu artificiel de culture approprié, sur lequel le *Bacillus pluton* puisse se développer, il faut, le plus souvent, se fier à la fois à l'examen microscopique des larves malades ou mortes et aux symptômes grossiers.

Le *Bacillus pluton* est caractérisé par un groupement de bacilles ovales, en forme de lancettes, qui a été comparé parfois à une grappe de raisins. Ces groupements peuvent être accompagnés d'organismes isolés plus ou moins nombreux, ainsi que des divers bacilles secondaires. Mais, comme on l'a dit plus haut, dans les écailles à consistance de vieux caoutchouc, le *Bacillus alvéi* élimine souvent complètement, par son développement, les autres organismes.

Parfois, quand on trouve de ces bacilles secondaires caractéristiques, on entreprend leur culture. Dans les cultures sur milieux nutritifs variés, les organisme que l'on rencontre le plus souvent sont le *Bacillus alvéi*, quelquefois le *Streptococcus apis* et le *Bacillus eurydice*, et d'autres moins importants et se présentant moins fréquemment comme envahisseurs secondaires. Maassen a décrit une espèce ressemblant dans ses grandes lignes au *Bacillus pluton* et appelée *Bacillus lanceolatus*. L'auteur a constaté que c'est probablement cet organisme qu'on rencontre dans la plupart des larves atteintes de la loque européenne, sauf dans les cas où le *Bacillus alvéi* existe en trop grande quantité. Sur 106 larves, provenant de vingt-quatre échantillons différents, le *Bacillus lanceolatus* fut isolé soixante fois. On a constaté que cet organisme se développait le mieux sur milieu d'agar additionné de 10 % de dextrose, avec une réaction légèrement acide. On le différencie du *Bacillus pluton* et du *Streptococcus apis* en ce qu'il ne prend pas le Gram et qu'il ne se développe pas, ou qu'il se développe mal, sur les milieux non sucrés. Jusqu'ici, on ne lui a trouvé aucune action pathogène en le mélangeant, en culture pure, à la nourriture des larves.

La moins importante des maladies du couvain existant aux États-Unis est le couvain sacciforme, décrit et ainsi appelé par White. Cette maladie se reconnaît à l'aspect caractéristique des larves après leur mort. Elles meurent à peu près au même âge que la plupart des larves dans la loque américaine, c'est-à-dire après l'operculation mais avant la nymphose. Comme le nom l'indique, elles ressemblent à un sac contenant une matière liquide et granuleuse, les tissus internes s'étant décomposés en laissant intacte la peau. Les écailles peuvent quelquefois être prises pour celles de la loque américaine, mais elles se détachent facilement et ont la forme caractéristique d'une gondole ou d'une chaussure de Chinois. Pratiquement, il y a une absence complète de microorganismes dans ces larves sacciformes, cette maladie étant due à un virus filtrant, comme l'a montré White dans son rapport sur le couvain sacciforme (*United States Department of Agriculture,* Bulletin 431).

La maladie du champignon, le couvain de craie, ou le couvain de pierre des auteurs européens n'ont jamais été rencontrés aux Etats-Unis, à notre connaissance.

En résumé, l'opinion de la plupart des savants américains ayant étudié les maladies des abeilles, est que les différentes formes de la loque décrites dans les ouvrages européens sont identiques à celles qu'on connaît aux Etats-Unis sous les noms de loque américaine et de loque européenne. En Europe, le savant qui étudie les maladies des abeilles est plus ou moins limité dans son champ d'observation et, pour cette raison, il peut lui être difficile de déterminer le lien qui existe entre les diverses variations des symptômes d'une maladie, particulièrement pour la loque européenne. Aux Etats-Unis, d'ailleurs, on reçoit des échantillons des régions les plus diverses et en telle quantité qu'une corrélation peut être établie, comme on l'a exposé plus haut, entre les variations des symptômes, les microorganismes qui prédominent et les facteurs extérieurs influant sur la maladie. Si donc ce sont les conditions extérieures influant sur la maladie qui amènent des variations dans le développement de certains types d'organismes associés à la loque européenne, causant eux-mêmes la prédominance de tel ou tel type de symptômes, il semble raisonnable d'admettre qu'il n'y aura pas d'autres bases pour la classification des maladies du couvain, en dehors de ce qui a été fait aux Etats-Unis.

Maladies des Abeilles
par M. Ph. BALDENSPERGER

L'ouvrage sur les « Maladies des Abeilles » que je présente au Congrès, plutôt pour populariser la connaissance des maladies que pour le savant, est une description des maladies que l'apiculteur pourra reconnaître à première vue, sans l'emploi du microscope.

Nous venons d'entendre les rapports magistralement présentés par nos éminents collègues, MM. Sturtevant, des Etats-Unis, le bactériologiste Dr Morgenthaler, de la Suisse, ainsi que des descriptions et des vœux présentés par MM. Giraud et Dr de Rathsamhausen. Je parle au nom de la collectivité pratiquante.

Il n'est pas nécessaire de détruire par le feu toute ruche atteinte ; et ce qui pourrait être fait quand il s'agit d'une ruche ou deux n'est plus praticable quand il y a un nombre considérable de ruches atteintes, au point de vue financier surtout. Le Dr de Rathsamhausen croit, comme beaucoup d'apiculteurs, que la maladie attaque les abeilles affaiblies, quasi phtysiques. Or, cet état n'existe pas. Les abeilles d'une forte colonie, au contraire, vont le plus souvent la chercher dans une population atteinte et affaiblie par le nombre, à la suite des ravages des bacilles larvae ou pluton.

Le même auteur croit, comme beaucoup d'apiculteurs, que le bacille se crée sur le couvain refroidi. Or, le bacille ne peut se développer que sur la larve vivante. Aucun bacille, d'ailleurs, n'est créé spontanément. Entre les mains d'un apiculteur expérimenté et connaissant les bacilles, depuis leur genèse, les ruches n'ont pas besoin d'être brûlées ; cependant, il faut griller le bois des ruches à l'intérieur et tout est dit. Le bacille ne résiste pas au flambage. Dans un Congrès, le temps limité ne permet pas d'ailleurs de faire un cours de pathologie.

J'énumère rapidement les trois espèces de « couvain pourri », décrites par les bactériologistes, et que j'ai eu le temps de connaître longuement dans mes ruchers. Ce sont le « bacillus larvæ » que depuis quinze ans j'appelle le « gluant », qui sent la glu, file quand on essaie de tirer les larves atteintes ; le « bacillus pluton » que je désigne sous le nom de « puant » parce que le « bacillus alvei » est l'agent de putréfaction et donne l'odeur de charogne ; et le « streptoccocus apis » appelé « aigre » parce que les larves mortes dégagent une odeur de fruits confits au vinaigre quand on les approche du nez. Le « gluant » est le plus contagieux, inguérissable quand il a séjourné plusieurs semaines dans la ruche. Il faut alors détruire les rayons ayant contenu les larves mortes. Les abeilles, la ruche et les rayons où le couvain n'a pas séjourné peuvent être utilisés, après avoir fumigé ruches et rayons au formaldéhyde. Je n'ai jamais constaté que la cire fondue provenant de ruches atteintes ait pu communiquer aucun bacille.

C'est très hygiénique que d'avoir savon, serviette et cuvette dans le rucher, mais si les mains et les doigts n'ont pas touché aux larves mortes, il ne peut y avoir aucune contagion, même si on ne se les lave pas.

Dans ma longue carrière, je n'ai jamais transporté le mal d'une ruche à l'autre par un instrument en métal ou par mes mains. La seule contagion possible est en dehors de l'apport fait par les abeilles, celui fait par l'apiculteur qui échange négligemment les rayons entre une ruche infectée et une ruche saine. En supprimant larves et rayons, le mal est maté. Le mal le plus remarquable, causé par sa puanteur, est bien moins dangereux que celui causé par le « gluant ». Les larves mortes et desséchées du « puant » sont plus facilement expulsées de la ruche que celles du « gluant » à cause de leur consistance. Il faut priver la colonie de sa mère, empêcher par conséquent les bacilles de se multiplier, pendant 15 à 25 jours, au cours desquels les abeilles nettoient les cellules et se débarrassent des débris contagieux.

Le troisième mal ou l'aigre est encore plus facilement nettoyé par le même procédé. Dans tous les cas, on peut aider les abeilles dans leur travail de déblaiement, pendant l'orphelinage, en saupoudrant les cellules contenant les cadavres avec une pincée d'un mélange que j'utilise avec succès depuis de nombreuses années, à savoir, naphtaline, soufre et sucre, par parties égales.

La maladie de l'île de Wight est une maladie causée par un acarien qui loge dans la gorge des abeilles, ainsi que l'a démontré le Dr Rennie, d'Aberdeen. L'acarien connu sous le nom de « Tarsonemus Woodi », a été suffisamment décrit et je n'en parle que pour un fait qui nous intéresse particulièrement, comme étant légèrement déclaré dans nos Alpes. Signalé dans nos Alpes françaises pendant l'hiver 1921-1922, nous fîmes un vœu au Ministère de l'agriculture, à la suite duquel le ministre délégua M. Poutiers, de l'Insectarium de Menton, à la recherche de l'acarien. J'eus le plaisir d'accompagner le délégué du ministère; nous avons visité un nombre considérable de ruchers dans les trois départements des Alpes. Ni dans les Alpes-Maritimes, ni dans les Basses-Alpes ni même dans les Hautes-Alpes, siège indiqué du mal, nous n'en avons trouvé trace. Le rucher signalé dans *L'Apiculteur* pendant l'hiver 1921-1922, comme atteint, était non seulement indemne, mais très prospère, en juin 1922. Il n'y avait pas une seule abeille traînant autour du rucher. Sur quoi s'était-on basé ? S'il y a un acarien, il n'a rien de commun avec celui qui fit tant de mal aux ruchers de Grande-Bretagne, entre les années 1904 et 1920.

Séance de clôture

Tenue sous la Présidence de M. Paul Sirvent, Président du Congrès
Toutes sections réunies.
le mercredi 20 septembre, à 10 h. 30 (Salle des Congrès).

Adoption des vœux présentés par les sections.
Nomination de délégués.
Reconstitution d'un Bureau International.
Fixation du prochain Congrès.

Immédiatement, sous la présidence de M. Sirvent, l'assemblée générale s'occupe du vote des vœux et résolutions, de la reconstitution de la Commission internationale, et de la fixation du lieu et de l'époque du VIIe Congrès.

Au préalable, M. le Secrétaire-général demande la parole pour faire connaître à l'assemblée la beauté du rôle joué par les apiculteurs suisses, dans le mouvement d'entr'aide qui se manifesta dans plusieurs pays, mouvement qui avait pour but d'aider les apiculteurs sinistrés de France et de Belgique à reconstituer leurs ruchers, détruits ou pillés par les hordes ennemies.

Sous la présidence de M. Tombu, un Comité mondial fut constitué, comprenant, pour l'Amérique : MM. C. P. Dadant, (feu) le Docteur Miller et le Dr Phillips ; pour l'Italie : le Commandeur Perroncito ; pour la France M. Authelin. Des fonds et du matériel furent envoyés de divers côtés et reçus avec reconnaissance. Mais il importe de signaler le bel exemple de solidarité, donné par la Suisse : elle avait, elle aussi, envoyé du beau matériel neuf, et voici que le chef de sa délégation au Congrès, M. A. Mayor, président de la Société Romande, vient de remettre à M. Tombu, une somme de plus de sept cents francs, pour être à nouveau distribuée entre la France et la Belgique.

M. Tombu tenait à faire cette déclaration à la séance du Congrès, afin que les apiculteurs de tous les pays, connussent la conduite chevaleresque de la Suisse, et se joignissent à lui pour remercier et féliciter les confrères suisses, ici présents. (*Salve d'applaudissements.*)

M. le Docteur Rotchild, au nom de ses confrères, remercie de ces marques de sympathie, mais déclare qu'ils n'ont fait que leur devoir : « La Belgique et la France ayant, par leur bravoure et les sacrifices endurés, sauvé leur pays ! » (*Applaudissements prolongés.*)

M. Sirvent, président du Congrès, soumet alors au vote de l'Assemblée, les vœux rédigés par les différentes sections :

Discussion et adoption des Vœux :

1re SECTION.

1er *Vœu*. — Que la sélection des abeilles soit entreprise dans tous les pays, pour le développement des qualités suivantes, par ordre d'importance : *a)* la prolificité de la reine, qui permettra d'amener la colonie au maximum de force pour la miellée ; *b)* le rendement en miel, en tenant compte de la façon dont le miel est operculé, — ceci, pour les producteurs de miel en sections ; *c)* la rusticité des abeilles ; *d)* leur douceur et leur facilité de manipulation.

M. Sylvestri demande à ce que la première partie du vœu, seulement. soit votée.

M. le Président met d'abord l'ensemble aux voix. Le vœu est voté par 37 voix, contre 15 opposants.

2e *Vœu.* — **Que la sélection porte, non seulement sur les reines, mais aussi sur les mâles destinés à la fécondation.** (*Adopté.*)

3e *Vœu.* — **Que les éleveurs s'efforcent de ne pas sacrifier les qualités précitées, dans le seul but de développer la beauté physique de l'abeille.** (*Adopté.*)

2e SECTION.

1er Vœu. — **Qu'il soit organisé, dans chaque pays, un service de renseignements officiels, destiné à informer les apiculteurs des fluctuations du marché.** (*Adopté à l'unanimité.*)

2e *Vœu.* — **Que, pour faciliter la vente, les apiculteurs se groupent et organisent des foires ou marchés au miel, dans tous les centres de quelque importance.** (*Adopté à l'unanimité.*)-

3e *Vœu.* — **Que les efforts de la collectivité tendent à rendre populaire la consommation du miel.** (*Adopté à l'unanimité.*)

3e *Vœu (bis).* — **Le VIe Congrès international d'apiculture, réuni à Marseille, demande aux autorités universitaires d'introduire, dans les formulaires de thérapeutique, la recommandation de donner au miel la préférence sur le sucre, pour la raison principale que le miel est un produit sucré, vivant, et conservant toutes les vitamines des plantes d'où il est tiré.** (*Adopté à l'unanimité.*)

4e *Vœu.* — **Que, dans chaque pays, on étudie avec soin les tarifs de chemins de fer les plus avantageux pour l'expédition des abeilles, et que les formalités de douane soient effectuées le plus rapidement possible, de façon à ne pas provoquer de retard dans la livraison.** (*Adopté à l'unanimité.*)

M. Sirvent représente sa proposition concernant la transformation du miel en alcool, pour fournir un carburant national.

Il en résulte une discussion nouvelle, à laquelle prennent part MM. Rotchild et Sevalle, de même que M. le Sénateur Chevalier, qui propose de faire figurer cette question au programme du prochain Congrès.

Il en est de même de la question de «l'hydromel» et d'une autre, relative aux «mâles», émanant de M. le Dr Baseil.

3e SECTION.

1er Vœu. — **Voir initier, dès l'école primaire, les élèves des deux sexes aux notions d'apiculture, notamment par la visite de colonies d'abeilles, c'est-à-dire par la méthode intuitive.** (*Adopté.*)

1er Vœu (bis). — **Que, dans toutes les écoles primaires et secondaires, soit instituée l'étude de la botanique, au point de vue de l'apiculture, afin de faciliter, plus tard, à l'apiculteur la connaissance des plantes mellifères auxquelles il devra donner une judicieuse préférence dans la culture de ses terres et jardins, comme dans la constitution de ses forêts.**

Sans nuire aux intérêts généraux de l'agriculture, qui trouvera, dans la fécondation intensive de ses plantes, une remarquable augmentation de la qualité et de la quantité de ses fruits et semences, l'apiculteur centuplera le produit de ses ruches, en facilitant le travail de ses butineuses. (*Adopté.*)

2e Vœu. — Préconiser l'enseignement ambulant de l'apiculture, comme cela se fait au Canada Français, et comme cela va se faire sur la ligne du chemin de fer Paris-Orléans, soit par un cours durant plusieurs jours, soit par des leçons données à intervalles. (*Adopté.*)

3e Vœu. — Préconiser l'organisation de conférences, pendant les bons mois de l'année, en allant au campagnard et au cultivateur, pour les convaincre des avantages que procure la culture de l'abeille. (*Adopté.*)

4e Vœu. — Voir introduire, dans le programme des Écoles d'agriculture, d'horticulture et de petit élevage, et dans les écoles normales, des cours d'apiculture complets pour former des professeurs, et élémentaires, pour initier les adultes à la culture de l'abeille. (*Adopté.*)

5e Vœu. — Voir créer des écoles d'apiculture, possédant le matériel d'exploitation du rucher, fixes, ou changeant de localités après un cours complet d'une année. (*Adopté.*)

6e Vœu. — Voir étudier un programme complet d'enseignement basé sur la science, pour créer des professeurs et d'en extraire un programme élémentaire, mais raisonné, des matières à enseigner aux amateurs. (*Adopté.*)

7e Vœu. — Voir créer des bureaux de l'entomologie, munis de tout le matériel nécessaire, afin de faciliter l'étude de l'abeille, de ses maladies, etc. (*Adopté.*)

8e Vœu. — Voir étudier davantage l'enseignement par l'image, au moyen de projections lumineuses, fixes et animées, qui attirent toujours l'amateur et le profane. Et qu'il y ait aussi échange de films entre les pays.

9e Vœu. — De voir démontrer aux pouvoirs publics, les avantages que procure l'abeille, au point de vue : 1º produits ; 2º fécondation, et par conséquent, augmentation des fruits ; 3º moralisateur, c'est-à-dire de nature à occuper les loisirs de l'ouvrier. Pour atteindre ce but, voir le Bureau du Congrès, dans la limite de ses moyens, adresser aux départements agricoles, des différents pays, aux conseils provinciaux et départementaux, aux commissions agricoles, le volume qui comprendra tous les travaux du Congrès. (*Adopté.*)

4e Section.

1er Vœu. — Que les pouvoirs publics de chaque État, étudient les moyens de développer l'apiculture dans ses colonies, pour le plus grand bien de tous. (*Adopté.*)

2e Vœu. — Que les pouvoirs publics encouragent financièrement et moralement, les recherches à entreprendre, pour voir s'il existe, dans les colonies, des races d'abeilles susceptibles d'apporter une amélioration à l'apiculture. (*Adopté.*)

5e Section.

1er Vœu. — Qu'il soit créé, dans chaque pays, des stations apicoles pour l'étude scientifique des abeilles, à tous les points de vue, et spécialement des maladies. (*Adopté.*)

2e Vœu. — Que dans chaque pays, l'expédition des abeilles n'ait lieu qu'accompagnée d'un certificat d'immunité. (*Adopté.*)

3e Vœu. — Voir instruire, dans chaque pays, des apiculteurs qui seraient chargés de soigner et guérir les colonies loqueuses dans leurs régions, comme cela s'est fait en Alsace-Lorraine. (*Adopté.*)

4e Vœu. — Que, dans chaque pays, une loi soit votée pour obliger les propriétaires de colonies atteintes de maladies contagieuses, à déclarer celles-ci aux autorités publiques, afin qu'elles soient d'abord soignées, et ensuite détruites par le feu, si le traitement a été inefficace. (*Adopté.*)

5e Vœu. — Qu'il soit créé une caisse d'assurance mutuelle contre les maladies qui peuvent frapper les abeilles ; les assurances mutuelles seraient reliées à une caisse centrale de réassurance. Les fonds pourraient être fournis : 1o par des sociétaires ; 2o par des subventions. (*Adopté.*)

Fixation du prochain Congrès
et reconstitution du Bureau international

Sur la proposition du Président, l'Assemblée s'occupe du lieu de réunion et de la date du prochain Congrès.

Quelqu'un suggère Genève. M. Vaillancourt propose de fixer cette réunion à Québec, au Canada. Cette proposition est soulignée par les applaudissements d'une partie de l'Assemblée. M. Sirvent fait remarquer qu'il ne s'agit pas d'émettre un vote en l'air, mais de bien réfléchir avant de se prononcer, si la chose est réalisable. Il met la double proposition aux voix.

Québec obtient 30 voix et Genève 27. Le Congrès aura donc lieu à Québec, en 1923 (1).

Il est procédé ensuite au renouvellement de la Commission permanente des Congrès internationaux, à raison d'un vice-président par pays. Le choix des congressistes s'est manifesté de la manière suivante :

1o	Angleterre :	M. Cowan.
2o	Belgique :	M. S. Thibaut.
3o	Canada :	M. Cyrille Vaillancourt.
4o	E.-U. d'Amérique :	M. Camille-P. Dadant.
5o	France :	M. P. Sirvent.
6o	G.-D. de Luxembourg :	M. N.-P. Kunnen.
7o	Grèce :	M. ...
8o	Hollande :	M. van Giersbergen.
9o	Italie :	M. Edoardo Perroncito.
10o	Japon :	M. Yasuo Hiratsuka.
11o	Pologne :	M. L. Weber.
12o	Suisse :	M. A. Mayor.
13o	Tchéco-Slovachie :	M. ...
14o	Ukraine :	M. ...

Secrétaire-Général perpétuel : M. Léon Tombu.

M. le Président communique à l'Assemblée que les demandes de subside adressées au Gouvernement français, sont restées sans réponse. Il en

(1) A la demande des apiculteurs canadiens, le congrès a été, dans la suite, reporté à août-septembre 1924.

résulte que le Congrès a dû vivre avec les cotisations des membres, et grâce à la généreuse intervention de la Société d'Apiculture des Bouches-du-Rhône. Mais il se demande comment on pourra mener à bien la publication des Rapports et du Compte-rendu des séances.

M. Sevalle propose l'intervention de la Société Centrale d'Apiculture, sur la générosité de laquelle on pourra compter.

M. Sirvent remercie, mais verra s'il n'y a pas de possibilité de faire autrement (1).

L'ordre du jour de la dernière séance étant épuisé, M. le Président remercie les délégués étrangers, les rapporteurs et tous les congressistes, de l'éclat qu'ils ont contribué à donner au VIᵉ Congrès International d'Apiculture. Par le nombre de pays représentés, par la valeur des sujets traités, et par la haute élévation des discussions que l'étude de ceux-ci provoqua, il peut être considéré comme l'un des plus importants. Il en est heureux pour le progrès qu'il aura fait réaliser à la science apicole. (*Applaudissements prolongés*.)

Banquet de clôture et Excursions

A l'issue du Congrès, les membres se sont réunis en un banquet de clôture, magnifiquement servi, et où régna le plus bel entrain.

Ouvrant la série des discours, M. Pol Chevalier, Sénateur, Président de la Société de la Meuse, tient à exprimer ses remerciements à la Société d'Apiculture des Bouches-du-Rhône, qui a consenti à assumer la très lourde charge d'organiser et de mener à bien les deux splendides manifestations apicoles qui viennent de se dérouler au cours de la grande Semaine d'Apiculture : le VIᵉ Congrès international et l'Exposition nationale d'apiculture de Marseille, dont le souvenir restera joint, dans l'esprit des congressistes, à celui de l'affabilité avec laquelle ils ont été reçus. Puis, en termes émus où brille la plus sincère reconnaissance, il tient surtout à faire connaître à tous les apiculteurs français et étrangers réunis à ce banquet, le noble geste de la Société d'Apiculture des Bouches-du-Rhône qui, dès la première heure de la paix, a pris la première l'initiative de mettre à la disposition de sa filleule, la Société d'Apiculture de la Meuse, une somme de onze mille francs, prélevée sur ses réserves ou provenant du don de ses membres, pour la reconstitution des ruchers meusiens détruits par l'ennemi. Il croit pouvoir reporter le mérite de cette action si généreuse sur M Sirvent, son Président, qui a été l'âme de ce mouvement, comme il a été l'âme de ce magnifique Congrès, qu'il vient de si parfaitement présider. (*Triple salve d'applaudissements.*)

Nombre de discours furent encore prononcés par MM. Blanc, Tombu, Vaillancourt, Mayor, Weber, Sylvestri, etc., etc. Nous ne retiendrons que celui de M. Vaillancourt, qui fut une invite à assister au prochain Congrès. « La baie de Québec est grande, nous dit notre confrère

---

(1) *Depuis cette époque, le conseil général des Bouches-du-Rhône a bien voulu voter en faveur de la Société Régionale d'apiculture des Bouches-du-Rhône les compléments des crédits qui étaient indispensables pour permettre la publication in-extenso du présent compte-rendu des Travaux du Congrès.*

Nous ne saurions trop remercier cette généreuse Assemblée départementale qui a rendu ainsi à la cause de l'apiculture un service éminent.

du Canada, mais, si par votre nombre élevé, lorsque vous viendrez au Congrès, elle est jugée trop petite, on l'agrandira ! Vous serez, en tout cas, chez nous, les bienvenus, et les Québecquois sauront vous le montrer !» (Vifs applaudissements.)

Enfin, M. Sirvent, Président, se lève et, répondant aux orateurs précédents, il indique que s'il a pu mener à bonne fin une œuvre aussi considérable que l'organisation du VIe Congrès, c'est seulement grâce aux remarquables collaborateurs dont il est entouré : MM. Barthelémy, Chiris, Ranque, Sérailler, etc., etc., dont l'activité, l'amabilité et le dévouement sans borne aux choses de l'apiculture, sont les premiers facteurs du succès. (Applaudissements prolongés.)

Il remercie tous ceux qui l'ont aidé dans sa tâche, et plus particulièrement M. le Commissaire général de l'Exposition ; M. Claude Brun, Président du Comité agricole et horticole ; MM. les Commissaires de l'Exposition ; MM. Kunnen, Sevalle, Tombu, membres du Comité International d'apiculture, qui ont collaboré avec lui pendant de longs mois à la préparation de ce Congrès, dont l'importance et l'utilité s'affirmera plus grandes encore lorsque le Compte-Rendu en sera parvenu aux mains des plus modestes apiculteurs de nos campagnes ; il remercie enfin tous ceux qui ont bien voulu honorer la Société d'apiculture des Bouches-du-Rhône, en répondant à son invitation.

En déclarant clos le VIe Congrès, il lève son verre à la prospérité toujours croissante de l'apiculture, à la bonne entente des apiculteurs français et étrangers, dont l'effort peut seul donner à l'apiculture l'essor qu'elle mérite dans l'avenir prochain, pour lequel nous combattons. (Salve d'applaudissements.)

Immédiatement après le banquet, la Commission permanente, nouvellement constituée, se réunit, sous la présidence du Secrétaire-général, à l'effet de prendre des dispositions en vue de l'organisation du prochain Congrès.

M. Vaillancourt déclare qu'il va s'occuper de constituer au plus tôt un Comité d'action, qui préparera toute l'organisation matérielle du Congrès. Il sait qu'il peut compter largement sur les Pouvoirs publics de la province de Québec pour assurer cette organisation.

A ce propos, M. Tombu fait remarquer que le Congrès de Bruxelles, en 1910, avait décidé que le Secrétaire-général doit être considéré comme un fonctionnaire, devant assister à tous les Congrès, et que, partout, ses frais de déplacement doivent émarger au budget des dépenses du Congrès. Il en a été ainsi à Turin, en 1911, mais cela n'a plus eu lieu pour Marseille.

Tous les membres sont d'accord pour trouver logique la décision du Congrès de Bruxelles, et M. Vaillancourt croit pouvoir assurer que Québec sera à même de souscrire à cette décision.

Il est entendu que des négociations seront poursuivies entre MM. Vaillancourt, Dadant et Tombu, afin de mettre le Congrès sur pied et qu'alors l'organisation sera poursuivie entre ce dernier et les membres de la Commission permanente.

Le lendemain de la clôture du Congrès, les congressistes partaient en excursion pour visiter Arles, Saint-Rémy, et retour par les Baux. Cette promenade, favorisée par un temps superbe, fut agrémentée de la visite de plusieurs ruchers exploités par M. Baudin, de Maussane.

Le clou de la journée fut la visite de la roulotte apicole employée par M. Baudin, pour son apiculture pastorale. Cette voiture, portant 40 ruches peuplées, se déplace au gré de l'apiculteur, pour suivre les variations de la floraison, aux diverses altitudes.

Nous voici arrivé à la fin de notre travail.

Nous prions les adhérents au Congrès de vouloir bien nous excuser du retard que nous avons apporté à le faire et de la forme résumée sous laquelle nous avons dû le présenter. En dehors d'autres causes indépendantes de notre volonté, ces irrégularité et imperfection sont imputables à l'état de notre santé, que le voyage de Marseille a ébranlée pendant de longs mois.

Vu : *Le Président du VIe Congrès International d'Apiculture :*
Paul SIRVENT.

Le Secrétaire-Général :
Léon TOMBU.

Bruxelles, rue Gaucheret, 18.

NÉMOURS. — IMPRIMERIE ANDRÉ LESOT.